先进核科学与技术译著出版工程

系统运行与安全系列

Prognostics and Health Management
of Engineering Systems

工程系统的健康管理和预测技术

〔美〕金南镐（Nam-Ho Kim）

〔韩〕黎明　（Dawn An）　编著

〔韩〕崔如镐（Joo-Ho Choi）

夏　虹　王　航　译

于俊崇　审

哈尔滨工程大学出版社
Harbin Engineering University Press

黑版贸审字 08 – 2020 – 115 号

First published in English under the title
Prognostics and Health Management of Engineering Systems：An Introduction
by Nam-Ho Kim, Dawn An and Joo-Ho Choi
Copyright © Springer International Publishing Switzerland，2017
This edition has been translated and published under licence from
Springer Nature Switzerland AG.

Harbin Engineering University Press is authorized to publish and distribute exclusively the Chinses (Simplified Characters) language edition. This edition is authorized for sale throughout Mainland of China. No part of the publication may be reproduced or distributed by any means，or stored in a database or retrieval system，without the prior written permission of the publisher.

本书中文简体翻译版授权由哈尔滨工程大学出版社独家出版并仅限在中国大陆地区销售，未经出版者书面许可，不得以任何方式复制或发行本书的任何部分。

图书在版编目（CIP）数据

工程系统的健康管理和预测技术/（美）金南镐
（Nam-Ho Kim），（韩）黎明（Dawn An），（韩）崔如镐
（Joo-Ho Choi）编著；夏虹，王航译.—哈尔滨：哈尔
滨工程大学出版社，2021.7
　（系统运行与安全系列）
　书名原文：Prognostics and Health Management of
Engineering Systems
　ISBN　978 – 7 – 5661 – 3060 – 0

　Ⅰ.①工…　Ⅱ.①金…②黎…③崔…④夏…⑤王…
Ⅲ.①系统工程 – 故障诊断 – 英文　Ⅳ.①N945

中国版本图书馆 CIP 数据核字（2021）第 081128 号

工程系统的健康管理和预测技术
GONGCHENG XITONG DE JIANKANG GUANLI HE YUCE JISHU

选题策划	石　岭
责任编辑	石　岭
封面设计	李海波

出版发行	哈尔滨工程大学出版社
社　　址	哈尔滨市南岗区南通大街 145 号
邮政编码	150001
发行电话	0451 – 82519328
传　　真	0451 – 82519699
经　　销	新华书店
印　　刷	哈尔滨市石桥印务有限公司
开　　本	787 mm × 1 092 mm　1/16
印　　张	17
字　　数	425 千字
版　　次	2021 年 7 月第 1 版
印　　次	2021 年 7 月第 1 次印刷
定　　价	128.00 元

http://www.hrbeupress.com
E – mail：heupress@ hrbeu.edu.cn

前　言

　　良好的维护策略对于保证复杂工程系统的安全至关重要。从历史上看,维修已经从故障后的修复发展到预防性维护,再到基于状态的维护(CBM)。预防性维护是一个昂贵且耗时的过程,因为它须定期进行,而不考虑系统的健康状态。对于高可靠性要求的现代复杂系统,预防性维护已成为许多工业企业的一项主要支出。CBM 作为一种经济、有效的维护策略,近年来受到了人们广泛的关注,即只在需要时进行维护。预测和健康管理(PHM)是实现 CBM 的关键技术。

　　PHM 是一种新的工程方法,它能够在实际运行条件下对系统进行实时健康评估,并根据最新的信息预测系统的未来状态,它融合了多个学科,包括传感技术、故障机理、机器学习、现代统计和可靠性工程等。它使工程师能够将数据和健康状态转换为信息,从而提高人们对系统的认识,并提供一种策略来维护系统的最初预期功能。虽然 PHM 起源于航空航天工业,但现在它在制造业、汽车、铁路、能源和重工业等许多领域都有应用。

　　由于 PHM 是一个相对较新的研究领域,研究人员和学生很难找到一本能够清楚地解释基本算法并提供不同算法之间客观比较的教科书。本书的目标是介绍预测系统未来健康状况和剩余使用寿命的方法,以确定适当的维护计划。本书的独特之处在于它不仅介绍了各种预测算法,而且在模型定义、模型参数估计,以及处理数据中的噪声和偏差的能力方面,解释了它们的属性和优缺点。因此,该方向的从业者或学习者可以根据自己的应用领域选择合适的方法。

　　本书适用于机械、民用、航空航天、电气与工业工程、工程力学等领域的研究生,以及上述领域的研究人员和维修工程师。

　　本书分为 7 章。在第 1 章介绍了 PHM 的基本思想、历史背景、工业应用、算法综述及其优势和挑战。

　　在详细讨论个别预测算法之前,第 2 章提供了使用 MATLAB 简单示例代码的预测教程,即将简单多项式模型与最小二乘法一起使用,它们包含了多种预测算法的大部分重要属性。本书包括基于物理和数据驱动的预测算法,以识别模型参数、预测剩余使用寿命。本章还介绍了用于评估不同算法性能的预测指标,以及由数据中噪声产生的不确定性。

　　预测的一个关键步骤是将来自健康监测系统的测量数据转换成关于损害退化的知识。许多预测算法利用贝叶斯定理,利用实测数据更新未知模型参数的信息。第 3 章介绍了贝叶斯推理,并对不确定性和条件概率进行了解释。为了进行预测,本章重点讨论了如何利用实测数据的先验信息和似然函数来更新模型参数的后验概率密度函数（PDF）。根据信息更新的方式，分别讨论递归和总体形式。本章以一种从后验 PDF 生成样本的方法结束。

当描述损害行为的物理模型可用时，将其用于预测是最好的选择。第 4 章介绍了基于物理的预测算法，如非线性最小二乘法、贝叶斯方法和粒子滤波。基于物理过程预测的主要步骤是使用测量数据识别模型参数，并使用它们预测剩余使用寿命。本章的重点是如何提高退化模型的准确性，以及如何在未来加入不确定性。本章最后讨论了基于物理过程预测中的问题，包括模型充分性、参数之间的相关性和退化数据的质量。

即使基于物理的方法是强大的，许多复杂的系统也没有一个可靠的物理模型来描述其损伤的退化。第 5 章介绍了数据驱动的方法，它使用来自观察数据的信息来识别退化过程的模式，并在不使用物理模型的情况下预测未来的状态。作为典型的算法，本章介绍了高斯过程回归和神经网络模型。数据驱动的方法与基于物理的方法有相似的问题，比如模型形式的充分性、最佳参数的估计和退化数据的质量。

第 6 章将这些预测算法应用于疲劳裂纹扩展问题，以了解不同算法的属性。在基于物理的方法中，模型参数、初始条件和加载条件之间的相关性对算法的性能起着重要的作用。在数据驱动方法中，训练数据的可用性和噪声水平是重要的。

第 7 章介绍了预测在实际工程系统中的几个应用，包括转动关节的磨损、面板的疲劳裂纹扩展、使用加速寿命测试数据的预测以及轴承的疲劳损伤。

本书中使用的不同 MATLAB 算法程序和测量数据可以在本书的配套网站上找到：http：//www2. mae. ufl. edu/nkim/PHM/。每一章都包含一套完整的习题，其中一些问题需要使用 MATLAB 程序。

我们感谢佛罗里达大学和韩国航空航天大学的学生。我们非常感谢他们提出的宝贵建议，尤其是关于实例和习题的建议。最后，特别感谢董婷老师的出色工作，纠正了稿件中的许多错误。

Gainesville，USA   Nam-Ho Kim

Yeongcheon-si，Republic of Korea   Dawn An

Goyang-City，Republic of Korea   Joo-Ho Choi

序

当前人类社会正在逐步迈入以"数字化""信息化"和"智能化"为主要特征的第三次工业革命时代。系统、设备健康管理和预测技术就是在这一时代背景下产生的新兴技术和研究方向。

健康管理和预测技术是一种涵盖了传感与测量、信号处理、状态监测、诊断、预测、减缓、完整性保证及智能决策等多项内容的综合保障技术,可以根据所掌握的监测信息,对已经存在或可能出现的故障进行诊断和预测,再结合具体使用需求和外部的各种可用资源对系统和设备的维护工作做出指导性决策,确保系统和设备的安全经济运行,并可使系统和设备发挥最大的效能。目前,以美国和德国等为首的西方发达国家,针对航空航天、石油化工等行业先后提出了多种型号的基于状态维修的健康管理和预测系统。根据美国电力协会的统计,通过在航空航天等领域实施预测性维护,运行成本可以降低20%以上,由此可见经济效益明显。但是,目前我国在健康管理和预测技术方面的研究相对滞后,仅在航空航天等领域实现了初步的工程应用;在其他领域,目前我国普遍采用纠正性或预防性维修方式,这不仅浪费相关资源,而且不利于系统和设备的安全经济运行。因此,这种维修保障模式亟须改变,即从"纠正性维修模式"和"预防性维修"模式转向基于状态的"预测性维修"模式。另外,系统和设备运行到即将达到设计寿命之前,亟须对各关键部件的健康状态进行评估从而决定是否延寿、延寿多长时间。这些都需要健康管理和预测技术进行精准分析和精确指导。更重要的是,随着第三次工业革命在世界范围内快速发展,我们亟须突破健康管理和预测技术的瓶颈,以解决系统和设备的高可靠性、高安全性和智能化问题。因此很有必要针对健康管理和预测技术进行推广普及并深入研究。

目前,外部环境为健康管理和预测技术的发展提供了良好的基础条件,工业互联网、数字孪生、人工智能、大数据和区块链技术等先进技术近年来飞速发展,它们都或多或少地为健康管理和预测技术的发展提供了"肥沃的土壤"。例如,工业互联网和大数据分析技术通过与设备的实时互联,可以持续积累运行数据,分门别类地存储和处理特征数据,为后续的健康管理提供了重要的基础设施和条件;数字孪生和人工智能技术是健康管理和预测过程中采用的重要手段和方法,能够帮助从业人员深刻地认识到设备的故障机理,提高设备的智能化和信息化水平,以及预测结果的准确性。但是"千里之行,始于足下""不积跬步,无以至千里",我们仍需要对其中的基本概念、基础理论、典型方法和工程应用实例进行成体系、成系统的深入学习和详细分析,只有这样才有可能实现厚积薄发、达到事半功倍的效果。正是基于这一目的,本书重点介绍了健康管理和预测技术的基本思想、历史背景、工业应用、算法综述,以及该技术的优势和挑战。为了使健康管理和基于状态维修技术实现高效、准确的状态评估和预测分析,该书重点分析了寿命预测的相关基本理论、算法流程和实现方案,对基于物理模型的方法和数据驱动的方法进行了详细的讲解,并提供了源代码程序供读者学习和演示验证。同时通过典型的工程案例,对相关预测方法如何与工程问题结合、实际应用过程中的处理步骤、需要考虑的因素和条件、预测算法本身的计算步骤等都进行了详细的说明,并且在每个章节后面都配备了相关的思考问题和习题,可以很好地帮助读者掌握基本概念并夯实基础。当然,健康管理和预测技术是一门新兴的不断完善的技术,该书中仍然还有一些理论和技术问题需要各位专家、学者在工作实践中进一步丰富和完善,为我国工业设备的精确化管理、精准化施策提供更好的技术支持。

本人有幸在该书交付之前,先行数遍阅读和学习,受益匪浅。该书由浅入深,可以说是健康管理和预测领域较为系统化的学术书籍,不仅可以作为科研人员的参考书,还可以作为高校和科研院所的教科书,对从业人员理解基本理论和方法体系大有裨益。因此,隆重向大家推荐。

中国工程院院士

中国核动力研究设计院

2020 年 4 月 20 日于成都

翻译版前言

预测和健康管理(PHM)是一种新兴的工程方法,也是实现基于状态维护(CBM)的关键技术,可以实现工程系统从传统的"纠正性维修""预防性维修"向"预测性维修"转变。该技术能够在实际运行条件下对系统的实时健康状态进行评估,并根据最新的观测信息预测系统的未来状态,该项技术融合了传感技术、现代统计、可靠性工程、故障诊断、机器学习等多个学科。PHM 虽然起源于航空航天工业,但现在在制造业、汽车、铁路、能源和重工业等许多领域都有应用。该技术能够实现精准化运行和维护管理,可以降低设备的故障率,避免意外停机;同时可以减少维修费用,提高经济性。

PHM 的瓶颈问题是如何准确地预知元件和设备的剩余使用寿命,从而基于寿命分布调配相关资源。而剩余使用寿命预测与部件的老化机理、传感与测量、特征参数分析、预测算法等多个前端因素紧密相关,相互之间耦合关系复杂。因此,本书在阐述 PHM 的基本概念和内涵的基础上,重点论述如何进行设备的剩余使用寿命预测,并通过典型实例验证、分析讨论、MATLAB 源代码展示、章节习题等方式对相关方法进行详细讲解。

本书第 1 章、第 2 章、第 3 章、第 5 章由夏虹负责翻译,第 4 章、第 6 章、第 7 章由王航负责翻译。在本书翻译过程中,杨波、彭彬森、姜莹莹、陈雨晴、王志超、王武等研究生为本书的翻译及其中的案例验证做了大量的工作,在此一并表示感谢。在翻译本书的过程中我们也将科研团队多年来在设备状态监测、故障诊断、寿命预测及健康管理等方面的成果融入其中。希望此书能够对从事工程系统设备学习、设计、研发、管理等方面的研究生、工程技术人员有借鉴作用。全书由夏虹统稿,王航校对,于俊崇院士主审。

本书的版权引进、出版发行得到了哈尔滨工程大学出版社的大力支持,在此一并表示感谢。

最后,作为译者,希望我们的努力可以为 PHM 技术在核工业以及其他大型系统和设备运行场景中的普及起到正面且积极的推动作用,希望读者从本书中有所收获。由于本书涉及的专业面较广,此次翻译从 2019 年 12 月 1 日至 2020 年 3 月 31 日,历经 4 个月的艰苦努力,终于全部完成。本版本在翻译风格上力求忠实原著,尽全力保证专业词汇的表达准确,但是一些专业术语的译法难免存在偏颇,若有术语处理不当之处或对相关技术方法的理解和掌握不明确之处,敬请广大读者批评指正。

夏虹

2020 年 4 月 10 日于哈尔滨

目　　录

第1章 概　　述

1.1　预测和健康管理

预测和健康管理(prognostics and health management, PHM)是一种新的工程化方法,这种方法通过综合多个学科知识(包括传感技术、故障机理、机器学习、现代统计和可靠性工程)对系统在正常运行状态下进行实时的健康状态评估,同时通过最新采集到的信息预测系统未来的状态。PHM 可以使工程师将系统中采集的数据和健康状态转换为其他有效信息,从而提升我们对系统的了解,并提供一种系统维护策略使系统保持其最初预期的功能。虽然它起源于航空航天工业,但现已在许多领域进行了应用探索,包括制造业、汽车、铁路、能源和重工业等。

由于 PHM 可以预测系统在运行期间的实际剩余寿命,因此系统可以采用基于状态维修(condition-based maintenance, CBM)的策略,这种全新的维修策略只需要维修或更换实际损坏的部件,从而降低总的生命周期成本。CBM 由自动化硬件和软件系统组成,这些自动化系统通过不间断地监测日常运行,检测、隔离和预测设备的运行性能退化问题。与基于故障或计划维护不同,采用 CBM 策略,系统或部件的维护是基于设备的实际状态。为了及时做出维护决策,故障预测是 CBM 策略的关键支撑技术。

随着时间的推移,每个系统都会因其运行过程中的负载或所受到的压力而性能下降。因此,应该对系统进行维护以确保在系统的使用寿期内具有令人满意的可靠性水平。最早的维修策略是事后维修(corrective maintenance)(也称为被动维修、计划外维修或故障维修),这种维修策略仅当故障已经发生时才进行,因此本质上是被动的。事后维修也通常称为第一代维修,是人类生产、制造机械以来就开始采用的一种维修策略。由于事后维修是在系统的使用寿命全部耗尽后进行的,因此没有维护的准备时间。如果没有备用零件的话,事后维修在所有的维护策略中维修时间最长,强制停机的成本也是最高的。这种维修策略下的系统可用性很差,因为系统何时会崩溃很难预测。事后维修仅仅是更换了实际上已经损坏的零件,替换零件的数量在各种维护策略中是最少的。

除此之外,还有称为基于时间的预防性维修(也称为计划维修或第二代维修),这项维修技术不用考虑系统的运行状态,而是通过设置一个周期性维修间隔以防止系统设备发生故障。传统的可靠性工程使用基于手册或历史现场数据的可靠性预测方法来设置适当的维修周期。这是一种流行的维护策略,因为大部分零件的替换都已经预先计划好了。预防性维修最需要考虑和约束的是成本,因为即使许多零件没必要更换,但这种维修策略也可能更换所有零件。如果预计所有零件都会在大约同一时间失效,则预防性维修具有成本效益。但是,当只有少量零件发生故障时,预防性维修效率并不高,因为该策略强制替换了许多还未发生故障的零件。

为了阐明这种维修策略带来的浪费,我们以飞机壁板裂纹的维修来举例说明。美国联邦航空局的法规要求:每隔 6 000 个飞行周期要采用 C 型检查对飞机壁板的裂纹进行检查,同时判断裂纹的修复尺寸是否大于 0.1 英寸①。这项法规是基于可靠性评估来设计的,其目的是确保飞机框体保持在 10^{-7} 的可靠性水平,也就是千万分之一的故障率。如果存在尺寸为 0.1 英寸的裂纹,则在接下来的 6 000 个飞行周期内裂纹扩张并变得不稳定的概率约为 10^{-7}。因此,在 C 型检查期间,如果检测到任何尺寸为 0.1 英寸的裂纹,都必须对其进行维修,如果检测到多个裂纹,则必须更换飞机壁板。这就是预防性维修的一个典型示例。但是假设一种极端的情况,如果飞机上存在一千万条尺寸为 0.1 英寸的裂纹,这一千万条裂纹中只有一条会增长并且变得不稳定。但是为了保证飞机的安全,必须修复所有的裂纹,这将使得维护成本剧增。随着技术的飞速发展,现代系统在保持更高可靠性的同时也变得越来越复杂,进一步产生了更高的维护成本。最终,预防性维修支出已经成为目前许多工业公司的主要支出。为了降低维护成本,同时保持系统的可靠性和安全性,CBM 已经成为一种非常有前景的解决方案,因为这种方案仅仅在需要的时候才对系统进行维护,实现这一目标的关键技术就是 PHM 技术。

图 1.1 显示了各种维修策略与成本之间的关系。当出现故障的零件数量很少时,采用事后维修将具有较高的成本效益,这是因为这时只有很少的零件需要维修。另一方面,当出现故障的零件数量很大时,采用预防性维修更加有效。但事实上,对于大多数的工程应用来说,执行基于状态的维修会更加节省成本。

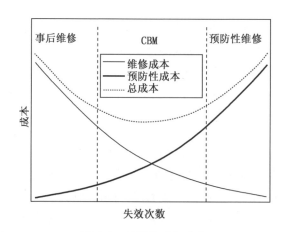

图 1.1　维护策略与成本

对于上面提到的对飞机壁板裂纹维修的情况,采用 CBM 策略的话,仅修复那些会实际增长且变得不稳定的裂纹,所以采用这种维修策略会大大降低维护成本。但是,即使 CBM 与事后维修一样都减少了维修或者更换壁板的数量,两者之间仍然存在相同的问题,那就是由于零件供应系统的延误导致缺乏维修准备时间且维修时间较长。为了充分利用 CBM 策略,将其与预防性维修结合起来是很有必要的。通过预测裂纹在未来一段时间如何扩展,可以合理安排维护时间。

图 1.2 说明了维修策略的这种演变,即维修策略已经从事后(计划外、被动)或预防性

---

①　1 英寸 = 2.54 cm

（计划性、主动）的维修策略向基于状态（预测性、主动）的维修策略转变。

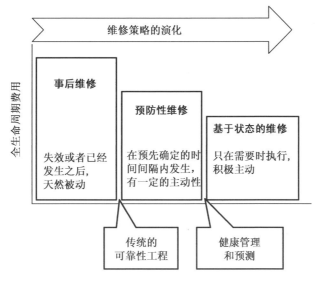

图 1.2 维修策略的演变

图 1.3 所示是 PHM 的四个主要步骤，包括数据获取、故障诊断、寿命预测和健康管理。第一步是数据获取，从传感器收集测量数据并对数据进行处理，从而提取有用的特征用于故障诊断。第二步是故障诊断，检测是由何种异常引起的故障，采用故障隔离的方式确定具体是哪一个部件发生了故障并确定相对于故障阈值的故障程度。第三步是寿命预测，预测系统在当前运行状态下直至失效所需要的时间。最后一步是健康管理，用最优的方式管理维护计划和后勤支持。在这些步骤中，故障预测是最关键的一步，它可以在实际周期状态下对系统的可靠性进行评估。换句话说，它可以预测系统或部件从当前到无法执行其预设功能的时间，从而使用户有机会减少系统级风险，同时延长系统或部件的使用寿命。

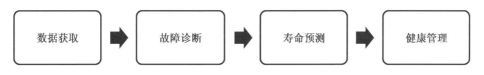

图 1.3 PHM 的四个主要步骤

目前，不同的研究机构对故障预测这一概念有不同的定义（Sikorska et al.，2011）。其中，对于故障预测描述最全面的是国际标准组织发布的"ISO13381-1"中对故障预测的定义："针对一个或多个现有和未来故障模式的失效时间与风险的估计"，同时，"ISO13381-1"还提出了 PHM 技术相关的标准和架构。在这些标准和架构中，基于状态维护的开放系统架构（OSA/CBM）最受欢迎，它由六个方面（或层级）组成，分别是数据获取、数据处理、状态监测、健康评估、故障预测和决策制定（Callan et al.，2006；He et al.，2012）。第一层是数据获取层，它涉及的是使用各种传感器获取系统设备的运行数据。第二层是数据处理层，这一层主要对原始数据进行处理，包括数据的预处理、特征提取等，其处理结果将传递到状态监测层。状态监测层就是第三层级，该层级通过计算状态指标来提供异常报警的功能。第四层是健康评估层,通过采用状态指标来确定系统和设备的健康状态,并采用定量的方式来描述系统和设备的状态。接下来是故障预测层,主要是对系统和设备的未来进程进行估计,包括剩余使用寿命。最后一层是决策制定层,这一层将根据先前各层的数据、分析结果来制定适当的更换措施和维护活动。图1.4展示了CBM这一概念的功能性架构。与图1.3相比,前两层是数据获取,接下来的两层是故障诊断,最后两层分别是寿命预测和健康管理。

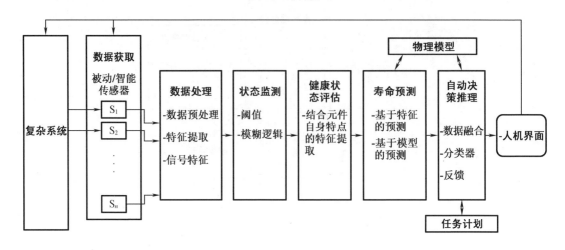

图1.4 CBM系统功能架构

1.2 历史背景

PHM技术始于英国民用航空局(Civil Aviation Authority of United Kingdom)于20世纪80年代降低直升机事故率的研究。为了降低直升机的事故率,英国民用航空局在20世纪80年代首先开始使用PHM技术,并在90年代开发出健康和使用监控系统(HUMS)从而对直升机的健康状况和性能进行分析。在直升机上安装HUMS取得了良好的效果,直升机事故率降低了一半以上(见表1.1)。

表1.1 1981—2000年近海直升机安全记录

年 份	100 000 分区(飞行阶段)		100 000 部门(飞行阶段)	
	致命事故率	非致命事故率	致命事故率	非致命事故率
1981—1990年	5.61	2.24	2.39	0.96
1991—2000年	1.13	0.82	0.49	0.35

在20世纪90年代,飞船健康监测的概念被应用在了美国NASA的宇航研究中,其目的是监测空间飞行器的健康状态。但是,它很快被另一个更加通用的术语——"集成飞船健康管理"或"系统健康管理"所替代,用以纳入各种空间系统的故障预测功能(Pettit et al., 1999)。

到了21世纪,美国国防高级研究计划局(DARPA)开发了具有相同目的的结构完整性预测系统(SIPS)和基于状态的维护+系统(CBM+)。联合攻击战斗机(JSF)开发计划首次采用了故障预测与健康管理(PHM)这个名称(图1.5)。从2003年开始,美国国防部(DoD)通过国防采购系统指定了PHM系统的需求,该需求指出:"计划管理人员应当通过可负担的、集成化的、嵌入式的故障诊断与预测系统,包括通过嵌入式培训和测试、序列化条目管理、自动化识别技术(AIT)和技术的更新迭代来优化操作准备"。

从那时起,PHM技术的各个方面都得到了较快的发展,包括故障机理的基础研究、传感器开发、特征提取、用于故障检测和分类的故障诊断技术、故障预测技术,这些技术已经被探索应用到各个行业。随着这些技术在工业界的成熟应用,相关文章的发表数量也日益增多(Sun et al., 2012; Yin et al., 2016)。

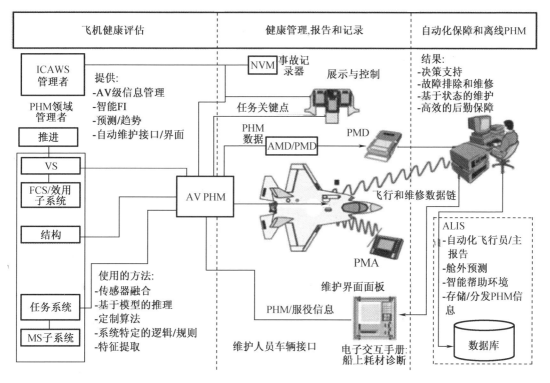

图1.5 PHM架构和支持技术(联合打击战斗机项目办公室提供)

PHM解决方案在制造业得到了成功应用,一些研究机构披露了相关的经济数据。例如,国家科学基金会资助了工业/大学合作研究中心进行的独立经济影响研究,并调查了智能维修系统中心的五个工业成员,这五家公司(主要是制造业)在成功实施预测性监测和PHM解决方案基础上节省了超过8.55亿美元(Gray et al., 2012)。

近年来,多个与PHM相关的协会、组织相继成立,主要负责组织现有PHM相关的知识并推动其发展。PHM协会是其中具有代表性的一个组织,该协会从2009年成立以来,每年举行一次年会并出版《国际故障预测及健康管理期刊》(*IJPHM*)。此外,自2011年以来,IEEE(电气与电子工程师协会)每年都会举行一次关于PHM的国际会议。目前,有多个研究机构牵头进行PHM的相关技术研究,这里简要介绍如下。

智能维护系统(IMS)中心(2011):IMS 中心作为 NSF 工业/大学合作研究中心,是由辛辛那提大学、密歇根大学和密苏里科技大学于 2011 年成立的。该中心致力于针对工业系统进行全生命周期性能的预测分析和工业大数据建模研究,为电子维护应用创立了注册商标为 Watchdog Agent 的故障预测工具和设备——企业(D2B)预测平台。

先进生命周期工程中心(CALCE)(1986):CALCE 成立于 1986 年,位于马里兰大学,被认为是基于故障机理评估电子可靠性的领导者。近年来,该中心积极进行电子应用的 PHM 研究,主要是通过消耗性设备的使用、故障前兆的监测和推理来建立即将发生故障和寿命消耗的模型。

卓越故障预测中心(PCoE)(2016):PCoE 位于 NASA Ames 研究中心,它为故障预测技术的发展提供了一个保护伞,尤其是解决了航空和空间探索应用领域内故障预测技术的差距。PCoE 目前正在研究运输机的安全 – 临界驱动器的损伤传播机制,飞机配线绝缘层的损伤机制,以及航空电子设备中关键电气和电子组件的损伤传播机制。

FEMTO – ST(2004):FEMTO – ST 研究中心于 2004 年在法国成立,由法国五个当地实验室联合组成,后来改组为七个部门。自动控制部门的 PHM 团队开发了用于燃料电池老化、复合材料和传感器网络观测器等方面的先进分类、预测和决策算法。

综合飞行器健康管理(IVHM)中心(2008):IVHM 中心在波音公司的支持下于 2008 年在克兰菲尔德大学成立,在飞机 PHM 研究方面世界领先。该中心提供了世界上第一门 IVHM M. Sc 课程,拥有多位博士从事 IVHM 在不同领域应用的研究。

1.3 PHM 的应用

航空航天和国防工业是 PHM 开发的先驱,这是由它需求独特、对安全至关重要的特性,以及高维护成本的历史所决定的,如图 1.6(Vachtsevanos et al. ,2006)所示。从那时起,这项技术已经在工业界得到了广泛的应用并日渐成熟。在过去的十几年中,专家们在文献中发表了大量与 PHM 相关的评论和概述文章,这些评论的观点也不尽相同。Sun 等人在他们的论文中调查了一些 PHM 的实践和案例研究,涵盖了国防、航空航天、风力发电、民用基础设施、制造业和电子业等众多领域。Yin 等人出版专著,个别章节收录了电子工业中 PHM 的应用。

在航空航天和国防系统中,PHM 技术在多种应用中取得了重大进步。健康和使用管理系统(HUMS)是旋翼飞机采用 PHM 解决方案的一个例子,该方案可以监测从轴不平衡到齿轮和轴承性能退化的多个问题(UTC 航空系统 2013)。Vachtsevanos 等人(2006)开发了用以预测直升机 UH – 60A 的行星齿轮板中裂纹的 RUL 系统(图 1.7)。惠普公司已经在其生产的发动机中为 F135 多用途战斗机配备了先进的 PHM 系统(VerWey,2009)。通用电气航空已经对航空发动机进行了超过 15 年的监测,并提供诊断服务,旨在停机前发现发动机问题的早期症状。美国陆军后勤综合局的计划中将故障诊断技术纳入了武器平台中(Greitzer et al. ,2001),海军航空系统司令部也将故障预测技术应用到了 SH – 60 直升机上(Hardman,2004)。

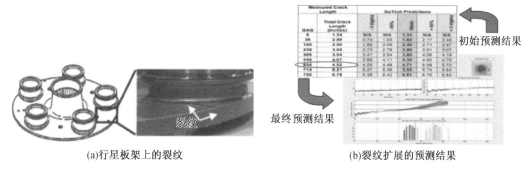

(a)行星板架上的裂纹　　　　　　　　　(b)裂纹扩展的预测结果

图 1.6　UH – 60A 直升机行星齿轮板裂纹预测（Vachtsevanos et al.，2006）© John Wiley and Sons，2007.（已获得出版社版权许可）

在重工业和能源工业中,故障预测方法被应用于燃气涡轮发动机上,例如 Rolls – Royce 工业生产的 AVON 1535(Li et al.,2008)。Knmatsu 和 Caterpillar 开发出了在早期阶段就能检测到车辆问题的先进数据分析算法(Wang et al.,2007)。在可再生能源应用中,风力涡轮传动状态监测系统已经取得了很大的进步(图 1.7)(Siegel et al.,2014;Bechhoefer et al.,2012)。

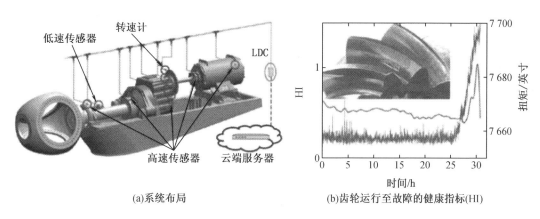

(a)系统布局　　　　　　　　(b)齿轮运行至故障的健康指标(HI)

图 1.7　风力发电机组故障预测的应用示例(Bechhoefer et al.，2012)

在以减少停机时间为主要重点任务的制造业中,许多研究致力于将最先进的 PHM 技术应用于制造业中(Jardine et al.,2006;Lee et al.,2014;Peng et al.,2010)。一些特定应用是制造设备的健康监测,例如旋转机械的主轴轴承(Liao et al.,2010)、机床磨损(见图 1.8)(Kao et al.,2011),空气压缩机喘振(Sodemann et al.,2006)和工业机器人的健康(Siegel et al.,2009)。一家铜制品制造公司用这种方法预测感应炉的腐蚀(Christer et al.,1997)。一座大型软饮料生产厂商利用振动数据预测了三个水泵的故障(Wang et al.,2000)。

电子工业中,先进生命周期工程中心(CALCE)对 PHM 的研究最为活跃,将故障预测技术应用于便携式计算机(Vichare et al.,2004)和航空电子中使用的电力电子设备(Saha et al.,2009)是他们研究成果的典型案例。

近年来,这些专业协会也在着手建立一些 PHM 标准。在 IEEE 中,可靠性分学会讨论了相关的标准,并发表了相关文章(Vogl et al.,2014)。在制造业方面,美国国家标准与技术研究院也做了类似的工作,并发表了一份报告(Sheppard et al.,2009)。

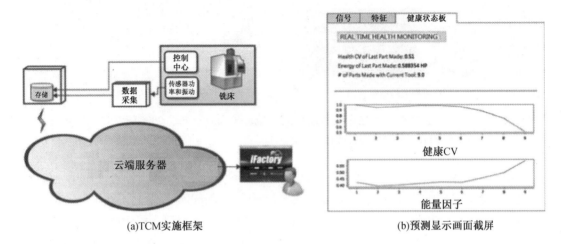

(a)TCM实施框架　　　　　　　　　(b)预测显示画面截屏

图1.8　工具状态监测(TCM)故障预测的应用示例(Kao et al.,2011)

1.4　故障预测算法综述

利用各种数据分析技术,可以很方便地开发出1.3节中介绍的PHM应用。本节将简要回顾一下故障预测技术,这项技术也是本书重点关注的技术。故障预测是根据测得的损伤数据来预测未来的损伤/退化,以及在用系统的剩余使用寿命(RUL)。通常,如图1.9所示,故障预测的方法根据信息的使用可以分为两类,分别是基于物理模型的方法和基于数据驱动的方法。

基于物理模型的方法是假设有一个可以用来描述对象退化行为的物理模型,并将该物理模型与实际对象的测量数据和使用条件结合起来,用以识别模型的参数,并预测实际对象的未来行为。由于这种方法需要从模型中捕捉到故障的物理基础,即那些导致损伤效应相关的因素,因此采用这种方法需要对问题有更加细致的了解。

基于物理模型的方法最主要的优点是基于对现象进行建模结果直观,此外模型一旦被开发出来,就可以调整模型参数使这个模型应用到其他不同的系统或不同的设计中去。如果在设计阶段就尽早引入基于物理模型的故障预测方法,它还可以推动系统对于传感器的需求,也就是说可以适当添加或者取消传感器。与基于数据驱动的方法相比,基于物理模型的方法通常被认为具有更高的计算效率。但是,基于物理模型的方法所拥有的这些优势可能是一把双刃剑。例如,开发模型需要对系统有深入透彻的了解,如果漏掉了任何重要的物理现象,则有可能导致模型无法预测系统的退化行为。同样,高保真模型,尤其是数值模型,可能需要巨大的计算量。

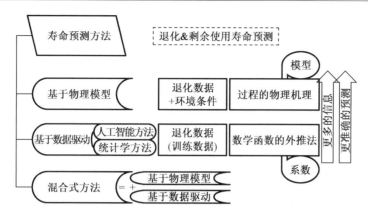

图1.9 故障预测方法的分类及定义

基于数据驱动的方法是利用当前测量数据和历史数据中的信息(训练数据)来识别当前测量到的退化状态特征并预测未来的趋势。对数据驱动方法这一概念的理解是基于已经识别到系统的数学函数并进行向外插值。这种方法适合对数据趋势的拟合,但无法保证这种向外插值具有很高的准确性,这是由于从当前状态开始的故障过程可能与先前的故障过程无关。数据驱动方法的成功取决于收集当前系统运行状态下故障的统计信息,这个过程需要大量的数据。如果缺乏对系统的全面了解,就很难知道到底多少数据能够满足故障预测的目的。

从实用性的角度来看,基于数据驱动的方法无论在难易程度上还是在时间上都有很大的优势。实际上,有很多现成的软件包可以用于数据挖掘和机器学习。通过收集足够的数据,可以识别出数据间(从未考虑过)的关系。而且,基于数据驱动的方法采用客观存在的数据,因此可以在没有任何偏见的情况下考虑故障和特征之间的关系。但是,这种方法需要大量的数据,其中包括相同或相似系统的所有可能的故障模式。由于不涉及任何物理知识,结果可能是不直接的,在不了解问题原因的情况下接受结果是很危险的。基于数据驱动的方法在分析和实施方面都是计算密集型的。如图1.10所示,可以用数理模型的可靠性和数据的可用性来说明这两种方法的应用领域。当有一个高度可靠的物理模型可用,即使使用少量数据,基于物理的方法也能很好地完成诊断。当有大量数据可用时,两种方法均可适用。在没有可靠物理模型的情况下,如果有大量数据可用,则可以直接采用数据驱动的方法而不需要物理模型。但是,如果只有少量的数据可以利用又缺乏可靠的预测方法,那么基于数据驱动方法做出的健康评估并不可靠。

基于物理模型的方法和基于数据驱动的方法有两个主要区别:(1)物理模型的可用性,这也包括了模型的使用条件;(2)利用训练数据来识别设备的损伤状态的特征。基于物理模型的方法比基于数据驱动的方法需要更多关于物理模型的信息,因此基于物理模型的方法可以进行更准确和长期的预测。实际上,退化的物理模型很难获得,这时就可以采用数据驱动的方法,但是由于要花费大量的时间和成本,想要获取多组退化数据非常困难。

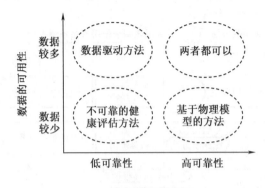

图1.10 基于物理模型和数据驱动故障算法的应用领域

混合方法集合了物理模型和数据驱动方法的优势来提高预测能力。对于实际的复杂系统,单独使用基于物理模型的方法或数据驱动的方法可能会无效,但是将两种方法一起使用能使预测能力最大化。例如,关于物理行为的知识可以用来确定数据驱动方法中的数学模型(例如,确定多项式或指数函数的阶数),也可以将数据驱动的系统模型与基于物理模型的故障模型结合使用,反之亦然。但是,这种方法依赖于某些特定的应用领域,因此本书对此不做讨论。有关混合方法更多的信息,请参见 Liao 和 Köttig(2014)的综述材料。

图1.11 中描述了一个简单的故障预测的例子,对 Paris 模型(Paris et al.,1963)可以用基于物理机理的方法建立物理模型,也可以用数据驱动的方法建立多项式函数的数据模型。即使给定两种方法的信息互不相同,但两种方法的预测结果几乎相同:根据损伤数据识别出参数,将参数代入基于物理的退化模型或数据函数来预测未来系统的损伤状态。损伤的增长取决于 Paris 模型中的模型参数(m,C)和使用条件($\Delta\sigma$)。相对应的参数(β)是数据驱动方法中的模型参数。值得注意的是,使用条件在数据驱动的方法中不一定是必需的,但是可以作为多项式函数的输入变量。

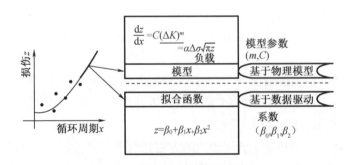

图1.11 故障预测的简单示例

基于物理模型的算法仅有参数识别的方法,但基于数据驱动的方法根据数学函数的类型和如何使用给定的信息衍生出了大量的算法。实际上,基于物理模型的算法可用于数据驱动的方法,这是因为数学函数可以替代物理模型。但是,能够被基于物理模型方法使用的数学函数仅限于多项式或指数函数,因此这两种方法所采用的算法还是有典型区别的。所以这两种方法之间存在典型的算法分类。

在基于物理模型的方法中,系统损伤行为依赖于模型参数,识别这些参数是预测系统未来损伤行为最重要的问题。由于使用条件的不确定性和数据中的噪声,大部分算法将模型参数识别为概率分布,而不是基于贝叶斯推理(Bayes et al.,1763)的确定性数值。贝叶斯推理是一种统计方法,它利用观测值以概率密度函数的形式来估计和更新未知模型参数。最典型的技术是粒子滤波(Doucet et al.,2001;An et al.,2013),它用大量粒子和粒子的权值来表达参数的分布,这些权值通过贝叶斯框架进行更新。卡尔曼滤波(Kalman,1960)同样是一种基于连续贝叶斯更新的滤波方法,在混合高斯噪声的线性系统中卡尔曼滤波器能够求得准确的后验分布。

在基于数据驱动的方法中,最常见的技术是作为一种人工智能方法的人工神经网络(也称为神经网络)(Chakraborty et al.,1992;Ahmadzadeh et al.,2013;Li et al.,2013),这种神经网络可以通过对给定的输入(如时间和负载条件)来学习产生期望输出(如退化水平或使用寿命)。同样,高斯过程(GP)回归(Mackay,1998;Seeger,2004)是基于回归的数据驱动方法中的常用方法,高斯过程回归假设误差回归函数与数据之间的误差是相关的,它和最小二乘法(Bretscher,1995)一样是一种线性回归。除了上述两种方法,基于数据驱动的方法还有很多,包括最小二乘回归、模糊逻辑(Zio et al.,2010)、相关向量机和支持向量机(RVM/SVM)(Tipping,2001;Benkedjouh et al.,2015)、伽马过程(Pandey et al.,2004)、维纳过程(Si et al.,2013)以及隐式马尔科夫模型(Liu et al.,2012)。更多关于数据驱动算法的介绍,读者可以阅读 Si 等人关于数据驱动算法的综述(2011)。

1.5　故障预测的优势与挑战

1.5.1　在生命周期成本预测中的优势

可以从很多不同的方面来看待 PHM 的优势,其中最大的优势可能是减少系统或设备整个生命周期中的成本,具体如下。

1.降低运营成本

复杂系统的维护成本可能非常大,尤其是对于一组系统而言,如果采用 PHM 技术,可以大大降低系统的运营成本。更具体地说,PHM 可以通过两种方式节省开支:首先是采用 CBM 技术,其次是更加自动化的维护和后勤支持系统。为了理解 CBM,用汽车更换机油的例子来说明。传统更换机油的方法是设定一个特定的换油周期,通常是 3 000 ~ 5 000 mile[①],这就是一个预防性维修的例子。而 CBM 利用传感器读数连续监测机油的健康状态,只在需要更换机油的时候才更换。CBM 可以自动地执行维护和后勤工作,这将提供一个更及时的维护环境;在需要维护的时候提前制订维护计划、订购备用零件,这一切工作都是根据状态监测结果提前进行的,而不是发生灾难性故障后才开始。人们逐渐认识到在类似于军事维护这样的任务时,决策支持系统将会为维护活动节省更多的成本。通用电气公司提出了比 PHM 概念更广的机器互联或物联网(IOT)概念,他们声称在五个主要的工业领域(图 1.12)

---

① 注:1 mile = 1.609 344 km

中,仅将效率提高1%就可以创造2 760亿美元的收入(Evans et al.,2012)。

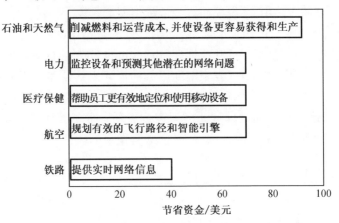

图1.12　通过物联网将在五个主要工业领域提高1%的效益

2. 增加收入

PHM技术可以帮助企业增加业务收入,尽管这种收入不是直接收入。如果产品的销售商能够向其客户提供配备PHM功能的更为可靠的产品,他们将能够获得更大的市场份额,从而增加收入。实际市场上,通用电气的航空发动机和Komatsu公司的挖掘机正在这样做。他们不仅销售产品,而且还向买他们产品的公司提供PHM服务,从而获得更多的收入。图1.13给出了一个例子,Komatsu公司将PHM系统嵌入所生产的挖掘机中(Murakami et al.,2002)。

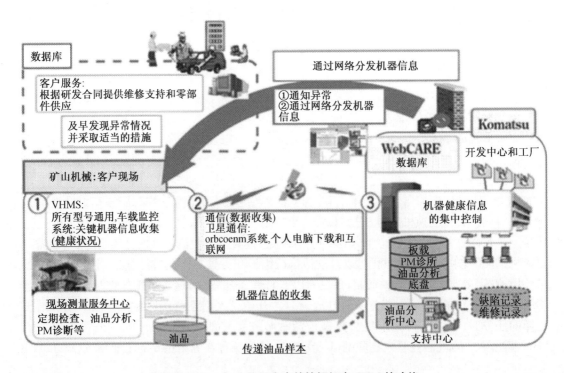

图1.13　Komatsu公司生产的挖掘机中PHM的功能

Sun 等人(2012)根据生命周期过程中的各个阶段对收益进行了更详细的分析,这些阶段包括:(1)系统设计和开发;(2)生产;(3)系统运行;(4)后勤支持和维护。

1.5.2 系统设计和开发中的优势

1. 优化系统设计

开发新产品时,需要进行大量测试,其中就包括加速寿命测试,这项测试既耗时又费钱,而且不能代表实际的运行条件。故障预测可以从整个系统生命周期的实际状态提供数据,这些信息可以降低改进和优化新设计过程的成本。此外,如果新系统包含了 PHM 功能,就不必在安全性和可靠性方面继续沿用保守的设计,因为 PHM 会实时监测并确保其不会发生故障。

2. 改进可靠性预测

可靠性预测在安全性关键系统的设计中非常重要。传统的方法是基于像 MIL-HDBK-217 及其衍生手册的数据库,但这种方法被证明有一定的误导性,提供的寿命预测不够准确。相反,从 PHM 中收集到的数据反映了系统的实际生命周期状态,这有助于更准确地评估损伤和 RUL。因此,可以进行更准确的可靠性预测。通常,可以用更具成本效益的方式制定更好的可靠性计划。

3. 改进后勤支持系统

通常,后勤支持系统的设计与新系统的开发是同步进行的,这对生命周期成本有很大的影响,故障预测技术可以帮助构建后勤支持系统。例如,在电子系统中,人们一直认为电子故障是无法预测的,只能在发生故障后进行维修,这就要管理拥有零散备件库的大规模供应资源,这是成本增加的另一个重要因素。通过采用 PHM 技术,可以提前预测故障时间和故障电子设备的数量,在后勤系统中显著降低成本。

1.5.3 生产效益

1. 更好的过程质量控制

实际上,当加工设备的参数偏离其标称值或最佳值时(如切削工具的性能),它的质量也会下降。相比传统的质量控制,对制造设备状态(如振动、强度、功率和操作模式)、磨损或故障进行监测和故障预测可以提供更多有关设备本身的信息,从而提升并保证控制质量。

2. OEM 集成化维护开发

大部分用于高层级系统故障预测的信息来自子系统和组件。因此,系统设计人员必须与供应商一起定义监测变量,开发有效的 CBM 算法。然后,供应商为系统制造商提供组件级或子系统级的故障预测解决方案。通过共享和集成 PHM 信息,系统制造商将 CBM 用于实际系统。

1.5.4 系统运行中的优势

1. 增加系统安全性

故障预测功能可以在系统发生严重事故前预测出早期的故障,这些功能可以更加准确地管理系统运行状况。图 1.14 展示了一个健康退化指标及其预测的例子,图中显示了故障提前警告时间与估计故障时间之间的时间间隔,即预测"距离"。故障提前警告的时间从几秒到几年不等。在美国的航天飞机中,机组人员起飞时有 4 s 的时间窗口用于弹出逃逸。在飞机上,为了确保完成设备更换,故障预测警告需要提前数小时发出,而对于腐蚀的维护预测警告则需要提前数月发出。

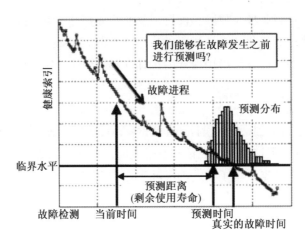

图 1.14　通过故障诊断提前发出故障警告

2. 改进运行的可靠性

从最初的意义上讲,通过适当的设计和有效的生产过程控制可以使系统具有固有的可靠性。但是,在实际运行状态下,环境和运行载荷有时候可能与系统的设计目标有很大差异,并且会影响系统运行的可靠性。在这种情况下,考虑可预测使用寿命和预期可靠性的系统设计可能会因为过度使用而面临出现故障的风险。如图 1.15 所示,PHM 的监测功能使它可以在不同的使用条件下采取适当的措施,从而延长使用寿命,维持预期可靠性。

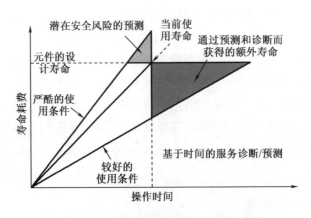

图 1.15　通过故障预测提升运行可靠性

1.5.5 后勤支持和维护中的优势

1. 基于状态的维护

如前所述,PHM 主要的优势在于它使 CBM 能够最大限度地减少计划外维护、消除冗余检查、减少计划维护、延长维护间隔,最重要的是降低了总体维护成本。此外,它还增强了识别故障组件的能力,有助于提前进行维护准备。例如,在这种情况下,飞机虽然仍在飞行,但地面已经开始准备维修任务了。有报道称,联合打击战斗机(JSF)的故障预测系统有望使维护人员减少 1/5 以上,机械后勤人员减少一半(Scheuren et al. ,1998)。

2. 提升机群(fleet)范围内的决策支持

当 PHM 技术应用到机群的大部分系统时,相比单个系统应用 PHM,其带来的好处是 $1 + 1 > 2$ 的。因为 PHM 将为机群的每个部件运行提供更为详细的信息,所以可以在不同的情况下做出特定的决策,如何时何地部署维护人员,需要订购多少备件,以及在何处进行维修。维护只是机群范围内优势中的一小部分,通过使用 PHM 技术,在机群范围内应用决策优化技术可以获得更大的整体优势。

3. 优化后勤供应链

故障预测技术可以实现预测性物流,从而改善供应链中活动的计划、调度和控制。如果操作人员只在零件即将失效时才使用有关零件的 RUL 信息来购买零件,这将会为后勤供应带来很大的好处。与以前相比,通过应用故障预测信息,使用的备件数量更少,并且"及时"交付了备件,从而减少了库存,极大简化了供应链。

4. 减少维护引入的故障

当机械师维修或更换组件时,可能会意外地损坏另一个组件,这称为维护引入故障。如果不注意,可能会导致系统意外停机甚至引发灾难性故障。故障预测技术减少了系统中维护活动的需求,从而降低了与人有关的这类状况出现。

1.5.6 故障预测面临的挑战

虽然 PHM 技术有很多的好处,但在未来的研究中仍然有大量的挑战需要探索,主要有以下几个方面(Sun et al. ,2012)。

1. 优化传感器的选择和布置

数据采集是第一步,也是故障预测重要的组成部分,通常利用传感器系统来测量系统的环境、运行和性能参数。不恰当的传感器选择和布置会导致故障预测性能降低。传感器应该能够准确地测量与关键故障机制相关的参数变化,同时还要考虑传感器的可靠性和故障的可能性。目前,已经提出多种提高传感器可靠性的方案,例如使用多个传感器监测同一系统(即冗余),以及实行传感器校验以保证传感器系统的完整性,并根据需要对传感器系统进行调整或纠正。

2. 特征提取

为了进行有意义的故障预测,收集系统与设备中和损伤直接相关的数据是非常重要的。但是在很多情况下,很难直接收集损伤数据,甚至不能直接收集。例如,轴承座圈中的裂纹实际上是无法测量的,这是因为轴承工作时在不停旋转。在这种情况下,可以测量一个与损伤有关的系统响应,用来间接估计轴承的损伤程度;也可以将加速度传感器安装在轴承附近来监测由裂纹引起的振动信号,在这种方法中,从振动信号中提取损伤特征就显得特别重要。由于系统振动包含在含有噪声的整个系统响应中,因此很难提取与损伤有关的信号。尤其对于复杂系统,损伤仅仅是系统的很小一部分,因此与损伤有关的信号与系统响应有关的信号相比非常微弱。所以,从相对较大的噪声中提取与损伤有关的微弱信号具有非常大的挑战性。在第 7 章中有一个研究案例,该案例就是从轴承的噪声数据中提取有效信号的。

3. 故障预测方法的条件

通常,故障预测的方法可以像 1.4 节中提到的那样分为基于物理模型和基于数据驱动两种方法。基于物理模型的方法利用系统的故障机理模型或其他现象学描述的模型知识来估计系统的使用寿命。这种方法的优势是利用很少的数据就可以准确地预测系统的剩余使用寿命。但是,这种方法需要足够多与故障模式相关的信息,例如,在裂纹扩展模型的案例中,需要材料、几何、运行与环境载荷这些信息,在复杂的系统中这些参数通常很难获得。此外,这种模型需要深入了解导致系统失效的物理过程相关知识,但是在复杂系统中很难找到这样的模型,这就是基于物理模型方法实际应用所具有的局限之一。数据驱动的方法使用观测数据的信息来识别退化过程中的特征,并在不使用任何特定物理模型的情况下预测系统未来的状态。因此,剩余使用寿命预测结果的准确性极大依赖于获得的数据,也称为训练数据。通常为了识别退化过程,需要很多训练数据(尤其是最新的故障数据),但是由于时间和成本的原因,从在役系统中获得大量训练数据具有非常大的挑战。总之,建议利用每种方法的优势来弥补各自的局限性。本书介绍了各种基于物理模型和基于数据驱动算法的属性,这有助于帮助读者理解每种算法的内在特性,从而开发出更具优势的混合故障预测方法。

4. 故障预测不确定性与预测准确性评估

使用故障预测的方法就必然要面对真实世界存在的不确定性,这些不确定性可能导致预测结果不准确,因此,另一个主要的挑战就是需要开发一套能够处理这种不确定性的方法。图 1.17 显示了故障预测中遇到的不确定性的一些来源,这些不确定性通常分为三类:

(1)模型不确定性,即简化模型和模型参数导致的模型不确定性;

(2)数据不确定性,即环境和运行负载条件变化引起的测量和预测不确定性;

(3)物理不确定性,即生产过程中引起的产品几何形状和材料的固有不确定性,这些不确定性可能导致故障预测结果与实际情况出现重大偏差。

开发各种能够描述不确定性边界和故障预测置信度水平的方法非常重要。研究故障预测准确性评估的方法也很有必要,这些方法可以构建和量化故障预测系统的置信度水平。实际上,模型的寿命预测可以用图 1.14 所示的预测分布来表达。尽管对于故障诊断性能评估没有一个达成普遍共识的恰当且可接受的指标,但一些研究人员提出了一些方法且总结了故障不稳定性来源,如图 1.6 所示。Leão 等(2008)提出了一组指标用于评估故障预测算法的性能,包括故障预测准确率、误报警率、漏估计率(missed estimation rate)、纠正拒绝率(correct rejection rate)、故障预测有效性等。Saxene 等(2009)还提出了一些用来评估剩余使用寿命预测方面的指标,如故障预测水平、预测范围、相对精度、收敛性等。如图 1.17 所示,尽管这些指标已尽力满足大多数 PHM 的要求,但随着故障预测技术的不断成熟,人们希望在这些指标的概念和定义上能进一步完善。

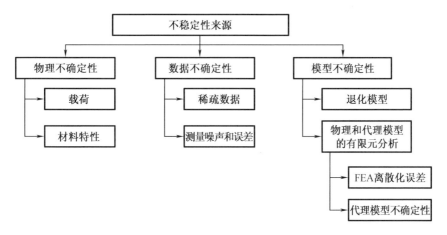

图 1.16 故障预测中的不确定性分类

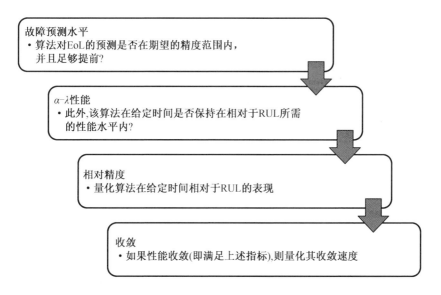

图 1.17 故障预测指标的步骤

1.6 参 考 文 献

[1] Ahmadzadeh F, Lundberg J. Remaining useful life prediction of grinding mill liners using an artificial neural network. Miner Eng,2013,53:1 −8.

[2] An D, Choi J H, Kim N H. Prognostics 101: a tutorial for particle filter-based prognostics algorithm using Matlab. Reliab Eng Syst Saf,2013,115:161 – 169.

[3] Bayes T, Price R. An Essay towards solving a problem in the doctrine of chances. By the late Rev. Mr. Bayes, communicated by Mr. Price, in a letter to John Canton, A. M. F. R. S. Philos Trans R Soc Lond,1763,53:370 – 418. doi:10. 1098/rstl. 1763. 0053.

[4] Bechhoefer E, Mortom B. Condition monitoring architecture: to reduce total cost of owner-ship. In: Paper presented at the IEEE prognostics and health management conference, Denver, Colorado, USA, 2012(6):18 – 21.

[5] Benkedjouh T, Medjaher K, Zerhouni N, et al. Health assessment and life prediction of cutting tools based on support vector regression. J Intell Manuf,2015,26(2):213 – 223.

[6] Bretscher O. Linear algebra with applications. Prentice Hall, New Jersey,1995.

[7] CALCE Center for advanced life cycle engineering. http://www. calce. umd. edu. Access-ed 3 June 2016.

[8] Callan R, Larder B, Sandiford J. An integrated approach to the development of an intelli-gent prognostic health management system. Paper presented at the IEEE aerospace confer-ence, Big Sky, Montana, USA, 4 – 11 March 2006.

[9] Chakraborty K, Mehrotra K, Mohan CK, et al. Forecasting the behavior of multivariate time series using neural networks. Neural Netw,1992,5:961 – 970.

[10] Cheng S, Azarian M H, Pecht M G. Sensor systems for prognostics and health manage-ment. Sensors,2010,10(6):5774 – 5797.

[11] Choi J H, An D, Gang J,et al. Bayesian approach for parameter estimation in the struc-tural analysis and prognosis. In: Paper presented at the annual conference of the prognos-tics and health management society, Portland, Oregon,2010(10),13 – 16.

[12] Christer A H, Wang W, Sharp J. A state space condition monitoring model for furnace e-rosion prediction and replacement. Eur J Oper Res,1997,101(1):1 – 14.

[13] DoD Instruction. Operation of the defense acquisition system. DoD Instruction 5000. 2. May 12, 2003. http://www. acq. osd. mil/dpap/Docs/new/5000. 2% 2005 – 12 – 06. pdf. Accessed 3 June 2016.

[14] Doucet A, Freitas D N, Gordon N J. Sequential Monte Carlo methods in practice. Spring-er, New York,2001.

[15] Evans P C, Annunziata M. Industrial internet: pushing the boundaries of minds and ma-chines. GE report, 11. 26. 2012. http://www. ge. com/docs/chapters/Industrial_Inter-net. pdf. Accessed 3 June 2016.

[16] FEMTO-ST. Franche-Comtéc Electronique, Mécanique, Thermique et Optique Sciences et Technologies. http://www. femto-st. fr/en. Accessed 3 June 2016.

[17] Gãvin H P. The Levenberg-Marquardt method for nonlinear least squares curve-fitting problems. Available via Duke University. http://people. duke. edu/ * hpgavin/ce281/

lm. pdf. Accessed 28 May 2016.

［18］ Gray D O, Drew R, George V. Measuring the economic impacts of the NSF industry/university cooperative research centers program: a feasibility study. Final report for industry university cooperative research center program. https://www. ncsu. edu/iucrc/PDFs/IU-CRC_EconImpactFeasibilityReport_Final. pdf. Accessed 3 June 2016.

［19］ Greitzer F L, Hostick C J, Rhoads R E. et al. Determining how to do prognostics, and then determining what to do with it. In: Paper presented at the IEEE systems readiness technology conference, AUTOTESTCON proceedings, Valley Forge, Pennsylvania, USA, 20 – 23 Aug 2001.

［20］ Hardman W. Mechanical and propulsion systems prognostics: U. S. navy strategy and demonstration. Miner Metals Mater Soc,2014,56(3):21 – 27.

［21］ He Y, Lin M. Research on PHM architecture design with electronic equipment. Paper presented at the IEEE conference on prognostics and health management, Beijing, China, 23 – 25 May 2012.

［22］ IEEE Reliability Society. International conference on prognostics and health management. http://rs. ieee. org. Accessed 3 Jun 2016.

［23］ IMS Center. Center for intelligent maintenance systems. http://www. imscenter. net. Accessed 3 June 2016.

［24］ ISO 13381 – 1. Condition monitoring and diagnostics of machines—Prognostics—Part 1: General guidelines. International Standards Organization Available via http://www. iso. org/iso/home/store/catalogue_ics/catalogue_detail_ics. htm? csnumber = 51436. Accessed 3 June 2016.

［25］ IVHM. Integrated vehicle health management center. https://www. cranfield. ac. uk/About/People-and-Resources/Schools-institutes-and-research-centres/satm-centres/Integrated Vehicle-Health-Management-IVHM-Centre. Accessed 3 June 2016.

［26］ Jardine A K S, Lin D, Banjevic D . A review on machinery diagnostics and prognostics implementing condition-based maintenance. Mech Syst Signal Process,2006,20(7):1483 – 1510.

［27］ John Burt. UK offshore commercial air transport helicopter safety record (1981—2010). Oil & Gas UK. http://oilandgasuk. co. uk/wp-content/uploads/2015/05/HS027. pdf . Accessed 3 June 2016.

［28］ Joint Strike Fighter Program Office Joint strike fighter PHM vision. https://www. phmsociety. org/sites/phmsociety. org/files/PHMvision. pdf. Accessed 3 June 2016.

［29］ Julier S J, Uhlmann J K. Unscented filtering and nonlinear estimation. Proc IEEE,2004, 92(3): 401 – 422 .

［30］ Kalman R E. A new approach to linear filtering and prediction problems. Trans ASME J Basic Eng,1960,82:35 – 45.

[31] Leão B P, Yoneyama T, Rocha G C. Prognostics performance metrics and their relation to requirements, design, verification and cost-benefit. In: Paper presented at the international conference on prognostics and health management, Denver, Colorado, USA, 6 – 9 Oct 2008.

[32] Lee J, Wu F, Zhao W, et al. Prognostics and health management design for rotary machinery systems—reviews, methodology and applications. Mech Syst Signal Process, 2014, 42 (1): 314 – 334.

[33] Li D, Wang W, Ismail F. Enhanced fuzzy-filtered neural networks for material fatigue prognosis. Appl Soft Comput, 2013, 13(1): 283 – 291.

[34] Li Y G, Nikitsaranont P. Gas path prognostic analysis for an industrial gas turbine. Insight Non-Destruct Testing Condition Monitoring, 2008, 50(8): 428 – 435.

[35] Liao L, Köttig F. Review of hybrid prognostics approaches for remaining useful life prediction of engineered systems, and an application to battery life prediction. IEEE Trans Reliab, 2014, 63(1): 191 – 207.

[36] Liao L, Lee J. Design of a reconfigurable prognostics platform for machine tools. Expert Syst Appl, 2010, 37: 240 – 252. doi: 10. 1016/j. eswa. 2009. 05. 004.

[37] Liu A, Dong M, Peng Y. A novel method for online health prognosis of equipment based on hidden semi-Markov model using sequential Monte Carlo methods. Mech Syst Signal Process, 2012, 32: 331 – 348 .

[38] Kao A, Lee J, Edzel E, et al. iFactory cloud service platform based on IMS tools and servolution. In: Paper presented at the world congress on engineering asset management, Cincinnati, Ohio, USA, 3 – 5 Oct 2011.

[39] Mackay D J C. Introduction to Gaussian processes. NATO ASI Series F Comput Syst Sci, 1998, 168: 133 – 166.

[40] Murakami T, Saigo T, Ohkura Y, et al. Development of vehicle health monitoring system (VHMS/WebCARE) for large-sized construction machine. Komatsu's Technical Report, 2002, 48 (150): 15 – 21.

[41] Pandey M D, Noortwijk J M V. Gamma process model for time-dependent structural reliability analysis. In: Paper presented at the second international conference on bridge maintenance, safety and management, Kyoto, Japan, 18 – 22 Oct 2004.

[42] Paris P C, Erdogan F. A critical analysis of crack propagation laws. ASME J Basic Eng, 1963, 85: 528 – 534.

[43] PCoE. Prognostics center of excellence. http://ti. arc. nasa. gov/tech/dash/pcoe. Accessed 3 June 2016.

[44] Peng Y, Dong M, Zuo M J. Current status of machine prognostics in condition-based maintenance: a review. Int J Adv Manuf Technol, 2010, 50(1 – 4): 297 – 313.

[45] Pettit C D, Barkhoudarian S, Daumann A G. Reusable rocket engine advanced health

management system architecture and technology evaluation—summary. In: Paper presented at the 35th AIAA/ASME/SAE/ASEE joint propulsion conference and exhibit, Los Angeles, California, USA, 20 – 24 June 1999.

[46] PHM Society. The prognostics and health management society. http://www. phmsociety. org. Accessed 3 June 2016.

[47] Ristic B, Arulampalam S, Gordon N. Beyond the Kalman filter: particle filters for tracking applications. IEEE Aerosp Electron Syst Mag,2004,19(7):37 – 38.

[48] Saha B, Celaya J, Wysocki P,et al. Towards prognostics for electronics components. In: Paper presented at the IEEE aerospace conference, Big Sky, Montana, USA, 7 – 14 March 2009.

[49] Saxena A, Celaya J, Saha B,et al. On applying the prognostic performance metrics. In: Paper presented at the annual conference of the prognostics and health management society, San Diego, California, USA, 27 Sep – 1 Oct 2009.

[50] Scheuren W J, Caldwell K A, Goodman G A,et al. Joint strike fighter prognostics and health management. In: Paper presented at the AIAA joint propulsion conference, Cleveland, Ohio, 12 – 15 July 1998.

[51] Seeger M. Gaussian processes for machine learning. Int J Neural Syst,2004,14(2):69 – 106.

[52] Sheppard J W, Kaufman M A, Wilmer T J. IEEE standards for prognostics and health management. Aerospace Electr Syst Mag IEEE,2009,24(9):34 – 41

[53] Si XS, Wang W, Hu CH,et al. Remaining useful life estimation—a review on the statistical data driven approaches. Eur J Oper Res,2011,213:1 – 14.

[54] Si X S, Wang W, Hu C H,et al. A Wiener process-based degradation model with a recursive filter algorithm for remaining useful life estimation. Mech Syst Signal Process, 2013,35(1 –2): 219 –237.

[55] Siegel D, Edzel L, AbuAli M,et al. A systematic health monitoring methodology for sparsely sampled machine data. In: Paper presented at the US society for machinery failure prevention technology (MFPT) conference, Dayton, Ohio, 28 – 30 Apr 2009.

[56] Siegel D, Zhao W,Lapira E,et al. A comparative study on vibration-based condition monitoring algorithms for wind turbine drive trains. Wind Energy,2014,17(5):695 – 714.

[57] Sikorska J Z, Melinda H, Lin M. Prognostic modelling options for remaining useful life estimation by industry. Mech Syst Signal Process,2011,25(5):1803 – 1836.

[58] Sodemann A, Li Y, Lee J,et al. Data driven surge map modeling for centrifugal air compressors. In: Paper presented at the ASME international mechanical engineering congress and exposition, Chicago, Illinois, 5 – 10 Nov 2006.

[59] Space Daily. Prognosis program begins at DARPA. A newspaper report, Space Daily. http://www. spacedaily. com/news/materials –03zv. html. Accessed 3 June 2016.

[60] Sun B, Zeng S, Kang R, et al. Benefits and challenges of system prognostics. IEEE Trans Reliab, 2012, 61(2): 323 – 335.

[61] Tipping M E. Sparse Bayesian learning and the relevance vector machine. J Machine Learning Res, 2001, 1: 211 – 244.

[62] UTC Aerospace Systems. Health and Usage Management System (HUMS). http:// ut-caerospacesystems. com/cap/systems/sisdocuments/Health% 20and% 20Usage% 20Management% 20Systems% 20(HUMS)/Health% 20and% 20Usage% 20Management% 20Systems% 20(HUMS). pdf. Accessed 3 June 2016.

[63] Vachtsevanos G, Lewis F, Roemer M, et al. Intelligent fault diagnosis and prognosis for engineering systems. Wiley, Hoboken, 2006.

[64] VerWey J. Airplane product strategy during a time of market transition. Boeing: e-newsletter June 2009. http://www. boeingcapital. com/p2p/archive/06. 2009. Accessed 3 June 2016.

[65] Vichare N, Rodgers P, Eveloy V, et al. In-situ temperature measurement of a notebook computer—a case study in health and usage monitoring of electronics. IEEE Trans Device Mater Reliab, 2004, 4(4): 658 – 663.

[66] Vogl G W, Weiss B A, Donmez M A. Standards related to prognostics and health management (PHM) for manufacturing. National Institute of Standards and Technology. http:// dx. doi. org/10. 6028/NIST. IR. 8012. Accessed 3 June 2016.

[67] Wang W, Scarf P A, Smith M A J. On the application of a model of condition based maintenance. J Oper Res Soc, 2000, 51(11): 1218 – 1227.

[68] Wang H, Lee J, Ueda T, et al. Engine health assessment and prediction using the group method of data handling and the method of match matrix—autoregressive moving average. In: Paper presented at the ASME Turbo Expo, Montreal, Canada, 14 – 17 May 2007.

[69] Yin S, Ding S, Zhou D. Diagnosis and prognosis for complicated industrial systems—Part I. IEEE Trans Industr Electron, 2016, 63(4): 2501 – 2505.

[70] Zio E, Maio F D. A Data-driven fuzzy approach for predicting the remaining useful life in dynamic failure scenarios of a nuclear system. Reliab Eng Syst Saf, 2010, 95: 49 – 57.

第 2 章　寿命预测教程

2.1　引　言

许多工程系统的性能会逐渐退化,最终在重复使用条件下失效。考虑一个无限大的平板在模式 I 疲劳载荷条件下,存在贯穿整个截面的中心裂纹。在飞机结构中,这类似于在反复加压载荷下的机身平板(图 2.1),这种条件是疲劳失效的主要原因。一次飞行相当于一个加载周期,同时裂纹随着周期数的增加而增长,这是机身平板疲劳裂纹扩展的主要原因。若将飞机结构安全性视为一项性能指标,则它将随着裂纹的增长而逐渐降低,在这种情况下,将裂纹视为损伤,并且随着损伤的增加,结构性能将会下降。也就是说,没有裂纹时,结构处于健康状态,反复的载荷形成并扩大了微小尺寸的裂纹,随着裂纹的增长,损伤加重,结构性能逐渐下降,最终当损伤超过特定阈值时,结构失效。

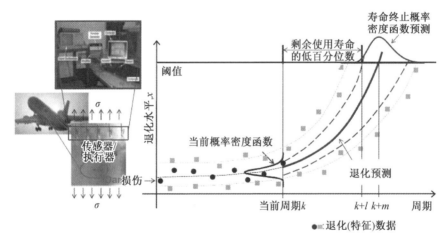

图 2.1　预测概念说明图

在损伤容限设计中,若能够保证对系统的监测及相关控制功能以防止产生系统级故障,则允许系统存在一定的损伤。为避免灾难性故障发生,应对裂纹进行检查和监测,并且在其超过一定阈值之前,对结构进行维修或更换。预测的目的就是在损伤超过阈值之前,预测剩余周期(或称为剩余使用寿命,RUL)。预测人员会利用直至当前周期的历史损伤测量程度进行 RUL 预测。

图 2.1 展示了预测的过程。圆点和正方形表示不同周期测得的退化/损伤数据,例如裂纹尺寸、磨损量及裂片尺寸。由于在大多数情况下无法直接测量退化数据,因此需要以电、振动、声波及热成像等形式从传感器/执行器获取健康监测数据,然后应用基于信号处理的技术将这些信号转换为退化数据,这些数据称为特征数据,并将会在第 7 章中详细讨论。以裂纹尺寸数据为例,实际测量的是瞬态弹性波,并根据已知裂纹尺寸进行校准,可以根据波

信号估计裂纹尺寸。

在图2.1中,圆点表示系统截至当前周期的退化数据,这些数据可以用于 RUL 预测,被称为预测集。方块表示来自与当前系统相似的系统退化数据,该退化程度直至阈值水平(例如,来自相同类型飞机或来自同一飞机但不同平板的数据,这意味着使用条件不同于当前系统),有助于提高当前系统的预测准确性。在本书中,这些数据称为训练集。基于这些数据,可预测未来的退化行为并由图2.1中的实线表示。

预测未来的性能退化过程包括众多不确定性源,例如材料特性的变化、数据测量的噪声/偏差、当前/未来的载荷条件以及预测过程本身。因此,退化情况的预测自然而然地被视为一个统计分布(该分布在图2.1中的当前周期 k 处以垂直线显示),其预测间隔在图中以虚线表示。也就是说,即使在当前周期中退化情况被测量为单个点,由于不确定性,退化应表示为一个分布。

为了进行预测,当退化程度超过阈值(图2.1中的加粗水平线)时,则视为系统出现故障。由于不确定性,达到阈值的时间(寿命结束,EOL)是不确定的,可以将其表示为一个概率分布。因此对于给定的时间,截至该时间概率分布下的面积就称为故障概率或失效概率。故障概率随着周期的增加而增加,例如,在 $k+m$ 周期处,超过阈值的退化分布部分(故障概率)大于在 $k+l$ 周期($l<m$)处的退化分布部分。

寿命结束是退化达到阈值并应对系统进行维护时对应的周期。由于退化是一种分布,达到阈值的周期不是确定的值。因此,对于相同的不确定性源,EOL 也是一种分布,如图2.1中阈值上的分布所示。RUL 表示从当前时间到需要维护的剩余时间,也可以通过从 EOL 分布中减去当前周期作为一个分布进行预测,即

$$t_{\mathrm{RUL}} = t_{\mathrm{EOL}} - t_k$$

RUL 的下限表示保守估计的维护时间。也就是说,预测就是基于直至当前时刻的测量数据,以预测未来退化行为及系统的 RUL。

通常预测方法可以分为两种:基于物理模型的方法和数据驱动方法。这两类方法主要有三种区别:(1)描述损伤机理物理模型的可用性;(2)现场操作条件的可用性;(3)相似系统损伤退化数据的可用性。

基于物理模型的方法假定描述退化行为的物理模型在使用条件(例如载荷信息)下可用。疲劳裂纹扩展是此方法最常用的案例,因为与其他故障机理相比,其物理模型相对较为完善。再次考虑板上的裂纹,忽略图2.1中板的有限尺寸及曲率的影响。假定由压差引起的应力范围是 $\Delta\sigma$,损伤扩展率可以用 Paris 模型来表示[1]:

$$\frac{\mathrm{d}a}{\mathrm{d}N} = C(\Delta\sigma\sqrt{\pi a})^m \tag{2.1}$$

对式(2.1)积分并解出 a:

$$a = \left[N \cdot C\left(1 - \frac{m}{2}\right)(\Delta\sigma\sqrt{\pi})^m + a_0^{1-\frac{m}{2}} \right]^{\frac{2}{2-m}} \tag{2.2}$$

式中, a_0 表示初始半裂纹尺寸, a 是周期为 N 时的半裂纹尺寸, m 和 C 为模型参数。模型参数控制裂纹扩展行为,可以根据给定的载荷信息 $\Delta\sigma$,在一定的周期间隔内测得的裂纹尺寸来确定。将识别的参数代入 Paris 模型并基于未来的载荷条件,可以预测未来周期的裂纹尺寸。由于模型参数识别是最重要的步骤,因此可以将基于物理的方法视为参数估计方法。在2.2节中将通过一个简单的示例对该方法进行简单介绍,更详细的过程将在第4章中讨论。

当物理模型不可用或故障现象过于复杂而无法由模型表征时,可以考虑采用数据驱动的方法。假设退化数据仅来自图 2.1 中的点,并且没有可用的物理模型。在这种情况下,如果没有关于退化行为的任何信息,只有少量数据,则无法知道未来的行为演化。因此,通常需要几组运行 − 失效数据(图 2.1 中的正方形),以识别数据驱动方法中的退化特征,这些数据称为训练数据。与基于物理方法中的模型参数识别不同,通常有大量的数据驱动方法来利用训练数据中的信息。2.2.3 节将介绍一种简单的方法,典型的算法将在第 5 章中讨论。

本章提供了一个预测教程,并附带有简单示例的 MATLAB 代码。为了简化过程,首先不考虑预测结果中的不确定性源。因此,每个周期的退化行为和 RUL 将被预测为确定性值,而不是一个分布。在根据确定性方法解释了预测过程之后,通过考虑退化数据的不确定性来进行概率预测。

本章安排如下:在 2.2 节中,介绍应用最小二乘法的基于物理及数据驱动的方法来预测退化行为;在 2.3 节中,对 RUL 进行预测并根据预测指标评估其结果;在 2.4 节中,考虑退化数据中的噪声来进行预测;2.5 节简要讨论实际预测中的问题;2.6 节进行案例应用。

2.2　退化行为预测

2.2.1　最小二乘法

在本节中,将介绍一个简单的预测示例,并分别应用基于物理及数据驱动的方法。在讨论这两种预测方法之前,首先介绍了最小二乘法(LS)[2],该方法通过最小化测量数据与模型/函数输出之间的平方误差和($\mathrm{SS_E}$)来寻找未知参数(或系数)。

假定 y_k 表示时刻 k 的退化(如裂纹大小)测量数据,以及 z_k 为此时的相应仿真输出。定义 y_k 与 z_k 之间的差值为误差 ε_k。因此,测量数据及仿真输出的关系可以写为

$$y_k = z_k + \varepsilon_k \tag{2.3}$$

通常,误差 ε_k 可以表示 y_k 中的测量误差以及仿真输出 z_k 中的误差。但是目前我们假设仿真模型是正确的,因此误差仅来自测量。同时我们进一步假设测量误差不包括偏差,而仅包含噪声,其随机分布且均值为零,即噪声是无偏的。

假设仿真模型 $z(t;\boldsymbol{\theta})$ 是输入变量 t(例如周期)的线性函数:

$$z(t;\boldsymbol{\theta}) = \theta_1 + \theta_2 t, \boldsymbol{\theta} = \{\theta_1 \quad \theta_2\}^{\mathrm{T}} \tag{2.4}$$

式中,$\boldsymbol{\theta}$ 为利用退化数据来识别的未知参数向量,记作 $z(t;\boldsymbol{\theta})$,用来强调仿真模型以时间 t 为输入,并依赖于参数 $\boldsymbol{\theta}$。如果没有测量误差,则仅由两个数据点就足以确定未知参数。然而由于测量误差,需要确定使所有数据点的误差和 ε_k 最小的参数。这与传统的回归相同。由于误差可以为正也可以为负,因此最好使平方误差之和最小。

让我们考虑这种情况:存在 n_y 个数据点,在这些数据点上可以测量退化情况。输入变量与数据点处的被测退化量对记为 (t_k,y_k),$k = 1,2,\cdots,n_y$。测量退化数据的向量可表示为 $\boldsymbol{y} = \{y_1 \quad y_2 \quad \cdots \quad y_{n_y}\}^{\mathrm{T}}$。同样,仿真模型在数据点处可评估为 $z(t_k;\boldsymbol{\theta}) = z_k = \theta_1 + \theta_2 t_k$。各数据点处采集到的仿真输出可以表示为

$$z = \begin{Bmatrix} z_1 \\ z_2 \\ \vdots \\ z_{n_y} \end{Bmatrix} = \begin{bmatrix} 1 & t_1 \\ 1 & t_2 \\ \vdots & \vdots \\ 1 & t_{n_y} \end{bmatrix} \begin{Bmatrix} \theta_1 \\ \theta_2 \end{Bmatrix} = \boldsymbol{X\theta} \tag{2.5}$$

式中,X 为设计矩阵。

利用测量数据及仿真输出的向量,式(2.3)中的误差向量可定义为 $e = \{\varepsilon_1 \quad \varepsilon_2 \quad \cdots \quad \varepsilon_{n_y}\}^T$ $= y - z$。平方误差和的定义可由下列向量运算给出:

$$SS_E = e^T e = \{y - z\}^T \{y - z\} = \{y - X\theta\}^T \{y - X\theta\} \tag{2.6}$$

需要注意的是,上述 SS_E 是参数的二次函数。因此,可以根据 SS_E 相对于 θ 的导数求得最小值:

$$\frac{d(SS_E)}{d\theta} = 2\left[\frac{de}{d\theta}\right]^T e = 2X^T \{y - X\theta\} = 0 \tag{2.7}$$

因此,通过求解关于 θ 的式(2.7)即可得出使 SS_E 最小的参数,则该估计的参数为

$$\hat{\theta} = [X^T X]^{-1} \{X^T y\} \tag{2.8}$$

估计的参数用于预测退化程度,即式(2.4)中新时刻 t 的 $z(t; \hat{\theta})$,上述过程称为最小二乘法或线性回归。

为了推广上述推导,我们将使用以下约定:y 代表 $n_y \times 1$ 维的测量数据,θ 表示 $n_p \times 1$ 维的模型参数,X 为 $n_y \times n_p$ 维的设计矩阵。

程序[LS]中给出了最小二乘法的 MATLAB 代码示例,在下面的小节中将讨论如何将其应用在不同的方法中。① 针对特定的示例,对代码中的空格进行填充。

```
    [LS]:MATLAB code for Least Squares
1   % % IdentifY parameters (theta)
2   Y = [  ]';                              % a vector of measured data
3   x = [  ]';                              % a vector/matrix of input
4   X = [  ];                               % a design matrix
5   thetaH = (X' * X)/(X' * Y)
6   % This is the same as:thetaH = regress(Y,X);
7
8   % % Degradation prediction at xNew
9   xNew = [  ]';
10  xNew = [  ];                            % same form as X,but use xNew instead of x
11  zH = XNew * thetaH;
12
13  % % RUL prediction
14  thres = [  ];                           % threshold level
15  currt = [  ];                           % current cYcle
16  sYms xEOL
17  XEOL = [  ];                            % same form as X,but use xEOL instead of x
18  eolFuc = thres - XEOL * thetaH;         % EOL func.
19  eol = double(solve(eolFuc,'Real',true));
20  rul = min(eol(eol > =0)) - currt
```

---

① 本书所有的 MATLAB 代码都可以在配套的网站 http://www2.mae.ufl.edu/nkim/PHM/上找到。命名约定为 functionname.m。例如,最小二乘法的 MATLAB 代码为 LS.m。

2.2.2 退化模型可用的情况（基于物理的方法）

由于损伤是物理现象的一部分,因此许多研究人员试图应用物理模型,对损伤的演变(如退化过程)进行建模,例如疲劳裂纹扩展[3-5]、机械接头的磨损[6]及电池的充电能力[7]等。这些模型是通过大量测试数据,并基于对物理现象的理解而开发的。拥有退化模型的优势在于可以预期损伤的演变。但是由于模型通常是在理想条件下使用许多假设开发的,因此其适用性受到一定限制。另外,当损伤是由系统之间的相互作用引起时,很难建立一个完整描述退化过程的物理模型。由于模型通常并不完美,因此可能会存在模型误差,但是我们仅考虑模型误差可忽略的情况。我们将在第 4 章及第 6 章中讨论模型误差的影响。

2.2.2.1 问题定义

当损伤程度可由退化模型来描述时,测量数据可用于识别(或校准)模型参数。一旦确定了模型参数,就可以用来预测未来的损伤演变。为了介绍如何识别退化模型的模型参数,我们考虑以下退化模型形式:

$$z(t;\boldsymbol{\theta}) = \theta_1 + \theta_2 Lt^2 + \theta_3 t^3, \quad \boldsymbol{\theta} = \{\theta_1 \quad \theta_2 \quad \theta_3\}^T \tag{2.9}$$

式中,$z(t;\boldsymbol{\theta})$ 表示周期为 t 时的退化程度(如裂纹尺寸),$L=1$ 为恒载荷条件,$\boldsymbol{\theta}$ 为模型参数向量。由于物理模型具有一定的载荷条件,根据退化数据确定 $\boldsymbol{\theta}$ 后可以预测未来的退化,这是一种基于物理的方法。

对于式(2.9)给定的退化模型,假定测量的退化数据如表 2.1 所示,假设模型有效,且数据没有任何噪声,表 2.1 中的数据由实际值 $\boldsymbol{\theta}_{\text{true}} = \{5 \quad 0.2 \quad 0.1\}^T$ 产生。但是,参数的实际值仅用于生成数据,在拟合过程中不使用。① 目标是识别能够最好拟合数据的模型参数 $\boldsymbol{\theta}$。在估计模型参数之后,可以通过与真实值的比较来评估其准确性。

表 2.1 4 个周期的退化数据

时刻 k	1	2	3	4	5
输入 t_k(周期)	0	1	2	3	4
数据 y_k	5.0	5.3	6.6	9.5	14.6

2.2.2.2 参数估计及退化预测

为了使用 MATLAB 代码[LS],5 个数据点的 (t_k, y_k) 由下列代码实现:

```
set in [LS]
Y = [5 5.3 6.6 9.5 14.6]';
x = [0 1 2 3 4]';
```

同时,应用式(2.9)可将各数据点处的退化模型向量写为

---

① 在本书中,许多数据是根据假定的真实参数生成的,与真实参数相比,有助于检查所识别的参数是否准确。

$$z = \begin{bmatrix} z_1 \\ z_2 \\ \vdots \\ z_5 \end{bmatrix} = \begin{bmatrix} 1 & Lt_1^2 & t_1^3 \\ 1 & Lt_2^2 & t_2^3 \\ \vdots & \vdots & \vdots \\ 1 & Lt_5^2 & t_5^3 \end{bmatrix} \begin{bmatrix} \theta_1 \\ \theta_2 \\ \theta_3 \end{bmatrix} = X\boldsymbol{\theta} \tag{2.10}$$

设计矩阵 X 可表示为

```
set in
[LS]L=1;X=[ones(length(x),1)  L*x.^2  x.^3];
```

目前,由于已获取了使用 MATLAB 代码[LS]所需的各变量,利用式(2.8)可以识别未知的模型参数。

```
in[LS]
thetaH=(X'*X)\(X'*Y)
```

最终,可得到 varvecθtheta = {trix5.0 0.2 0.1}^{T},该值与真实值一致,因此可以准确地进行预测。这也是可以预料到的,因为数据是从具有真实参数的同一模型中生成的。在这种情况下,模型和数据都是准确的。

基于物理方法的主要优点是,一旦确定了模型参数,通过向模型提供未来的时间周期和载荷条件以预测未来的损伤行为是非常方便的。举例来说,应用表 2.1 中直至周期 $t_5 = 4$ 的测量数据,识别了模型参数 varvecθtheta = {trix5.0 0.2 0.1}^{T},如果需要预测从周期 $t = 4$ 到 $t = 15$ 的退化行为,则在[LS]中应用下列 MATLAB 代码:

```
set in[LS]
xNew=[4:0.5:15];
XNew=[ones(length(xNew),1)  L*xNew.^2  xNew.^3];
```

其中变量 xNew 用于预测时间。图 2.2 中虚线表示应用 5 个数据(点)预测的退化行为,其实现代码如下:

```
in[LS]
zH=XZew*thetaH;
```

图 2.2 展示了预测结果(虚线)及真实退化曲线(实线),其可由真实参数值 varvecθtheta$_{true}$ = {trix50.20.1}^{T} 及公式(2.9)(MATLAB 代码如表 2.2 所示)得到。由于所确定的参数与实际参数完全相同,因此两条退化曲线相互重叠。下面的 MATLAB 代码可以用来绘制图 2.2:

```
[Fig.2.2]
thetaTrue=[5;0.2;0.1];
xTrue=[0:0.5:15]';
XTrue=[ones(length(xTrue),1)  L*xTrue.^2  xTrue.^3];
zTrue=XTrue*thetaTrue;

set(gca,'fontsize',18)
plot(x,y,'.k','markersize',30);
hold on;plot(xTrue,zTrue,'k','linewidth',3);
plot(xNew,zH,'--r','linewidth',3);
xlabel('Cycles');ylabel('Degradation level');
legend('Data','True','Prediction',2);
```

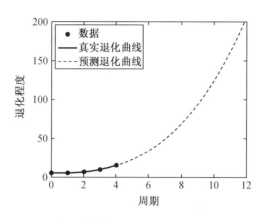

图 2.2　退化模型时退化行为的精确预测

2.2.2.3　数据中噪声的影响

在前面的示例中,数据是在没有噪声的情况下从精确模型中生成的,因此参数得以准确地识别。然而,退化数据几乎总是包含一定程度的噪声,称为测量误差。当数据存在噪声时,无法保证准确识别模型参数,在识别模型参数时将出现一定程度的误差。由于噪声的随机性,如果对不同的数据集重复拟合,则识别出的参数也会不同。为了展示噪声的影响,将在 -5 和 5 之间均匀分布的噪声添加到表 2.1 的数据中,如表 2.2 所示(参见 $L=1$ 的情况)。表 2.2 中的数据是随机噪声下的一个特例,通过应用[LS]程序来识别模型参数以产生新的参数向量 varv $\hat{e}\theta$ ta $= \{$ trix4.28 $\ -0.29\ 0.25\}^{\mathrm{T}}$,该向量将与真实参数不同。

表 2.2　三种加载条件下噪声为 $U(-5,5)$ 的退化数据

时间指数 k	1	2	3	4	5	6	7	8	9	10	11
输入 x_k(周期)	0	1	2	3	4	5	6	7	8	9	10
$L=1$ 时的数据 y_k	6.99	2.28	1.91	11.94	14.60	22.30	37.85	50.20	70.18	97.69	128.05
$L=0.5$ 时的数据 y_k	0.46	1.17	9.43	10.55	11.17	24.50	25.54	43.59	61.42	88.66	117.95
$L=2$ 时的数据 y_k	1.87	5.40	6.86	12.76	19.89	30.05	38.76	60.70	83.35	106.93	141.19

图 2.3(a)展示了使用表 2.2 中 $L=1$ 时数据对退化行为的预测结果。结果表明,预测曲线与实际曲线不同。由于噪声的随机性,如果用不同的数据集及相同的噪声水平重复上述过程,则可以得到不同的退化程度集。利用这些不同的退化程度,就可以得到给定时间周期内退化程度的概率分布(参考习题 P2.5)。由于随机噪声的均值为零,因此使用更多的数据可以减小预测的误差。图 2.3(b)展示了 9 个数据点的预测曲线,其预测误差远小于图 2.3(a)中 5 个数据点得到的预测误差。

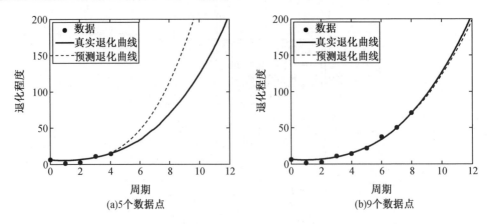

(a)5个数据点　　　　　　　　　　(b)9个数据点

图2.3　含噪数据退化模型进行的退化行为预测

例2.1　识别模型参数的最小二乘法。

（a）分别应用表2.1的数据识别式(2.9)的模型参数；（b）应用表2.2中 $L=1$ 的数据识别式(2.9)的模型参数。

解决方案　（a）对于不带噪声的数据，计算以下向量及矩阵：

$$
[X] = \begin{bmatrix} 1 & 0 & 0 \\ 1 & 1 & 1 \\ 1 & 4 & 8 \\ 1 & 9 & 27 \\ 1 & 16 & 64 \end{bmatrix}, \quad \{X^{\mathrm{T}}y\} = \begin{Bmatrix} 41.0 \\ 350.8 \\ 1\,249.0 \end{Bmatrix}
$$

$$
[X^{\mathrm{T}}X] = \begin{bmatrix} 5 & 30 & 100 \\ 30 & 354 & 1\,300 \\ 100 & 1\,300 & 4\,890 \end{bmatrix}
$$

因此，式(2.8)中模型参数可以计算为

$$
\hat{\boldsymbol{\theta}}_{\text{no-noise}} = [X^{\mathrm{T}}X]^{-1}\{X^{\mathrm{T}}y\} = \begin{Bmatrix} 5.0 \\ 0.2 \\ 0.1 \end{Bmatrix}
$$

请注意，这些识别的参数与真实参数相同，因为数据是从相同的模型中生成的。

（b）对于表2.2中的带噪数据，唯一改变的向量是 $\{X^{\mathrm{T}}y\}$：

$$
[X^{\mathrm{T}}y] = \begin{bmatrix} 37.7 \\ 351.0 \\ 1\,274.3 \end{bmatrix}
$$

矩阵 X 及 $[X^{\mathrm{T}}X]$ 保持不变。因此，式(2.8)中模型参数可计算为

$$
\hat{\boldsymbol{\theta}}_{\text{with-noise}} = [X^{\mathrm{T}}X]^{-1}\{X^{\mathrm{T}}y\} = \begin{Bmatrix} 4.28 \\ -0.29 \\ 0.25 \end{Bmatrix}
$$

注意,由于噪声的影响,识别出的参数与真实参数不同。

例 2.2　给定错误的载荷条件。

(a)重复例 2.1(a)步骤,假设载荷条件 $L=2$;重复例 2.1(b)步骤,对比 $L=2$ 时的退化预测结果与真实模型($L=1$,$\boldsymbol{\theta}_{true}=\{5\quad 0.2\quad 0.1\}^{T}$)。

解决方案　(a)通过式(2.9)的二阶项应用 $L=2$ 条件,改变例 2.1 中 X 的第二列:

$$[\boldsymbol{X}]=\begin{bmatrix} 1 & 0 & 0 \\ 1 & 2 & 1 \\ 1 & 8 & 8 \\ 1 & 18 & 27 \\ 1 & 32 & 64 \end{bmatrix}$$

模型参数可计算为

$$\hat{\boldsymbol{\theta}}=[\boldsymbol{X}^{T}\boldsymbol{X}]^{-1}\{\boldsymbol{X}^{T}\boldsymbol{y}\}=\begin{Bmatrix} 5.0 \\ 0.1 \\ 0.1 \end{Bmatrix}$$

即使采用无噪声数据,由于载荷条件误差,识别的参数也不同于实际参数。

(b)通过应用前述 MATLAB 代码,根据(a)中结果可以得到图 E2.1:

```
% Example 2_2
L=2;                                    % with a wrong loading condition
Y=[5 5.3 6.6 9.5 14.6];                 % a vector of measured data
x=[0 1 2 3 4];                          % a vector/matrix of input
X=[ones(length(x),1) L*x.^2 x.^3];      % a design matrix
thetaH=(X'*X)/(X'*Y)
xNew=[0:0.5:15]';
XNew=[ones(length(xNew),1) L*xNew.^2 xNew.^3];
zNew=XNew*thetaH;
%
LCorrect=1;                             % with a correct loading condition
X=[ones(length(x),1) LCorrect*x.^2 x.^3];
thetaCorrect=(X'*X)/(X'*Y)
XCorrect=[ones(length(xNew),1) LCorrect*xNew.^2 xNew.^3];
zCorrect=XCorrect*thetaCorrect;
%
set(gca,'fontsize',18)
plot(x,Y,'.k','markersize',,30);
hold on;plot(xNew,zCorrect,'k';,'linewidth',3);
plot(xNew,'zNew','- -r','linewidth',3);
xlabel('CYcles');Ylabel('Degradation level');
legend('Data','\theta_{true} with L=1','\theta_{pred} with  L=2',2);
```

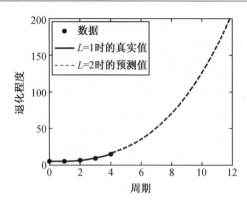

图 E2.1 错误载荷条件下的退化预测

注意,在不正确载荷条件下的退化预测结果(虚线)与实际值(实线)完全相同。这是因为模型参数 θ_2 与载荷条件 L 相关,从而在不同载荷条件下识别出不同的模型参数。也就是说,$L\theta_2$ 对于两个结果都是一样的。参数识别中的相关性问题将在第 6 章中详细讨论。

2.2.3　退化模型不可用的情况(基于数据驱动的方法)

当损伤退化现象太复杂或难以直接测量时,无法提供描述损伤退化行为的物理模型,必须使用测量数据来预测未来的损伤行为。例如,在轴承失效的情况下,即使损伤是由轴承圈或滚动元件中的小缺陷引起的,也很难直接测量裂纹尺寸,取而代之的是,利用加速度计测量轴承组件的振动,并据此估算损伤程度。在这种情况下,振动水平确实与损伤的程度有关,但是由于振动可能由不同的原因(例如不对中或外部激励)引起,因此很难在两者之间建立物理关系。第 7 章将介绍更详细的轴承预测算法。

2.2.3.1　函数评估

即使我们只想使用数据来预测损伤的行为,预测也仍然需要输入变量和输出退化之间的函数关系。但是在这种情况下,函数关系没有任何物理意义。现在考虑当式(2.9)中的物理退化模型不可用时的情况,这意味着需要使用给定的数据在输入变量和输出退化之间建立关系。例如,表 2.2 中给出的数据只有一个输入变量(时间周期),如图 2.4 所示。在输入变量和输出之间建立关系的一种典型方法是采用一种函数形式:不是物理模型而是纯数学函数。例如,对于表 2.2 中给出的数据,可以考虑以下三种不同类型的函数关系:

$$z^{(1)} = \theta_1 + \theta_2 t \tag{2.11}$$

$$z^{(2)} = \theta_1 + \theta_2 t + \theta_3 t^2 \tag{2.12}$$

$$z^{(3)} = \theta_1 + \theta_2 t + \theta_3 t^2 + \theta_4 t^3 \tag{2.13}$$

需要注意的是,以上数学函数不包括载荷条件。显然,在恶劣的载荷条件下,损伤会迅速扩展。因此,如果载荷条件可用,则可以进行更准确的预测。但是,目前仅考虑载荷条件不属于数学函数的情况。

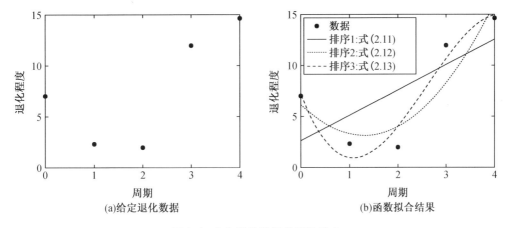

图 2.4　5 个训练数据的函数拟合

一旦选定了数学函数,下一步就是使用给定的数据来识别函数中的未知参数,这与 2.2.2 节所使用的方法基本相同。通常数据驱动方法需要从相似系统中获得训练数据,但是,本节只使用当前系统之前的测量数据来进行训练。表 2.2 中当 $L=1$ 时的前 5 个数据用于训练(如图 2.4(a)所示)。MATLAB 代码[LS]可以用来识别参数(见习题 P2.3)。图 2.4 (b)展示了使用识别的参数得到的拟合结果。线性函数表现出了退化的单调递增趋势,但是二次及三次函数显示出了初始的下降趋势,这在物理上很难解释(通常的退化是时间周期的单调函数)。但是,如果选择了线性函数,与图 2.2 中的真实退化行为相比,未来的预测精度将大大降低,因此很难确定最优的函数。当退化模型不可用时,由于数据中的噪声影响,很难选择合适的数学函数并准确地识别函数中的参数。预测的质量取决于函数的选择、数据量和噪声水平。

对不同数学函数的拟合质量进行评价的其中一种方法是对比函数预测与数据,如平均误差、最大误差、平方误差和、确定系数和交叉验证,替代建模的文献中有大量的相关讨论[8-9]。为简单起见,这里仅介绍决定系数 R^2,它是函数预测变化与数据变化的比,其公式为

$$R^2 = \frac{SS_R}{SS_T} = 1 - \frac{SS_E}{SS_T} \tag{2.14}$$

$$SS_R = \sum_{k=1}^{n_Y} (z_k - \bar{y})^2, \quad SS_T = \sum_{k=1}^{n_Y} (y_k - \bar{y})^2, \quad SS_E = \sum_{k=1}^{n_Y} (y_k - z_k)^2 \tag{2.15}$$

式中,SS_T(总平方和)表示数据相对于数据平均值 $\bar{y}$ 的变化量;SS_R(回归平方和)为函数预测 z_k 相对于数据均值的变化量;SS_E(残差平方和)是拟合后剩余误差的平方和。当 y_k 之和与 z_k 之和相等时[①],总平方和为回归平方和与残差平方和之和,即 $SS_T = SS_R + SS_E$。多重决定系数衡量的是函数预测所得到的数据变化比例。由于一个精确函数应该具有较小的误差,当 R^2 接近于 1 时则被认为是一个精确函数。但是,由 R^2 估计的函数精度仅衡量了其在

---

①　更具体地说,需要满足以下条件:$y^T y = z^T y$,其中 $\bar{y}$ 是所有元素都为均值数据的常数向量,z 是 x_k 处的模型预测向量。

数据点上的准确性,这可能与函数预测的真实精度无关。例如,如果具有 4 个系数的三次多项式拟合 4 个数据点,则该多项式可以拟合所有 4 个数据点,这使得 $SS_E = 0$ 和 $R^2 = 1$,但这并不意味着该多项式在预测点处是准确的。

决定系数 R^2 可由 MATLAB 中[LS]的"regress"实现:

```
[thetaH, ~, ~, ~, stats] = regress(Y, X);
R2 = stats(1)
```

其中,返回的数组 stats 的第一部分包含 R^2 统计量。其值越高,表明拟合给定数据的效果越好。虽然如此,却不能直接使用 R^2,因为 R^2 通过更好地拟合数据,其值随着系数数量的增加而增加,但是,这并不意味着在其他方面有较好的预测效果。因此为了避免这种现象,通过惩罚系数的数量来调整 R^2 并表示为 $\overline{R^2}$:

$$\overline{R^2} = 1 - (1 - R^2)\frac{(n_y - 1)}{(n_y - n_p)} \tag{2.16}$$

式中,n_y 及 n_p 分别为数据量及系数量,其结果如表 2.3 所示。基于这 5 个数据的结果,选取三阶多项式函数,以便在给定的数据下对未来的行为做出最好的预测。由于数据驱动方法中的数据用于确定函数形式,并使数学函数具有退化特征,因此它们被称为训练数据。

表 2.3　$\overline{R^2}$ 计算结果

	排序 1:式(2.11)	排序 2:式(2.12)	排序 3:式(2.13)
5 个数据点的 $\overline{R^2}$	0.307 1	0.661 3	0.748 2
9 个数据点的 $\overline{R^2}$	—	0.990 5	0.988 7
31 个数据点的 $\overline{R^2}$	—	0.958 9	0.959 2

另外 3 个函数的拟合结果有着很大的不同,超过周期 $t = 4$ 的预测可能会产生较大的误差。图 2.5 展示了使用图 2.4 中的 3 个多项式函数,以及真实退化模型得出的直到时间周期 $t = 10$ 的预测结果。在训练数据范围内,线性和二次多项式的差异很小,但是在预测阶段差异变得很大。当使用 5 个数据时,使用决定系数的拟合质量表明三次多项式具有最佳拟合效果,如表 2.3 所示。但是在预测阶段,三次多项式存在很大的误差。实际上,即使期望退化单调增加,三次多项式也在预测阶段下降了。发生这种情况的原因是,在确定参数的过程中未使用退化函数单调性的知识。

因此当退化模型不可用时,远离最后测量数据的预测可能是危险的,并且可能会产生毫无意义的预测结果。

2.2.3.2　过拟合

曲线拟合的一个关键点是数据量与函数中未知系数的关系。通常情况下,希望数据量远多于未知系数。在这种情况下,最小二乘法往往会补偿数据中的噪声,并试图找到函数的平均趋势。但是,当未知系数的数量增加时,最小二乘法倾向于拟合噪声,而不是趋势,这种现象称为过拟合。这就是图 2.5 中三次多项式函数无法实现最佳预测效果的原因之一。举一个极端的例子,如果使用四次多项式来拟合图 2.4(a)中给出的 5 个数据点,由于未知系数的数量和数据量相同,多项式可以完美地拟合所有数据点并决定系数为 1,但是这样的完美拟合并不意味着在未采样点上的完美预测。

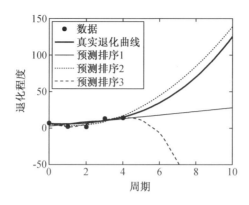

图 2.5   在没有物理模型的情况下,给定 5 个退化数据时的退化行为预测

过拟合是一种建模错误,通常发生在所用函数过于复杂的情况下,以至于即使在有噪声的数据(如本例中的三阶函数),以及函数与数据形状不一致的情况下其误差仍然很小,但是在测试数据和为采样点的预测方面效果很差[10]。有多种避免过拟合的技术,例如交叉验证、正则化、早终止和剪枝[11]。这些技术试图通过对不用于训练的一组数据进行性能评估,来明确惩罚过于复杂的函数或测试该函数的泛化能力。但是,这些技术通常在训练阶段使用,不能保证在后面的周期进行预测时取得良好的结果。因此,通常在数据驱动的预测中可以通过两种方法来防止过拟合:(1)用简单的函数表示退化的行为,这将在第 5 章中进行讨论;(2)应用更多信息(例如更多训练数据和使用条件)以得到可靠的预测结果。

2.2.3.3   更多训练数据的预测

数据驱动方法的另一个难点是消除过拟合并不总是可以提高未来时间周期的预测准确性。使用更多数据来弥补过拟合,假设如图 2.3(b)给出的 9 个数据,由于数据趋势清楚地表明退化行为不再是线性函数,因此考虑了二阶和三阶多项式函数。使用 MATLAB 的"regress"函数,其表达式为

$$z^{(2)} = 5.83 - 3.59t + 1.45t^2$$
$$z^{(3)} = 5.99 - 3.93t + 1.56t^2 - 0.01t^3$$

表 2.3 表明了两个函数都产生相似的 R^2 值。的确如图 2.6 所示,这两个函数的预测结果非常相似,其中与 5 个数据点的预测结果相比,该预测结果有所提高,但仍低于图 2.3(b)基于物理方法的预测结果。

数据驱动方法预测结果不如基于物理方法的原因之一是,数据驱动方法没有任何关于未来退化行为的信息。也就是说,所选函数与训练阶段的行为相似,但与预测阶段的行为不同。如果可以获得相同系统直到出现故障时刻的历史退化信息,那么可以极大地提高数据驱动方法的预测精度。在数据驱动方法中,通常需要大量的直到设备失效为止的训练数据对模型进行训练,经过大量训练后才能像基于物理的方法一样准确地预测退化行为。在相同的使用条件下,可以从相同的系统中获得最佳的训练数据。但是,数据驱动方法可以在不同的使用条件下利用来自相似系统的数据。

为了说明来自其他系统的训练数据对预测精度的影响,假设有两组数据,即根据 $L = 0.5$、

$L=2$ 时由式(2.9)在同等程度的噪声(在 -5 到 5 之间均匀分布)下产生的。这些训练数据如图 2.7(a)中的正方形和三角形所示。除了两组训练数据外,还给出了当前系统的 9 个数据点,如图 2.7(a)中的点(与图 2.6 中的数据相同)所示。表 2.2 列出了这些数据,[LS]提供了 31 对输入 x_k 和数据 y_k,它们由当前系统的两组 11 个数据和 9 个数据组成。应用 31 个训练数据,表 2.3 及图 2.7(b)分别展示了 R^2 及退化预测结果。结果表明,在使用附加训练数据集的情况下,具有较高 R^2 值的三次函数可以在退化预测中取得更好的结果。额外的训练数据集可以弥补物理模型的缺失。请注意,使用其他训练集可获得更好效果的原因是,当前系统的退化率介于附加训练集的退化率之间,并且彼此接近。当退化率存在显著差异时,还需要载荷信息以利用额外的训练数据集来提高预测精度,这将在第 6 章中进行详细讨论。

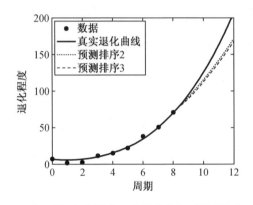

图 2.6　无物理模型时,给定 9 个退化数据时的退化行为预测

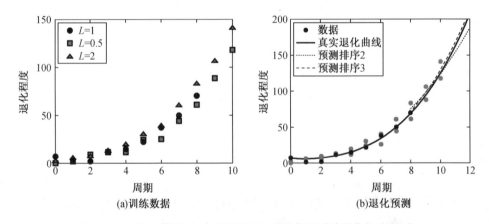

图 2.7　无物理模型时,应用额外两组训练数据时的退化行为预测

2.3　RUL 预测

　　一旦用基于物理的方法确定了模型参数,或用数据驱动的方法对数学函数进行了训练,就可以使用模型/函数来预测剩余使用寿命(RUL),RUL 表示退化达到阈值时的剩余时间。确定退化阈值,确保系统仍然处于安全状态而仅需要进行维护。由于阈值的确定取决于经验及特定的应用,因此不讨论如何选择阈值。相反我们假定已给出阈值水平,并讨论如何准确预测 RUL。在本节中,RUL 预测是根据 2.2.2 节中基于物理的方法实施的。此外,还引入了预测指标[12]来评估 RUL 预测结果。

2.3.1　RUL

我们在式(2.9)中使用基于物理的退化模型来预测 RUL。当数据夹杂如表 2.2 所示均匀分布的噪声时,确定了下列参数 $\hat{\theta}=\{4.28\quad-0.29\quad0.25\}^{\mathrm{T}}$,但其不同于真实参数 $\theta_{\mathrm{true}}=\{5.0\quad0.2\quad0.1\}^{\mathrm{T}}$。这种模型参数的错误将会导致 RUL 预测不准确。为了说明参数错误对 RUL 预测的影响,假设当退化程度达到 150 时,采取维护措施。例如,从图 2.3(a)可以看出,当前时间周期是 4,其寿命结束(EOL)是 8.7 个周期,EOL 指预测结果达到 150 时的周期。因此,RUL 预测为 4.7 个周期(8.7(EOL) - 4(当前周期)),而真正的 RUL 为 6.7 个周期(10.7(真实 EOL) - 4(当前周期))(参见表 2.4)。

表 2.4　根据数据预测的 RUL

数据	表 2.1	表 2.2
参数	$[5.0, 0.2, 0.1]$	$[4.28, -0.29, 0.25]$
阈值	150	150
EOL(周期)	10.7	8.7
RUL(周期)	6.7	4.7

为了计算 RUL,需要找到退化程度达到阈值时的时间周期。式(2.9)及式(2.13)针对给定的周期显式地计算出退化程度,由此得到退化模型。但是,计算退化达到一定水平的时间并不容易,因为该关系是非线性且隐式的。因此,为了得出 EOL,必须解决以下非线性方程式以计算时间周期 t_{EOL}:

$$y_{\mathrm{threshold}}-z(t_{\mathrm{EOL}};\hat{\boldsymbol{\theta}})=0 \tag{2.17}$$

通常上述非线性方程是使用 Newton - Raphson 迭代法进行数值求解的。在 MATLAB 代码[LS]中,函数 solve 用于查找满足上述关系的时间周期 t_{EOL},其中解 t_{EOL} 称为寿命结束(EOL)。剩余使用寿命(RUL)可以由 $t_{\mathrm{RUL}}=t_{\mathrm{EOL}}-t_{\mathrm{current}}$ 确定。由于 $z(t;\hat{\boldsymbol{\theta}})$ 是单调函数,因此上述方程式将具有唯一解。

为了计算 EOL,MATLAB 代码[LS]修改如下列程序所示:

```
in [LS]
thres = 150;
currt = 4;
syms xEOL
L = 1;
XEOL = [ 1  L * xEOL.^2  xEOL.^3];
eolFuc = thres - XEOL * thetaH;   % EOL func.
eol = double(solve(eolFuc,'Real',true));
rul = min(eol(ell > = 0)) - currt
```

在上述代码中,MATLAB 代码 solve 应用 xEOL 作为 t_{EOL} 的符号变量,计算了代数方程的符号解。因为退化模型是单调的,式(2.17)应该具有唯一真实解。然而,由于在该示例中采用了三阶多项式函数,所以可能具有多个解。因此在三个可能的解中,将最小的正实数值作为 EOL(请参见最后两行代码)。从上面的代码中得到的 RUL 为 4.76。

如上述程序所示,可以在任何时间周期进行预测,直到 RUL 变为零,此时必须采取维护措施。在早期的时间周期中,由于缺少数据和模型参数,因此 RUL 的预测可能不准确。但是,随着可用数据的增加,预测结果会更加准确。请注意,第 0 个和第 1 个周期的 RUL 结果会被预测为无穷大,因为此时数据量少于未知模型参数的数量(详见习题 P2.9)。因此结果展示在第 2 个周期中,如图 2.8 所示。在图 2.8 中,实线表示实际的 RUL。实际 RUL 是一条与水平线呈 −45°角的直线,因为 RUL 每经过一个周期就会减少一个周期。虚线是使用上述过程的预测 RUL(表 2.2 中提供了包括以后周期的数据)。请注意,由于在早期周期中识别的模型参数不准确,因此预测存在很大误差。但是,预测结果在第 7 个周期后收敛到真实值。

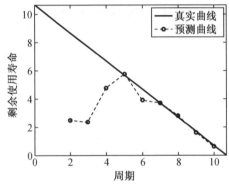

图 2.8　各周期预测的 RUL

例 2.3　RUL 预测

应用表 2.2 中 L = 2 时的数据,在每个测量周期处预测 RUL。式(2.9)给定了退化模型,阈值设定为 150。

解决方案　由于式(2.9)中模型参数个数为 3,我们可以从第 3 个周期(第 3 个数据)处进行估计。当使用前三个数据时,未知参数可估计为

$$X = \begin{bmatrix} 1 & 0\times2 & 0 \\ 1 & 1\times2 & 1 \\ 1 & 4\times2 & 8 \end{bmatrix}, \quad y = \begin{Bmatrix} 1.87 \\ 5.40 \\ 6.86 \end{Bmatrix} \Rightarrow \hat{\boldsymbol{\theta}} = [X^{\mathrm{T}}X]^{-1}\{X^{\mathrm{T}}y\} = \begin{Bmatrix} 1.87 \\ 2.91 \\ -2.28 \end{Bmatrix}$$

该参数可以通过将给定信息输入至 MATLAB 代码[LS]中得到:

```
%  Example 2_3 RUL prediction using LS
  L = 2;
  y = [1.87  5.40  6.86  12.76  19.89  30.05  38.76  60.70  83.35  106.93  141.19]′;
  x = [0:1:10]′;
%    At xk = 2
  X = [ones(length(x(1:3)),1)  L * x(1:3).^2  x(1:3).^3];
  thetaH = (X′ * X)\(X′ * y(1:3))
```

在上述 MATLAB 代码中,所有的数据由数组 y 给出,但只有前三个数据 $y(1:3)$ 用于最

小二乘法。利用估计参数,RUL 的预测方法与前面在式(2.17)和 MATLAB 代码[LS]中介绍的方法相同。在这种情况下,需要将当前时间改为 currt = 2。

但是,在这种情况下无法得到 RUL 结果,因为基于估计参数的退化预测没有达到阈值,如图 E2.2 所示,该图由 MATLAB 代码[LS]做出以下修改得到:

```
% Degradation prediction at xNew
xNew = [0:0.1:12]';
XNew = [ones(length(XNew,1)  L * xNew.^2  xNew.^3];
yH2 = XNew * thetaH;
%
%   At xk = 3
X = [ones(length(x(1:4)),1)  L * x(1:4).^2  x(1:4).^3];
thetaH = (X' * X)\(X' * y(1:4))
yH3 = XNew * thetaH;
%
% Plotting degradation predictions (Fig.E.2.2)
figure(1);
plot(x(1:4),y(1:4),'.k','markersize',30)
hold on;plot(xNew,yH2,'k','linewidth',2)
plot(xNew,yH3,'- -r','linewidth',2)
plot([0 10],[150 150],'g','linewidth',2)
axis([0 10 -50 160])
legend('Data','Pred.at xk = 2','Pred.  at xk = 3','Threshold');
xlabel('CYcles');ylabel('Degradation level');
```

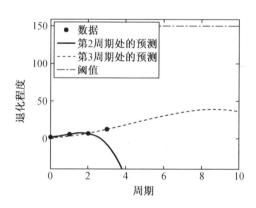

图 E2.2　第 2 及第 3 周期处的退化预测

在图 E2.2 中,实线为第 2 个周期处的退化预测,其随着周期增加而减少。也就是说,数据量太少导致预测没有意义。同样,在第 3 个周期处的预测由虚线表示,也没有达到阈值。这两种情况预测了有限的生命周期,这是由于数据量不足造成的。因此,按照目前介绍的方法,从第 4 个周期(第 5 个数据)进行 RUL 预测,结果如表 E2.1 及图 E2.3 所示。下面的 MATLAB 代码可以用来计算和绘制 RUL:

```
%
% RUL prediction
thres = 150;% threshold level
rul = zeros(size(x));
syms xEOL
for i = 4:11
    currt = i - 1;
    X = [ones(length(x(1:i)),1)  L * x(1:i).^2  x(1:i).^3];
    thetaH = (X' * X)\(X' * y(1:I));
    XEOL = [ones(length(xEOL),1)  L * xEOL.^2  xEOL.^3];
    eolFuc = thres - XEOL * thetaH;% EOL func.
    eol = double(solve(eolFuc,'Real',true));
    rul(i) = min(eol(eol >= 0)) - currt;
end
%
figure(2)
plot(x(4:11),rul(4:11),'.--r','markersize',25,']inewidth',2);
hole on;plot([0  10],[10  0],'k','linewidth',2);
axis([0  10  0  10]);
legend('Prediction','True');
xlabel('CYcles');ylabel('RUL');
```

表 E2.1　RUL 结果

周期	0,1,2,3	4	5	6	7	8	9	10
RUL	N/A	12.21	6.56	11.46	3.50	2.20	1.33	0.27

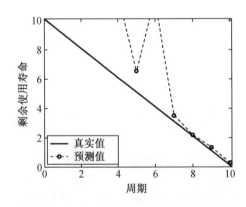

图 E2.3　式(2.9)中 $L = 2$ 时的 RUL 预测

　　注意,直到时间周期为6,预测的 RUL 仍然有很大的误差,这是由于模型参数估计不准确,然而从第7个周期开始,RUL 预测效果较好。通常来讲,数据越多,得到的预测结果越准确。

2.3.2　预测指标

通常,当采用不同方法来预测 RUL 时,可以通过 5 种预测指标将其性能与已知真实 RUL 进行比较[12]:预测范围(PH)、$\alpha - \lambda$ 精度、相对精度(RA)、累积相对精度(CRA)以及收敛性。这些指标如图 2.9 所示,其 RUL 结果如图 2.8 所示。注意,只有当真实 RUL 可用时,这些指标才能获取。因此,基于真实 RUL,这些指标可用于评估预测算法的性能。

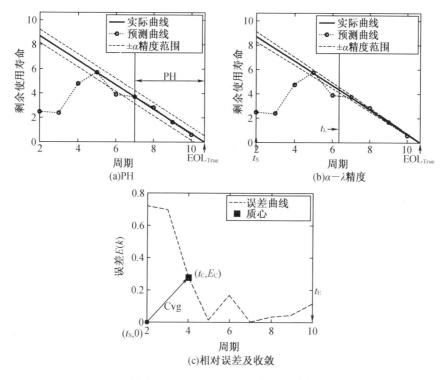

图 2.9　$\alpha = 0.05, \lambda = 0.5$ 的预测指标

2.3.2.1　预测范围(PH)

预测范围(PH)定义为真实 EOL 与预测结果连续位于 α 精度范围内的首次时间之间的差值,如图 2.9(a)所示。相对于真实 EOL,精度范围的幅度边界为 $\pm \alpha$,当 $\alpha = 5\%$ 时显示为两条平行虚线。在此示例中(RUL 结果如图 2.8 所示),预测的 RUL 第一次进入精度范围中是在第 7 个周期时,实际 EOL 是 10.7 个周期,因此 PH 为 3.7。得到 PH 值较大的预测方法能展现出较好的性能,从而可以更可靠地在早期预测 EOL。

2.3.2.2　$\alpha - \lambda$ 精度

$\alpha - \lambda$ 精度决定了预测结果是否在特定周期 t_λ 处落在精度范围内,如图 2.9(b)所示。精度范围不是恒定的,而是按照与真实 RUL 的 $\pm \alpha$ 比值变化,当图中 $\alpha = 0.05$ 时,该区域显示为两条虚线。通过反映预测精度随着可用数据的增加而增长,$\alpha - \lambda$ 精度随周期的增加而变得更小。这意味着如果预测结果正确,则它们在任何周期都将落在精度范围内。为此,考虑特定周期 t_λ,该周期由 RUL 预测的起始周期 $t_s(\lambda = 0)$、真实 EOL($\lambda = 1$),以及一定比例

分数 λ 表示：

$$t_\lambda = t_S + \lambda \left(\text{EOL}_{\text{true}} - t_S \right)$$

在本例中，周期 $t_S = 2$，λ 通常设为 0.5，因此 $t_\lambda = 6.35$。由于在每个周期都进行了 RUL 预测（6.35 个周期时无结果），因此将使用 t_λ 两侧的 RUL 来对此时的 RUL 值进行内插，或者取 t_λ 最接近周期的值。在此例中，将周期 $t_\lambda = 6$ 作为调整后的周期。$\alpha - \lambda$ 精度结果为 True 或 False，当预测结果在 $\alpha - \lambda$ 精度范围内时为 True，否则为 False。由于此例中周期 $t_\lambda = 6$ 的 RUL 结果未进入该范围，因此结果为 False。

2.3.2.3 （累积）相对精度（RA，CRA）

相对精度（RA）是周期 t_λ 处真实与预测 RUL 的相对精度，其表达式为

$$\text{RA} = 1 - \frac{\left| \text{RUL}_{\text{true}} - \text{RUL} \right|}{\text{RUL}_{\text{true}}}$$

各周期的相对误差如图 2.9(c) 中虚线所示。由该图可知，在周期 $t_\lambda = 6$ 时相对误差为 0.17，因此 RA 为 0.83（$= 1 - 0.17$）。累积相对精度（CRA）等于从 t_S 到 RUL 预测的最后周期（预测末期，t_E）的每个周期中累积的 RA 平均值。换句话说，CRA 是平均数减去图 2.9(c) 中的误差。当 RA 和 CRA 接近 1 时，预测精度较高。

2.3.2.4 收敛性

最后，收敛性表示预测与真实 RUL 之间预测精度的非负误差指标。在本例中，相对误差 $E(k)$ 如图 2.9(c) 虚线所示。当得到了误差曲线，收敛性定义为点 $(t_S, 0)$ 与误差曲线下面积的质心 (t_C, E_C) 的欧氏距离，其计算公式为

$$\text{CoM} = \sqrt{\left(t_C - t_S \right)^2 + E_C^2}$$

式中

$$t_C = \frac{1}{2} \frac{\sum_{k=S}^{E} \left(t_{k+1}^2 - t_k^2 \right) E(k)}{\sum_{k=S}^{E} \left(t_{k+1} - t_k \right) E(k)}, \quad E_C = \frac{1}{2} \frac{\sum_{k=S}^{E} \left(t_{k+1} - t_k \right) E^2(k)}{\sum_{k=S}^{E} \left(t_{k+1} - t_k \right) E(k)}$$

该欧式距离越小，收敛得越快。

2.3.2.5 MATLAB 代码结果

5 个指标的结果如表 2.5 所示，其通过在［Metric］设置以下代码来得到：

```
in  [Metric]
rul = [inf  inf  2.4596  2.3471  4.7615  5.7584  3.8970  3.6922  2.7779  1.6149  0.6115]';
cYcle = [0:10]'; eolTrue = 10.6896;
t_s = 2;
t_e = 10;
alpha = 0.05;
lambda = 0.5;
```

表 2.5　预测指标

PH($\alpha = 0.05$)	$\alpha - \lambda$ 精度（$\alpha = 0.05, \lambda = 0.5$）	RA($\lambda = 0.5$)	CRA	收敛性
3.689 6	False	0.831 0	0.769 8	2.044

本节给出一种方法(基于物理的最小二乘法)的预测指标,然而这些指标是在真实 RUL/EOL 已知的情况下,才能比较不同预测方法的性能。不同预测方法的比较在本章后习题中讨论(见习题 P2.12)。

例 2.4　预测指标

以例 2.3 中的 RUL 结果为例,介绍本节中的 5 种预测指标。

解决方案　MATLAB 代码[Metric]的用法已在前面介绍,但是 RUL 及评估的开始周期已更改如下:

```
rul =[0  0  0  0  12.2072  6.5588  11.4634  3.4997  2.2000  1.3270  0.2674]';
t_s = 4;
```

由于开始周期(t_s)为 4,因此在第 0~3 个周期时 RUL 的值是多少并不重要。通过这种设置,5 种预测指标作为计算结果如表 E2.2 所示。

表 E2.2　式(2.9)中(当 $L=2$ 时)的预测指标

PH($\alpha=0.05$)	$\alpha-\lambda$ 精度($\alpha=0.05,\lambda=0.5$)	RA($\lambda=0.5$)	CRA	收敛性
3.689 6	False	0.948 5	0.502 5	2.807 9

对于这个问题,特定周期 t_λ(t_lam)计算值为 7,因此 RA 很高,但是 CRA 较低,如图 E2.3 所示。

[Metric]:MATLAB code for prognostics metrics

```
1   % = = =Required Information = = = = = = = = = = = = = = = = = = = = = = =
2   rul =[  ]';                                  %[k  x  1]or[k  x  ns]
3   cycle =[  ]';                                 %[k  x  1]at rul prediction
4   eolTrue =[  ];                                      % true EOL
5   t_s =[  ];                                       % starting cycle
6   t_e =[  ];                                        % ending cycle
7   alpha =[  ];
8   lambda =[  ];
9   % = = = = = = = = = = = = = = = = = = = = = = = = = = = = = = = = = = =
10  % % %  PH:Prognostic Horizon
11  rulTrue = eolTrue - cycle;
12  alphazone = eolTrue * alpha;
13  loca = find(rulTrue - alphaZone < rul & rul < rulTrue + alphaZone);
14  a = find([0 diff(loca,)]>1,1,'last');if isempty(a);a = 1;end
15  ph = eolTrue - cycle(loca(a));
16  disp(['PH≑' num2str(ph)]
17  % % %  ALA:Alpha - Lambda Accuracy
18  t_lam = t_s + (eolTrue - t_s) * lambda;
19  [ ~,idx_lam]=min(abs(cycle - t_lam));t_lam = cycle(idx_lam);
20  a = find(rul(idx_lam) > rulTrue(idx_lam) * (1 - alpha)
21      & rul(idx_lam) < rulTrue(idx_lam) * (1 + alpha));
22  if isemptY(a);
```

```
23    disp('ALA:False');
24    else disp('ALA:True');
25    end
26    % % % RA & CRA:Relative & Cumulative Relative Accuracy
27    ra = 1 - abs(rulTrue(idx_lam) - rul(idx_lam)) ./rulTrue(idx_lam);
28    si = find(cycle > = t_s,1);ei = find(cycle < t_e,1,'last');
29    cra = mean(1 - abs(rulTrue(si:ei) - rul(si:ei)) ./rulTrue(si:ei));
30    disp(['RA = 'num2str(ra)',CRA = 'num2str(cra)])
31    % % % Cvg:Convergence
32    errCruve = abs(rulTrus(si:ei) - rul(si:ei)) ./rulTrue(si:ei);
33    cyclel = [cycle(si + 1:ei);eolTrue];
34    numer = sum((cyclel - cycle(si:ei)) .* errCruve);
35    xc = 0.5 * sum((cyclel.^2 - cycle(si:ei.^2).^errCruve) ./numer;
36    yc = 0.5 * sum((cyclel - cycle(si:ei)) .* errCurve.^2) ./numer;
37    cvg = sqrt((xc - t_s)^2 + yc^2);
38    disp(['Cvg = 'num2str(cvg)])
```

2.4　不确定性分析

不确定性在预测中是不可避免的,实际存在许多不确定性来源,例如材料可变性、数据测量噪声/偏差、当前/未来载荷条件、模型误差、预测算法不确定性以及预测过程本身。因此,正确处理这些不确定性源以得到可靠的预测结果至关重要。本书中将详细讨论这些不确定性来源。其中,本节将讨论由于测量数据噪声,引起的不确定性。

测量数据中的噪声是由测量误差引起的,代表了测量环境的不确定性。也就是说,即使使用相同的健康管理系统来测量退化,每次的测量数据也可能不同。测量数据中的噪声本质上是随机的,通常使用统计分布来描述。特别地,假定本书中大多数噪声为高斯噪声,作为统计噪声其概率密度函数为正态分布。考虑高斯白噪声的特殊情况,其中任何时间对的值都是相同分布的,并且在统计上是独立的(因此不相关)。高斯噪声主要是在数据采集过程中产生的,例如由于照明不良、高温引起的传感器噪声、电子电路噪声。

目标是估计预测模型参数中的不确定性水平,以及当测量数据有噪声时 RUL 的不确定性。接下来讨论仅限于测量数据以零均值及方差为 σ^2 的正态分布情况。依据具体情况,有时为了简化计算,假定数据方差已知,但是实际上数据方差是未知的,且必须与模型参数一起进行识别。在这种情况下,未知参数的数量从 n_p 增加到 n_{p+1}。

为了展示如何量化测量数据中噪声引起的不确定性,使用式(2.9)中的模型及表2.2 中 $L = 1$ 的数据,重复了先前的过程(参数识别、退化、RUL 预测以及指标评价)。首先识别模型参数的不确定性,然后生成模型参数的样本。这些样本可用于通过退化模型生成RUL 的样本。

对于使用最小二乘回归进行的不确定性量化,假设噪声的正态分布为零均值,并且它们是独立且均等分布(即先验知识)。可以使用式(2.6)中的平方误差和来估算式(2.3)中的误差方差 ε_k:

$$\hat{\sigma}^2 = \frac{SS_E}{n_y - n_p} \tag{2.18}$$

式中，$n_y - n_p$ 表示自由度，是未知参数数目 n_p 与总数据量 n_y 的差值。这就需要无偏方差估计。如果数据方差也未知，则需要将其作为额外的未知参数，且式(2.18)中分母应该替换为 $n_y - n_p + 1$(参考第 4 章 MATLAB 代码[NLS]第 22 行)。这是因为未知方差不在回归过程的自由度中。

为了量化预测中的不确定性，必须首先量化模型/函数参数中的不确定性。对于带有两个参数($z(x) = \theta_1 + \theta_2 x$)的线性模型，可以使用式(2.18)中的误差方差和式(2.8)中的参数估计来得出参数方差。线性模型的设计矩阵为

$$\boldsymbol{X} = \begin{bmatrix} 1 & x_1 \\ 1 & x_2 \\ \vdots & \vdots \\ 1 & x_{n_y} \end{bmatrix}$$

因此

$$\boldsymbol{X}^\mathrm{T} \boldsymbol{X} = \begin{bmatrix} n_y & \sum\limits_{i=1}^{n_y} x_i \\ \sum\limits_{i=1}^{n_y} x_i & \sum\limits_{i=1}^{n_y} x_i^2 \end{bmatrix}, \quad \boldsymbol{X}^\mathrm{T} \boldsymbol{y} = \begin{bmatrix} \sum\limits_{i=1}^{n_y} y_i \\ \sum\limits_{i=1}^{n_y} x_i y_i \end{bmatrix}$$

且依据式(2.8)，两个估计参数为

$$\hat{\boldsymbol{\theta}} = \begin{Bmatrix} \hat{\theta}_1 \\ \hat{\theta}_2 \end{Bmatrix} = \begin{bmatrix} n_y & \sum\limits_{i=1}^{n_y} x_i \\ \sum\limits_{i=1}^{n_y} x_i & \sum\limits_{i=1}^{n_y} x_i^2 \end{bmatrix}^{-1} \begin{Bmatrix} \sum\limits_{i=1}^{n_y} y_i \\ \sum\limits_{i=1}^{n_y} x_i y_i \end{Bmatrix} = \begin{Bmatrix} \bar{y} - \hat{\theta}_2 \bar{x} \\ \dfrac{\sum\limits_{i=1}^{n_y} (x_i - \bar{x})(y_i - \bar{y})}{\sum\limits_{i=1}^{n_y} (x_i - \bar{x})^2} \end{Bmatrix}$$

由于 $S_{xy} = \sum\limits_{i=1}^{n_y} (x_i - \bar{x})(y_i - \bar{y})$，$S_{xx} = \sum\limits_{i=1}^{n_y} (x_i - \bar{x})^2$，两个参数可表示为

$$\hat{\boldsymbol{\theta}} = \begin{Bmatrix} \hat{\theta}_1 \\ \hat{\theta}_2 \end{Bmatrix} = \begin{Bmatrix} \bar{y} - \bar{x} S_{xy}/S_{xx} \\ S_{xy}/S_{xx} \end{Bmatrix} \tag{2.19}$$

式(2.19)中的估计参数取决于测量数据 y，其中包括测量误差。因此，如果使用不同的数据集，则估计的模型参数也将不同，即数据误差被转化为模型参数误差。可以通过将 y_i 视为随机样本并计算方差来计算模型参数的不确定性。使用以下公式对具有常数 c 的随机变量(A)进行方差计算：

$$\mathrm{Var}(cA) = c^2 \mathrm{Var}(A), \quad \mathrm{Var}(A - c) = \mathrm{Var}(A)$$

两个参数的方差为

$$\mathrm{Var}(\hat{\theta}_2) = \mathrm{Var}\left[\frac{\sum (x_i - \bar{x})(y_i - \bar{y})}{S_{xx}} \right] = \frac{\sum (x_i - \bar{x})^2 \sigma^2}{S_{xx}^2} = \frac{S_{xx} \sigma^2}{S_{xx}^2} = \frac{\sigma^2}{S_{xx}}$$

$$\text{Var}(\hat{\theta}_1) = \text{Var}(\overline{y} - \hat{\theta}_2 \overline{x}) = \frac{\sigma^2}{n_y} + \overline{x}^2 \frac{\sigma^2}{S_{xx}}$$

在上式中,与 x 有关的项是常数,因为不确定源来自数据中的噪声,从而与数据 y_i 有关的项是随机变量。因此线性模型中这两个参数的方差为

$$\text{Var}(\hat{\theta}) = \begin{bmatrix} \frac{\sigma^2}{n_y} + \overline{x}^2 \frac{\sigma^2}{S_{xx}} \\ \frac{\sigma^2}{S_{xx}} \end{bmatrix}, \quad S_{xx} = \sum_{i=1}^{n_y} (x_i - \overline{x})^2 \quad (2.20)$$

上式表明,当数据 y_i 的方差为 σ^2 时,可以使用上式来计算模型参数的方差。显然当数据没有差异,即 $\sigma = 0$ 时,估计的模型参数没有方差。同样,模型参数的方差与数据方差成线性比例。还需注意的是,拥有大量数据会降低模型参数的不确定性,并最终使它们具有确定性,因为 $n_y \rightarrow \infty$,$S_{xx} \rightarrow \infty$。

可以将上述推导推广到更多未知参数的情况。在这种情况下,推导变得复杂,可以使用下列等式描述参数之间的相关性[1]:

$$\Sigma_{\hat{\theta}} = \sigma^2 [X^T X]^{-1} \quad (2.21)$$

其中,$\Sigma_{\hat{\theta}}$ 是 $n_p \times n_p$ 的未知参数的协方差矩阵。由于数据量的限制,数据的误差方差未知,通常可以用式(2.18)中的估计值($\hat{\sigma}$)来代替。对角线上数值表示各估计参数的方差,非对角线上数值表示各参数间的协方差,其归一化形式为相关。

例 2.5 线性模型中的方差

使用表 2.2 中的数据,分别基于式(2.20)及式(2.21),计算线性模型($z = \theta_1 + \theta_2 x$)中两个参数的方差,并比较结果。

解决方案 首先,有必要识别这两个参数以便估计它们的方差。使用最小二乘法,两个参数可以估计为

$$X = \begin{bmatrix} 1 & 0 \\ 1 & 1 \\ 1 & 2 \\ 1 & 3 \\ 1 & 4 \end{bmatrix}, y = \begin{Bmatrix} 6.99 \\ 2.28 \\ 1.91 \\ 11.94 \\ 14.60 \end{Bmatrix} \Rightarrow \hat{\theta} = [X^T X]^{-1} \{X^T y\} = \begin{Bmatrix} 2.57 \\ 2.49 \end{Bmatrix}$$

也可以在[LS]中应用以下 MATLAB 代码:

```
Y = [6.99  2.28  1.91  11.94  14.60]';
x = [0  1  2  3  4]';
X = [ones(length(x),1)  x];thetaH = (X'*X)\(X'*y)
```

为了估计参数方差,首先应用式(2.6)及式(2.18)计算数据的误差方差 $\hat{\sigma}$:

$$\text{SS}_E = \{y - X\theta\}^T \{y - X\theta\} = 66.97$$

$$\hat{\sigma}^2 = \frac{\text{SS}_E}{n_y - n_p} = \frac{66.97}{5 - 3} \approx 22.32$$

同时,数据点的均值及方差可表示为

---

① 参数方差的详细信息见文献[13].

$$\bar{x} = 2 , S_{xx} = \sum_{i=1}^{n_y} (x_i - \bar{x})^2 = \begin{bmatrix} -2 & -1 & 0 & 1 & 2 \end{bmatrix} \begin{Bmatrix} -2 \\ -1 \\ 0 \\ 1 \\ 2 \end{Bmatrix} = 10$$

上述计算可以使用以下 MATLAB 代码完成:

```
nY = length(Y);
np = size(X,2);
sse = (Y - X * thetaH)' * (y - x * thetaH)
sigmaH2 = sse/(nY - np)
sxx = sum((x - mean(x)).^2);
```

接着这两个参数的方差及协方差矩阵可以使用式(2.20)及式(2.21)来计算:

$$\mathrm{Var}(\hat{\boldsymbol{\theta}}) = \begin{bmatrix} \dfrac{\hat{\sigma}^2}{n_y} + \bar{x}^2 \dfrac{\hat{\sigma}^2}{S_{xx}} \\ \dfrac{\hat{\sigma}^2}{S_{xx}} \end{bmatrix} = \begin{bmatrix} \dfrac{22.32}{5} + 2^2 \times \dfrac{22.32}{10} \\ \dfrac{22.32}{10} \end{bmatrix} = \begin{bmatrix} 13.39 \\ 2.23 \end{bmatrix}$$

$$\boldsymbol{\Sigma}_{\hat{\theta}} = \hat{\sigma}^2 [X^{\mathrm{T}} X]^{-1} = 22.32 \begin{bmatrix} 0.6 & -0.2 \\ -0.2 & 0.1 \end{bmatrix} = \begin{bmatrix} 13.39 & -4.46 \\ -4.46 & 2.23 \end{bmatrix}$$

```
thetaVar = sigmaH2 * [1/nY + mean(X)^2/SXX;1/SXX]
thetaCov = sigmaH2 * inv(X' * X)
```

对于具有两个参数的情况推导出式(2.20)的方差,与从式(2.21)得到的协方差矩阵的对角分量相同。矩阵中的协方差 -4.46 表示 θ_1 和 θ_2 之间线性相关性的度量,其归一化形式称为相关系数。通常参数之间的相关性使得参数估计较为困难,这将在第 6 章中讨论。

利用式(2.21)中的协方差矩阵可以得到模型参数分布。要做到这一点,首先需要理解统计学中总体和样本的区别。假设一随机变量 A 服从均值为 μ、标准差为 σ 的正态分布。在统计学上,通常称 A 为总体。假设从总体中产生样本,但总体的均值和标准差是未知的,然后目标是使用有限数量的样本估计总体的均值。

假设总体 A 产生的样本数为 n_y,通常样本均值 $\bar{A}$ 可能与总体 A 的均值 μ 不同。随着样本数量的增加,样本均值收敛于总体均值。另外,应用不同 n_y 数的样本集,样本均值可能也不同。因此,由于样本均值在每个样本集中都会变化,很自然地认为其也是随机变量。已知一随机变量 A 服从均值为总体均值 μ 及方差为 σ 的正态分布,而其 n_y 个数据的样本均值 $\bar{A}$ 也服从均值为 μ 及方差为 σ^2/n_y 的正态分布[①]。

然而在实际中,总体的均值和标准差是未知的,必须由样本的均值和标准差来对其进行估计,此外获取不同的样本集较为困难。因此,当由一组样本得到样本均值 $\bar{A}$ 及样本标准差 s 时,目标就是估计总体的均值及标准差。在这种情况下,可能会对总体和样本得出相反

---

① 来自同一总体 A 的不同 n_y 数据的样本均值是不一样的,这意味着样本均值也是一个随机变量并由 $\bar{A}$ 表示。在这种情况下,$\bar{A}$ 的均值及标准差分别为 μ 及 $\sigma/\sqrt{n_y}$。参见文献[14]。

的结论。若样本均值 $\bar{A}$ 及样本标准差 s 已知,总体均值服从均值为 $\bar{A}$、方差为 σ^2/n_y 的正态分布,即 $\mu \sim N(\bar{A}, \sigma^2/n_y)$。由于总体标准差一般未知,因此应用样本标准差 s 替代 σ。在这种情况下,μ 的归一化分布及其均值和标准差服从 $n_y - 1$ 自由度的学生 t 分布(或 t 分布):

$$\frac{\mu - \bar{A}}{s/\sqrt{n_y}} \sim t_{n_y - 1}$$

当 n_y 的数据量增加时,样本均值 $\bar{A}$ 收敛于总体均值 μ,即 $n_y \to \infty$ 时,样本均值收敛于总体均值。样本及总体分布之间关系的更多细节将在第 3 章中讨论。

上述讨论用于估计参数总体均值 θ。注意式(2.19)及式(2.20)分别给出了参数均值及方差。这些均值及方差是基于单个 n_y 测量的数据集。因此,可以认为其是样本均值及方差。所以参数的未知总体均值为

$$\frac{\theta_i - \hat{\theta}_i}{\sigma_{\hat{\theta}_i}} \sim t_{n_y - n_p} \Rightarrow \theta_i \sim \hat{\theta}_i + t_{n_y - n_p} \cdot \sigma_{\hat{\theta}_i} \tag{2.22}$$

式中 $t_{n_y - n_p}$ 为具有 $n_y - n_p$ 自由度的 t 分布,$\sigma_{\hat{\theta}_i}$ 为式(2.20)中样本方差的平方根,即标准差。根据式(2.22),通过 t 分布产生的样本可以得到参数分布的样本,然后将其应用到模型方程中预测损伤和 RUL 的分布。

在 $\alpha\%$ 和 $(100 - \alpha)\%$ 分布之间的界限,包括参数、退化程度及 RUL 称为 $(100 - 2\alpha)\%$ 置信区间。例如,90% 置信区间是 5% 到 95% 的分布范围。置信区间反映了由有限数量的数据引起的误差。随着数据量的增加,识别的参数收敛到确定性真实值,从而置信区间变为 0。另一方面,预测间隔考虑式(2.18)中数据的测量误差(噪声)。随着数据量的增加,式(2.18)中的误差收敛于总体的误差,并且预测间隔并非收敛到 0,而是收敛到噪声的量级。利用预测间隔来量化退化程度及 RUL 的不确定性[①]。

例 2.6 利用识别参数的样本进行不确定性量化

模型方程 $(z(t) = 5 + \theta_2 L t^2 + \theta_3 t^3)$ 由式(2.9)给出,已知 $\theta_1 = 5$,但 θ_2 及 θ_3 未知。使用表 2.2 中 $L = 1$ 时的 5 个带噪声数据(即当前时间指数 $k = 5$),以处理下列问题:

(a)识别两个未知参数 θ_2 及 θ_3,及其基于式(2.21)的协方差。

(b)应用式(2.22)估计 5 000 个样本的参数分布。计算每个参数的中位数和 90% 的置信区间。绘制每个参数的直方图以及这两个参数之间的相关性。

(c)应用(b)中的结果,预测从当前时间$(t = 4)$开始到 $t = 15$ 各时刻的未来损伤增长。绘制中位数结果图、90% 的置信区间、预测区间及真实区间。

(d)预测当退化阈值为 150 时的 RUL。

解决方案 (a)由于 θ_1 已知,式(2.9)可以改写为

$$z^* = z - 5 = \theta_2 t^2 + \theta_3 t^3$$

接着设计矩阵 X 和数据向量可分别写为

---

① 在假定模型形式正确的情况下,置信/预测区间是有意义的。如果大部分退化数据只在早期获得,那么区间会很短,但是当基于不同于真实行为的模型形式进行预测时,未来周期的退化预测误差会很大。然而通常情况下,更多的数据反映了更多的退化行为,这意味着考虑不确定性的退化预测会随着更多数据的应用而变得更加可靠。

$$X = \begin{bmatrix} 0 & 0 \\ 1 & 1 \\ 4 & 8 \\ 9 & 27 \\ 16 & 64 \end{bmatrix}, y^* = y - 5 = \begin{bmatrix} 6.99 \\ 2.28 \\ 1.91 \\ 11.94 \\ 14.60 \end{bmatrix} - 5$$

因此,未知参数可确定为

$$\hat{\boldsymbol{\theta}} = [X^T X]^{-1} \{X^T y^*\} = \begin{Bmatrix} -0.58 \\ 0.31 \end{Bmatrix}$$

应用式(2.6)、式(2.18)可计算数据的误差平方和及方差:

$$SS_E = \{y^* - X\boldsymbol{\theta}\}^T \{y^* - X\boldsymbol{\theta}\} \approx 35.78$$

$$\hat{\sigma}^2 = \frac{SS_E}{n_y - n_p} = \frac{35.78}{5 - 2} \approx 11.93$$

基于式(2.21),估计参数协方差矩阵可计算为

$$\boldsymbol{\Sigma}_{\hat{\theta}} = \hat{\sigma}^2 [X^T X]^{-1} = \begin{bmatrix} 1.42 & -0.38 \\ -0.38 & 0.10 \end{bmatrix}, \sigma_{\hat{\theta}}^2 = \begin{bmatrix} 1.42 \\ 0.10 \end{bmatrix}$$

下列 MATLAB 代码可以计算估计参数及其协方差矩阵:

```
y = [6.99  2.28  1.91  11.94  14.60]';
ys = Y - 5;
x = [0  1  2  3  4]';
X = [x.^2  x.^3];
thetaH = (X' * X)\(X' * ys)


ny = length(y);% num. of data
np = size(X,2);% num. of unknown paramters


sse = (ys - X * thetaH)' * (ys - X * thetaH)
sigmaH2 = sse/(nY - np)
thetaCov = sigmaH2 * inv(X' * X)        % covariance matrix using Eq.2.21
sigTheta = sqrt(diag(thetaCov))          % Standard error of theta
```

(b)首先,利用 MATLAB 的多元 t 随机数函数 mvtrnd,带有参数 $\Sigma_{\hat{\theta}}$、自由度以及样本数量,来绘制样本;然后,通过与参数的标准差 $\sigma_{\hat{\theta}}$ 相乘并加上估计参数 $\hat{\theta}$,得到两个参数的样本。基于(a)中得到的结果,其 MATLAB 程序如下:

```
ns = 5000;% num.of samples
mvt = mvtrnd(thetaCov,ny - np,ns)';
thetaHat = repmat(thetaH,1,ns) + mvt.* repmat(sigTheta,1,ns);
```

数组 thetaHat 包含这两个参数分布的采样结果,为 $2 \times 5\,000 (n_p \times n_s)$ 的矩阵。为了计算 90% 的置信区间,中位值 50%、5% 及 95% 可计算为

```
alpha = 0.05;
thetaCI = prctile(thetaHat',[alpha  0.5  1 - alpha] * 100)'
```

结果如表 E2.3 所示,由于它是基于随机数生成的,可能略有不同。识别参数的分布如

图 E2.4 所示。

表 E2.3 识别参数的中位值及 90% 置信区间

参数	5%	中位值	95%
$\hat{\theta}_2$	−3.40	−0.59	2.27
$\hat{\theta}_3$	−0.46	0.31	1.08

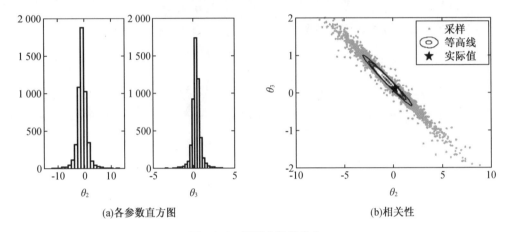

(a)各参数直方图   (b)相关性

图 E2.4 识别参数的分布

最后,这两个参数的分布可以通过下列 MATLAB 代码得到:

```
i = 1;subplot(1,2,i);hist(thetaHat(i,:),30);
i = 2;subplot(1,2,i);hist(thetaHat(i,:),30);

figure;
plot(thetaHat(1,:),thetaHat(2,:).'.','color',[0.5 0.5 0.5]);
```

(c)如图 E2.5 所示,未来的退化程度由虚线(置信区间)和点画线(预测区间)表示(两条线相互重叠)。90% 的置信区间反映了由有限的带噪数据量而导致的参数不确定性,这是将模型方程中的识别参数通过如下替换得到的:

$$\hat{z} = \hat{z}^* + 5 = \hat{\theta}_2 t^2 + \hat{\theta}_3 t^3 + 5$$

```
xNew = [4:15]';XNew = [xNew.^2 xNew.^3];
nn = length(xNew);
zHat = XNew * thetaHat + 5 * ones(nn,ns);
zHatCI = prctile(zHat',[alpha 0.5 1 - alpha] * 100)';% nn x 3
```

图 E2.5 点画线是包含式(2.18)中数据噪声水平的预测区间。由于假设数据误差为正态分布,且误差方差是估计的,因此预测分布是式(2.18)中均值为 $\hat{z}$,标准差为 $\hat{\sigma}$ 的 t 分布。但是,由于估计的误差方差已知,自由度则为 $n_y - n_p$。

```
zPredi = zHat + trnd(ny - np,nn,ns) * sqrt(sigmaH2);
zPrediPI = Prctile(zPredi',[alpha 0.5 1 - alpha] * 100)';
```

由下列 MATLAB 代码可获取图 E2.5。

```
thres = 150;
xTrue = [0:15]';
XTrue = [ones(length(xTrue),1) xTrue.^2 xTrue.^3];
zTrue = XTrue * [5  0.2  0.1]';
plot(x,y+5,'.k','markersize',30);hole on;
plot(xTrue,zTrue,'k');
plot(xNew,zHatCI(:,2),'- - r');% from samples
plot(xNew,zHatCI(:,1),':r');
plot(xNew,zPrediPI(:,1),'- .b');
plot([0 20],[thres thres],'g')
plot(xNew zHatCI(:,3),':r');
plot(xNew,zPrediPI(:,3),'- .b');
xlabel('Cycles');ylabel('Degradation level')
legend('Data','True','Median','90% C.I.','90% P.I.',
'Threshold')
axix([0  15  -50  200])
```

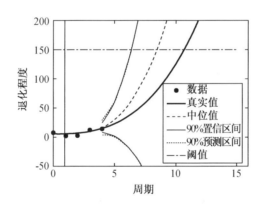

图 E2.5 考虑数据 $k = 5$ 不确定性的退化预测

在本例中,由于数据量少(实际上是与退化程度相比,误差本身很小),与参数误差相比数据误差相对较小,因此两个区间非常接近。

(d)通过对所有参数样本重复上述过程,可以根据 2.3.1 节给出的程序对 RUL 进行预测。但是,利用 5 000 个参数样本来解 5 000 次方程的效率较低,因此,应用以下程序代替。第 6 行用于找到周期大于或等于阈值的初始位置。第 7 行是 RUL 为无穷大的情况(这种情况不包含在 RUL 结果中),因为退化没有达到阈值。而第 8 行是当 RUL 等于当前周期的情况,即 RUL = 0。除了这两种情况,RUL 是通过对阈值附近两个点的插值来实现的,如第 10 ~ 11 行。

```
1    k = 5;% current time index
2    currt = x(k);% current cycle
3    thres = 150;% threshold
4    i0 = 0;
5    for i = 1:ns
6      loca = find(zPredi(:,i) > = thres,1);
7      if isempty(loca);i0 = i0 + 1;
8      elseif loca = = 1;rul(k,i - i0) = 0;
9      else
10       rul(k,i - i0) = interpl([zPredi(loca,i) zPredi(loca - 1,i)],...
11       [xNew(loca) xNew(loca - 1)],thres) - currt;
12     end
13   end
```

最后,RUL 分布如图 E2.6 所示,可以通过函数 hist(rul(k,:),30)来绘制。

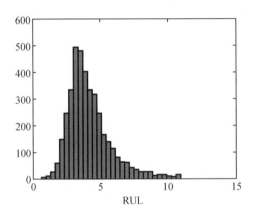

图 E2.6　RUL 预测分布

根据 2.3.2 节所述的确定性情形,需要进行少量修改才能对分布式 RUL 采用预测指标。PH 定义为真实 EOL 与超过 $\beta\%$ 的预测 RUL 分布连续位于 α 精度范围内的首次时间之间的差值。在 $\alpha - \lambda$ 精度中,当 t_λ 处超过 $\beta\%$ 的预测分布包含在精度范围内时,$\alpha - \lambda$ 精度的结果为 True。最后,RUL 分布的中位值用于 RA、CRA 和收敛性评价。

例 2.7　带预测区间的 RUL 预测

重复例 2.6 中在各周期($k = 3$ 到 $k = 11$)处从参数识别到 RUL 预测的过程。

(a)当周期为 $k = 7$ 到 $k = 11$ 时,预测退化并得到置信及预测区间曲线,如例 2.6 的图 E2.5 所示。

(b)预测 $k = 3$ 到 $k = 11$ 每个周期的 RUL,得到如图 E2.3 所示的 RUL 曲线,并包括考虑不确定性的预测区间。

(c)应用预测指标评估(b)中的 RUL 结果。

解决方案　(a)例 2.6 给出了如图 E2.5 所示的退化预测解,利用不同数据可以得到图 E2.7。

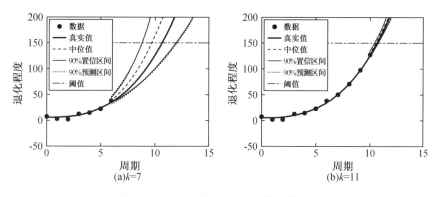

图 E2.7　考虑数据不确定性的退化预测

　　由于数据的误差与退化程度相比较小,因此预测及置信区间非常接近。另一方面,当数据中存在较大误差时(请参阅习题 P2.14),两个区间之间的差异将十分明显。随着周期/数据的增加,两个区间都将变窄。

　　(b)例 2.6(d)介绍了在各周期处如何预测 RUL。通过重复 $k = 3 \sim 11$ 的 RUL 计算,并计算 90% 的预测区间,得到图 E2.8。不同时间周期处的 RUL 样本存储在数组 rul(11, ns) 中。在计算 $k = 3 \sim 11$ 的 RUL 后,应用下列程序可以得到图 E2.8。

```
k1 = 3;k2 = 11;alpha = 0.05;
x = 0:10;
eolTrue = 10.69;
rulPct = prctile(rul',[alpha  0.5  1 - alpha].*100)';

plot([0 eolTrue],[eolTrue 0],'k','linewidth',3);
hold on;plot(x(k1:k2),rulPct(k1:k2,2),'—or','linewidth'3);
plot(x(k1:k2),rulPct(k1:k2,1:2:3),':r','linewidth',3);
xlabel('Cycles');Ylabel('RUL');axis([0 eolTrue 0 eolTrue])
```

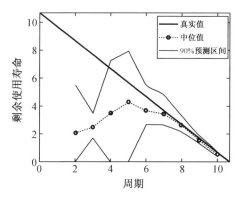

图 E2.8　$k = 3 \sim 11$ 的 RUL 预测结果

　　(c)通过在[Metric]中替换几行代码可以对 RUL 预测进行评估。这是因为现在 RUL 的采样数为 ns。设置所有必需的信息后,当考虑 RUL 分布时,在[Metric]的第 8 行之后将

$\beta = 0.5$ 作为标准分数(通常采用 50%,但也可取决于预测人员),这相当于取 RUL 样本的中位数。

```
cycle = [0:10]';
t_s = 2;
eolTrue = 10.6896;
t_e = 10;
alpha = 0.05;
lambda = 0.5;
beta = 0.5;
```

对于 PH,即当超过 50% 的样本连续落在精度范围内时,则取第一个周期值。将第 13 ~ 15 行替换如下:

```
for  i = 1:size(rul,1)
  loca = find(rulTrue(i) - alphaZone < rul(i,:)...
  & rul(i,:) < rulTrue(i) + alphaZone);
  probPH(i,:) = length(loca)/size(rul,2);
end
loca = find(probPH < beta,1,'last') + 1;
ph = eolTrue - cycle(loca);
```

对于 $\alpha - \lambda$ 精度,将第 20 ~ 22 行替换如下:

```
a = find (rul(idx_lam,:) > rulTrue(idx_lam) * (1 - alpha)...
      & rul(idx_lam,:) < rulTrue(idx_lam) * (1 + alpha));
probAL = length(a)/size(rul,2);
if probAL < beta;
```

最后,对于 RA、CRA 和收敛性指标,将第 27 行替换为

```
ra = 1 - abs(rulTrue(idx_lam) -
median(rul(idx_lam,:)))/rulTrue(idx_lam);
```

将下列代码添加至第 28 行后面,在该行后面的 rul 替换为 rulA 以取得 RUL 分布的中位数。指标结果列在表 E2.4 中。

表 E2.4 当 RUL 以分布形式预测时的预测指标

PH($\alpha = 0.05$)	$\alpha - \lambda$ 精度($\alpha = 0.05, \lambda = 0.5$)	RA($\lambda = 0.5$)	CRA	收敛性
3.689 6	False	0.779 4	0.696 9	2.468 4

2.5 实际预测过程中的问题

本章介绍了基于最小二乘法的预测方法,这是一种针对带高斯噪声(正态分布误差)线性回归的简单有效方法。但是,实际情况需要的不仅仅是多项式函数和高斯噪声,而且应用线性回归方法也无法解决。对于更实际的条件,通常使用基于贝叶斯的方法,这将在第 3 章和第 4 章中介绍。

另外,对于实际的预测问题还需要考虑几个问题。首先,噪声和偏差会影响预测结果。噪声有各种来源,例如可变的测量环境和测量过程,而偏差来自测量设备中的校准误差。在2.2.2 节中应用了一个简单的例子展示了轻度噪声的影响。实际上,在复杂的系统中可能存在很大的噪声和偏差,而且当模型参数彼此相关时,很难准确地进行识别。即使在本章的简单示例中,这两个参数也相关(请参见例 2.6)。不仅模型参数本身,而且载荷条件都可以与参数相关(请参见例 2.2),其对预测结果的影响将在后续章节讨论。

上述两个问题均假设基于物理的方法可用,但是物理退化模型在实际中很少见。如果没有可以描述退化行为的物理模型,则应采用数据驱动的方法。在数据驱动的方法中,利用大量历史退化数据至关重要,但是要获取大量退化数据并不容易,需要花费大量时间和成本。更关键的问题是,在大多数情况下无法直接测量退化数据,需要从传感器信号中提取退化数据。在第 4 章和第 7 章中将更详细地讨论噪声和偏差、相关性、稀有物理模型和珍贵的数据以及间接数据这四个问题。

2.6　习　　题

P2.1　使用退化/损伤数据、RUL、EOL、阈值等术语来解释预测的定义,并解释这些术语的含义。

P2.2　解释基于物理和数据驱动的方法。这两种方法有什么区别?

P2.3　在表 2.2 中,使用当 $L=1$ 时的前五个数据,依据式(2.11)来识别参数,并分别替换为式(2.12)及式(2.13)的识别参数。

P2.4　在图 2.3 中使用与 P2.3 相同的数据。使用[LS]获取与图 2.3 相同的结果。

P2.5　重复 P2.4 的过程五次,以得到图 2.3(a)中具有不同数据集但噪声水平相同(表2.2)的退化预测。在给定的时间周期(4 个周期)下获得退化程度的概率分布。展示随着此过程的重复(例如 100,1 000),分布将如何变化。

P2.6　解释过拟合。在数据驱动方法中,哪些方法是避免过拟合的首选?

P2.7　使用式(2.16)获取与表 2.3 所列相同的结果。应用式(2.14)、式(2.15)计算决定系数 R^2,并与 MATLAB 代码 regress 获取的结果进行比较。

P2.8　获取与图 2.7(b)相同的图像,应用表 2.2 的附加数据。

P2.9　预测第 0 周期及第 1 周期时的退化行为及 RUL,其中退化模型由式(2.9)给出,数据由表 2.2 中 $L=1$ 时给出。

P2.10　应用与图 2.8 相同的方法及数据,得到图中的 RUL 结果。

P2.11　使用式(2.13)中三次多项式函数的数据驱动方法来重复练习 P2.10。并应用表 2.2 中当 $L=0.5$ 和 $L=2$ 时的额外两组数据,继续重复该过程。

P2.12　利用 5 个预测指标,从三种不同方法中(P2.10 及 P2.11 的结果)对比 RUL 结果。在各指标中哪个更好?

P2.13　应用式(2.21)及矩阵 $X^T X$ 推导式(2.20)中的线性模型。

P2.14　在噪声水平较大的情况下重复例2.7,数据中的 $U(-15,15)$ 要比例2.7中的数据大,比较不同噪声水平下的置信区间和预测区间。

P2.15　随机变量 A 为正态分布: $A \sim N(10,1^2)$。从总体分布中产生10,20,50及100个样本。根据四组样本集估计平均值的90%置信区间。

P2.16　当裂纹尺寸作为时间的函数测量时,如下表所示,估计模型参数及其置信区间,应用三次多项式函数 $z(t) = \theta_1 + \theta_2 t + \theta_3 t^2 + \theta_4 t^3$。

P2.16 表

时间	0	100	200	300	400	500	600	700	800
尺寸	0.01	0.010 4	0.010 7	0.011 1	0.011 6	0.012	0.012 5	0.013 1	0.013 7

参 考 文 献

[1]　An D, Choi J H, Kim N H. Identification of correlated damage parameters under noise and bias using Bayesian inference. Struct Health Monit . 2012,11(3):293－303.

[2]　An D, Choi J H, Schmitz T L, et al. In-situ monitoring and prediction of progressive joint wear using Bayesian statistics. Wear. 2011, 270(11－12):828－838.

[3]　Bretscher O. Linear algebra with applications. Prentice Hall, New Jersey,1995.

[4]　Coppe A, Haftka R T, Kim N H. Uncertainty reduction of damage growth properties using structural health monitoring. J Aircraft . 2010,47(6):2030－2038.

[5]　Dalal M, Ma J, He D. Lithium-ion battery life prognostic health management system using particle filtering framework. Proc Inst Mech Eng, Part O: J Risk Reliab. 2011, 225:81－90

[6]　Haldar A, Mahadevan S. Probability, reliability, and statistical methods in engineering design. Wiley, New York,2000.

[7]　Hawkins D M . The problem of overfitting. J Chem Inf Comput Sci. 2004, 44(1):1－12.

[8]　Kohavi R. A study of cross-validation and bootstrap for accuracy estimation and model selection. In: Paper presented at the international joint conference on artificial intelligence, Montreal, Quebec, Canada, 20－25 August 1995.

[9]　Montgomery D C, Peck E A, Vining G G. Introduction to linear regression analysis. Wiley,New York,1982.

[10]　Paris P C, Erdogan F. A critical analysis of crack propagation laws. ASME J Basic Eng .

1963,85:528 – 534.

[11]　Saed S. Model evaluation—regression. http://www.saedsayad.com/model_evaluation_r. htm. Accessed 25 May 2016.

[12]　Sankararaman S, Ling Y, Shantz C, et al. Uncertainty quantification in fatigue damage prognosis. In: Paper presented at the annual conference of the prognostics and health management society, San Diego, California, USA, 27 September – 1 October 2009.

[13]　Saxena A, Celaya J, Saha B, et al. On applying the prognostic performance metrics. In: Paper presented at the annual conference of the prognostics and health management society, San Diego, California, USA, 27 September – 1 October 2009.

[14]　Wu F, Lee J. Information reconstruction method for improved clustering and diagnosis of generic gearbox signals. Int J Progn Health Manage, 2011, 2:1 – 9.

第3章　基于贝叶斯统计理论的寿命预测

3.1　引　　言

预测的关键思想之一是如何利用从健康监测系统获得的信息预测损害行为。一般来说,健康监测系统会连续或者在固定/可变的时间间隔内测量退化的程度(裂纹大小、腐蚀深度、磨损量等)。在基于物理的预测中,假设该模型退化是已知的,但其模型参数是未知的。然后,在预测中最重要的一步是使用健康监测数据识别这些未知模型参数。一旦确定这些模型参数,就有可能预测未来增长的损害。以第2章的最小二乘法为例,通过最小化损伤测量值与模型预测值之间的误差来确定退化模型的参数。这个过程可以产生一组确定的模型参数,这些参数能很好地表示被测量的退化情况。

上述退化模型参数的确定过程,在健康监测系统准确测量损伤大小和退化模型正确的情况下工作良好。然而,在现实中数据总是存在测量误差和变异性,退化模型可能不正确,也就是说,模型存在所谓的模型形式误差。在这种情况下,识别出的退化模型参数不准确,可以使用不同的测量数据集对其进行更改。因此,与其确定准确的退化模型参数,还不如用概率对其进行表征。

对于这一点,应该讨论如何解释模型参数的概率表示。从概率学派的观点来看,概率分布是指变量在本质上是随机的,当变量被实现时,每次都会有不同的值。比如,我们制作许多相同的金属试样进行拉伸试验,每种试样的强度都是不同的。在这种情况下,我们可以用统计分布来表示材料的强度。在本书中,这种类型的不确定性被称为偶然不确定性、A型不确定性或随机性。

然而,从其他角度对于模型参数概率表示的解释与概率学派是不同的。在概率学派中,模型参数存在一个真正的确定性值,但它们的值是未知的。因此,这些值是用测量数据来估计的,包括测量误差和噪声。如果测量数据无误差且模型完善,那么估计的模型参数也可能是完美的。在数据和模型不完全正确的情况下,估计的模型参数具有不确定性,可以用概率分布表示。在这种情况下,概率分布并不意味着模型参数是随机的。相反,它代表了我们对未知模型参数知识的掌握水平。例如,一个参数的概率分布很广,那么意味着我们对该参数的知识掌握得不准确。在本书中,这种不确定性被称为认知不确定性、B型不确定性或可降低不确定性。与偶然不确定性不同,认知不确定性代表了知识掌握的层次,可以通过提高我们的知识水平来降低。例如,在使用实测数据来估计模型参数时,10个数据的不确定性将小于5个数据的不确定性。

从历史上来看,人们基于实测数据识别模型参数提出了许多不同的方法。第2章介绍的最小二乘法就是其中之一,它是回归方法的典型代表。此外,贝叶斯统计方法实际上已经用于识别不同的参数。目前比较流行的基于贝叶斯理论的算法有粒子滤波、卡尔曼滤波、贝叶斯方法等。这些算法可用于识别未知参数,并通过较大的数据量有效降低识别参数中的认知不确定性。因此,在详细考虑预测方法之前,本章先介绍贝叶斯统计理论。

贝叶斯理论是以托马斯·贝叶斯(Thomas Bayes,1701—1761)的名字命名的。托马斯·贝叶斯研究了如何利用观测数据计算二项分布的概率参数分布,但他的工作是由理查德·普赖斯(Richard Price)整理发表的。然而,在一百多年的时间里,贝叶斯的"置信度"概念并不被接受,因为它是模糊和主观的。相反,客观的"频率"在很长一段时间内被统计学所接受。杰弗里斯重新发现了贝叶斯理论,并使之成为一种现代理论(杰弗里斯,1961)。然而,直到 20 世纪 80 年代,贝叶斯理论仍然只是一种理论,因为它在解决实际问题时需要大量的计算。从 20 世纪 90 年代开始,由于计算机的迅速发展,贝叶斯理论变得实用起来。实用的贝叶斯技术是由数学家和统计学家共同发展起来的,并被应用于科学(经济学、医学)和工程领域。

本章将利用贝叶斯推理来识别未知的模型参数,从而预测系统的剩余使用寿命。在这里,推理是指根据收集到的健康监测系统测量的数据确定参数值的过程,贝叶斯推理是一种基于数据信息和概率模型的知识统计方法,用来表示某一事件的可信度,而不是确定的决策(Gelman et al.,2004)。对贝叶斯推理的使用有多种方法,本章中我们将其用于未知模型参数的概率分布更新。

贝叶斯推理过程由先验分布和似然两部分组成。前者是模型参数概率分布的初始估计,表示在任何测量之前参数的先验知识或信息,这可以通过专家的意见、以往的经验或物理推理来确定。当没有先验信息时,可以认为所有范围内的先验分布都是常数,称为非信息性先验分布。后者,似然表示测量数据对概率分布的影响,它的值是通过获得给定模型参数值测量数据的概率来计算的。贝叶斯推理的结果是后验分布,通过将似然与先验分布相结合得到。

从预测的角度来看,贝叶斯推理基于健康监测系统测量的退化数据,估计和更新未知参数。将未知的模型参数表示为概率密度函数(probability density function,PDF),并使用更多的数据和先验知识或信息对其进行更新,数据越多,对模型参数的估计就越准确。PDF 表示关于模型参数知识形态的认知是不确定的。一旦得到模型参数的 PDF,就可以预测系统失效前的剩余使用寿命。正如预期的那样,由于模型参数是以 PDF 的形式给出的,因此剩余使用寿命也将以 PDF 的形式给出。为了维持一定程度的安全,操作者可能会在保守的剩余使用寿命内要求维修。因此,PDF 中的不确定性越大,剩余使用寿命的保守估计将越短,这意味着频繁维护。也就是说,如果我们对描述退化模型相关参数的知识掌握不充分,那么系统就必须经常进行维护。因此,减少模型参数的不确定性是非常重要的。换句话说,预测方法的好坏取决于估计模型参数的不确定性水平。

本章组成如下:3.2 节解释了偶然不确定性和认知不确定性的概念;3.3 节介绍了条件概率,这是贝叶斯理论中的一个关键概念;3.4 节解释了贝叶斯理论;3.5 节介绍了两种不同的贝叶斯更新方法,即递归贝叶斯更新和整体贝叶斯更新;在 3.6 节使用了 2 章的简单例子解释贝叶斯参数估计;在 3.7 节中,引入了作为抽样方法之一的累积分布函数(cumulative distribution function,CDF)反演法,并利用后验分布进行剩余使用寿命(remaining useful life,RUL)预测;3.8 节为本章习题。

3.2 偶然不确定性和认知不确定性

3.2.1 偶然不确定性

由于模型参数的确切值是未知的,来自健康监测系统的数据存在测量误差和噪声,而且未来的加载/操作条件也不确定,所以不确定性的处理在预测过程中至关重要。这些不确定性导致模型参数估计的不确定性,从而影响剩余使用寿命的预测。因此,在预测中如何量化各种来源的不确定性,以及如何管理它们是至关重要的。本节根据不确定性的性质,讨论了两种不同的不确定性建模方法。

一般来说,不确定性分为两种类型:偶然不确定性和认知不确定性。不能被进一步的数据所减少的内在随机性被称为偶然不确定性。偶然不确定性又称随机变量、变异性、A 型不确定性或不可约不确定性。一般情况下,具有偶然不确定性的物理量是用随机变量来建模的。例如,即使试样是用同一种材料制成的,不同试样的抗拉强度也是不同的,这是因为晶粒的微观结构都是不同的、随机的。从理论上讲,虽然可以对微观结构的行为进行建模,但它常常被忽略,其被建模为具有变异性的均匀材料。在这种情况下,材料抗拉强度的变化可以被建模为偶然不确定性。材料特性的变异性、测量中的噪声及加载载荷的变异性可以被认为是偶然不确定性。一般情况下,具有偶然不确定性的变量可以用具有分布类型和参数的概率分布来表示。概率分布可用概率密度函数(PDF)或累积分布函数(CDF)进行完整描述。

一般来说,偶然不确定性不能通过增加样本来降低,变异性仍然存在,但有更多的样本可以帮助准确估计真实的分布参数。当一个变量是随机的,通常需要采取保守估计。例如,当失效强度是随机分布时,基于保守值进行设计是安全的。

例 3.1 正态分布

铝材料失效强度的变异性为正态分布,均值为 250 MPa,变异系数为 10%。绘制失效强度的 PDF 和 CDF。同时,估计失效强度大于 200 MPa 的概率。

解答 首先,方差系数与标准差的关系偏差为

$$\text{COV} = \frac{\sigma}{\mu} \tag{3.1}$$

式中,μ 为失效强度的均值,σ 为失效强度的标准差。因此,标准偏差可以计算为 $250 \times 0.1 = 25$(MPa)。当随机变量 X 为正态分布,均值为 μ,标准差为 σ 时,记为

$$X \sim N(\mu, \sigma^2) \tag{3.2}$$

均值为 μ,标准差为 σ 的正态分布 PDF 可表示为

$$f(x) = \frac{1}{\sigma\sqrt{2\pi}} \exp\left[-\frac{1}{2}\left(\frac{x-\mu}{\sigma}\right)^2\right] \tag{3.3}$$

图 E3.1 为失效强度分布图。概率定义为 PDF 曲线下的面积。例如,失效强度在 $\mu \pm 1\sigma$ 以下的概率约为 68%,在 $\mu \pm 2\sigma$ 以下的概率约为 95%,在 $\mu \pm 3\sigma$ 以下的概率约为 99%。

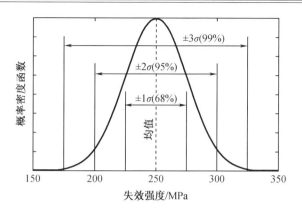

图 E3.1　正态分布失效强度的概率密度函数

通过对 PDF 进行积分,可以获得 CDF 的分布。例如,累积分布函数 $F(x)$ 被定义为失效强度 X 小于 x 的概率

$$F(x) = P(X \leqslant x) \tag{3.4}$$

根据 PDF 曲线下面积是概率的定义,CDF 也可以写成 PDF 的形式

$$F(x) = \int_{-\infty}^{x} f(\xi)\,\mathrm{d}\xi \tag{3.5}$$

遗憾的是,在式(3.3)中没有概率密度函数 $f(x)$ 的显式积分形式。但是,我们可以使用以下 MATLAB 命令来绘制 CDF 函数:

```
x = 150:5:350;
y = cdf('normal',x,250,25);
plot(x,y);
```

图 3.1 为失效强度的 CDF。根据其定义,因为 200 MPa 是距离均值 2σ 的位置,所以失效强度小于 200 MPa 的概率为 2.5%。因此,失效强度大于 200 MPa 的概率 $P(X \geqslant 200) = 1 - P(X \leqslant 200) = 97.5\%$。

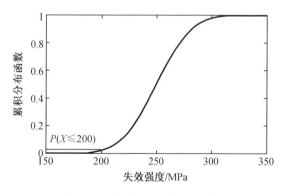

图 3.1　失效强度的累积分布函数

3.2.2　认知不确定性

认知不确定性不同于变量的随机性。事实上,感兴趣的变量可能根本不是随机的,但是

变量的真实值是未知的,因此是不确定的。例如,材料的弹性模量被认为有一个固定的值,但这个值是未知或者鲜为人知的。在这种情况下,弹性模量具有认知不确定性。即使变量是随机的,准确的分布参数也常常是未知的,认知不确定性存在于随机变量中,它通常被称为抽样不确定性或统计公差。

认知不确定性常被称为知识不确定性、主观不确定性、B型不确定性或可约不确定性。在科学计算和估计一个系统的剩余使用寿命时,认知不确定性有时被称为知识的缺乏程度,往往比偶然不确定性更重要。认知不确定性可以通过更好地理解物理或收集更多相关数据来降低(Helton et al. ,2010;Swiler et al. ,2009)。

一般而言,对偶然不确定性和认知不确定性的分类往往并不清楚,取决于具体情况。一个有趣的观察结果是可以用混凝土材料的抗压强度来说明偶然不确定性和认知不确定性之间的关系。对于现有建筑,混凝土墙的抗压强度可能有一个确定的值。然而,强度是未知的,因此可以说,墙体的抗压强度具有认知不确定性。为了找到抗压强度值(即减少或消除认知不确定性),可以从建筑物中提取样本,并对其进行测试,以找出实际的抗压强度。如果测试本身是完美的,就可以找到真实的抗压强度,消除认知不确定性。但是,由于测量误差和噪声的影响,不能完全消除认知不确定性,但如果测量误差和变异性相对较小时,则可以降低认知不确定性。另一方面,如果建筑物还没有建成,那么混凝土墙的抗压强度就具有偶然不确定性,因为它的强度可以根据其建造过程随机变化。在建筑物建成之前,额外的测试并不能减少混凝土强度的变化。因此,未来建筑的偶然不确定性随着建筑的建造而转化为认知不确定性。

另一个例子是制造公差。对于给定的制造工艺,公差被认为具有偶然不确定性,因为不同的零件可能有不同的尺寸。制造更多的零件不会改变公差。然而,如果采用更先进的制造工艺,则有可能降低公差水平。因为某些部分的公差是可还原的,所以它不属于偶然不确定性,而是认知不确定性。

应根据不确定性的具体特征和可获得的信息,采用不同的方法适当地表示和模拟不确定性。虽然概率论被广泛地应用于偶然不确定性的建模,但对于认知不确定性的建模却没有主流的方法。概率论(Helton et al. , 1993)因其悠久的历史而广为流行,在非确定性设计研究中具有良好且深厚的理论基础。非概率或不精确的概率方法不能准确表示数值概率的不确定性。模糊集、可能性理论(Zadeh,1999)和证据理论(Shafer,1976;Dempster,1967)就属于这一类。

在本书中,概率论被用来表示认知不确定性。即使使用概率论来表示偶然不确定性和认知不确定性,其解释也应该是不同的。在图3.2中展示了三种概率密度函数(PDF)。对于偶然不确定性,较大的不确定性意味着样本在生成时往往分布广泛,而无不确定性意味着变量或函数是确定性的。对于认知不确定性,较大的不确定性意味着与参数或者数量相关的信息是模糊的。因此,PDF的形状就是参数信息的形状。没有不确定性意味着信息是完全已知的,并且不需要改进关于参数的任何知识。

在本节中,主要关注退化模型参数的认知不确定性,这表示在模型中使用适当值的知识缺乏程度,这种认知不确定性可由PDF表示。例如,材料手册经常显示材料参数的下限和上限,在这种情况下可以使用均匀分布。此时,认知不确定性代表着一般材料的范围。然而,对于特定批次的材料可能有一个狭窄的分布范围。因此,如果从同一批次的样品中提取,可以发现材料性能的范围更窄。在后面的章节中将会看到,当退化的测量数据可用时,使用贝叶斯推理可以减少认知不确定性。

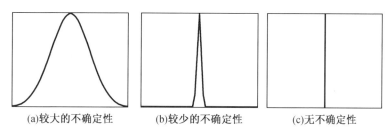

图 3.2　概率分布表示的认知不确定性

3.2.3　试件测试的抽样不确定性

当一种材料的特性具有变异性时,对它的统计分布进行表征是很重要的,这样设计人员才能补偿这种偶然不确定性。在航空航天工业中,通常需要几十个试件来估计统计分布。然而,由于使用的试件数量有限,统计分布的估计可能不准确,这意味着在试件的估计过程中存在认知不确定性。因此,当设计师想要弥补不确定性时,必须同时考虑偶然不确定性和认知不确定性。在本节中阐述了在试件测试中材料保守失效强度的估计过程,可用来解释量化偶然不确定性和认知不确定性。

材料的失效强度具有固有的变异性。为了找到材料强度的变异性分布,需要测定一些试件(即试样)的失效强度。但是,试件失效强度分布的均值和标准差可能与真实材料不同,这是因为使用的试件数量是有限的。只有检验无限个样本时才能发现种群分布,这在实际上是不可能的。因此,一个重要的问题是如何根据试件的分布来估计种群材料的失效强度分布,这就是传统的抽样不确定性。

为了解释抽样不确定性,以材料强度的不确定性表征过程为例进行讨论。由于材料本身的变异性,假定失效强度为正态分布,即

$$S_{\text{true}} \sim N(\mu_{\text{true}}, \sigma_{\text{true}}^2) \tag{3.6}$$

式中,μ_{true} 和 σ_{true} 分别为材料真实强度的均值和标准差,也称为分布参数。S_{true} 的不确定性是固有变异性,被称为偶然不确定性。

不幸的是,失效强度的真实分布参数是未知的,只能通过试验来估计。当用 n 个试件来估计失效强度时,估计的失效强度分布为

$$S_{\text{test}} \sim N(\mu_{\text{test}}, \sigma_{\text{test}}^2) \tag{3.7}$$

式中,μ_{test} 和 σ_{test} 分别为测试样本的均值和标准差。由于采样误差的存在,测试得到的分布参数与实际分布参数存在一定的差异。当然,当使用无限多的测试样本时,S_{test} 会收敛到 S_{true}。然而由于使用的样本数量有限,估计的分布参数具有认知不确定性(即抽样不确定性或统计不确定性)。根据经典概率论(Neyman,1937),估计的均值和方差的不确定性可以表示为

$$M_{\text{est}} \sim N\left(\mu_{\text{test}}, \frac{\Sigma_{\text{est}}^2}{n}\right) \tag{3.8}$$

$$\Sigma_{est}^2 \sim \text{Inv} - \chi^2 (n-1, \sigma_{test}^2) \tag{3.9}$$

式中,$\text{Inv} - \chi^2(n-1, \sigma_{test}^2)$ 是以样本标准差为尺度参数的 $n-1$ 自由度的标度逆卡方分布。需要注意的是,随着样本数量的增加,式(3.8)和式(3.9)的不确定性会降低。当 $n \to \infty$ 时,可以知道 $M_{est} = \mu_{test}$ 和 $\Sigma_{est}^2 = \sigma_{test}^2$。

在式(3.8)和式(3.9)中,认知不确定性的来源是抽样误差。然而,一般来说,认知不确定性存在不同的来源,如建模误差、数值误差等。虽然式(3.8)和式(3.9)中的统计不确定性是以分布的形式给出的,但认知不确定性的性质并不是随机的,也就是说,真实的均值和标准差将是一个单独的值,但是它们的值是未知的。据此考虑,式(3.8)和式(3.9)中 PDF 的分布应该被解释为关于参数的知识规模。例如,可以将式(3.8)理解为 μ_{test} 是 μ_{true} 的可能性高于任何其他值。

当偶然确定性和认知不确定性同时存在时,设计者必须确定保守的失效强度,以补偿这两个不确定性。例如,当仅存在偶然不确定性时,设计者可以将概率为 90% 处的值确定为保守失效强度,以补偿这两个不确定性。然而当认知不确定性也存在时,90% 处的值不能被确定为一个单独的值,而是成为一个独立的分布,这是因为均值和标准差是不确定的。设计人员在选择保守失效强度时,必须考虑认知不确定性的影响。

在飞机设计中已经实现了同时考虑偶然不确定性和认知不确定性时失效强度的保守估计。当使用试件测试来估计铝材料的保守失效强度时,需要使用 A 或 B 基础方法来估计(U. S. Department of Defense, 2002)。例如,在 B 基础的情况下,保守的失效强度估计为 90% 处的值,具有 95% 的置信度。90% 是偶然不确定性的表示,而 95% 的置信度是认知不确定性的表示。

例 3.2 失效强度

失效强度的分布及其估计均值总体如表 E3.1 所示,请使用双闭环蒙特卡罗模拟(Monte Carlo simulation, MCS)计算失效概率的平均值和 90% 处的值。假设估计标准差中不存在认知不确定性,也就是说,估计的标准差是真实的。

表 E3.1 偶然不确定性和认知不确定性的分布参数

失效强度	$S_{est} \sim N(M_{est}, \Sigma_{est}^2)$
估计平均值	$M_{est} \sim U(200, 250)$
真实平均值	$\mu_{true} = 225$
估计标准差	$\sigma_{est} = \sigma_{true} = 20$
作用应力	$R = 190$

解答 该问题的公式建立在不确定变量的概率分布形式已知,但分布参数不确定的情况下,估计的失效强度分布为最基本的分布。利用双环 MCS 可以得到失效强度的估计分布,如图 E3.2 所示。在图中,外环从估计的均值分布 $M_{est} \sim U(200, 250)$ 中产生了 n 个样本,其中 n 组正态分布,失效强度可以定义为 $S^i \sim N(\mu_{est}^i, \sigma_{est})$。在内环中,每个 $N(\mu_{est}^i, \sigma_{est})$ 产生 m 个失效强度样本,表示偶然不确定性。由于失效强度是正态分布的,内环也可以在不产生样本的情况下进行分析计算。

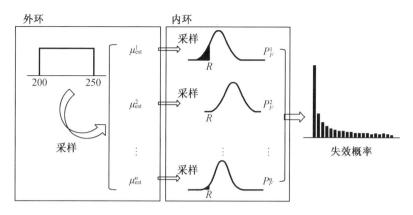

图 E3.2　双闭环蒙特卡罗模拟估计的失效强度分布

对于每一个来自认知不确定性的给定样本,用概率不确定性建立一个概率分布 $N(\mu_{est}^i, \sigma_{est})$,可以计算出失效概率的 P_F^i:

$$P_F^i = P[S^i \leqslant R], \quad i = 1, 2, \cdots, n \tag{3.10}$$

通过收集所有样本,可以得到一个失效概率分布,它代表了认知不确定性。对失效概率的保守估计 P_F^{90},可以通过取分布 90% 处的值来获得。因此,通过计算 P_F^i 可以考虑偶然不确定性的影响,而通过计算 P_F^{90} 可以考虑认知不确定性的影响。

对于给定的算例,失效概率的 PDF 及其 90% 处的保守估计如图 3.3 所示。值得注意的是,由于失效概率的 PDF 高度是倾斜的,保守估计的 P_F^{90} 值远远低于其平均值 P_F^m。下面的 MATLAB 代码生成了 $n = 100\,000$ 个均值样本,并对失效概率进行了分析计算。

```
m = 1e5;sigma_est = 20;
mu_est = 50 * rand(m,1) + 200;
Pf = sort(cdf('norm',190,mu_est,sigma_est));
PDF = hist(Pf,50)/(m * max(Pf)/50);
x = linspace(0,max(Pf),50);
plot(x,PDF);
Pf_mean = mean(Pf)
Pf_90 = Pf(90000)
```

在概率论中,认知不确定性和偶然不确定性是分开处理的,这样既有优点也有缺点。缺点是与双闭环 MCS 相关的计算成本和维数会增加,也就是说,不确定输入变量的数量增加了;优点是将认知不确定性和偶然不确定性分开处理,这样就可以清楚地确定不确定性的来源。此外,还可以使用额外的数据进一步减少认知不确定性。

当然,可以将偶然不确定性和认知不确定性结合起来估计失效的概率。在估计分布方法中,认知不确定性和偶然不确定性被结合在一起,表示为单一分布。正因为如此,概率论的优点和缺点在此方法中互相交换。也就是说,估计分布法是一种计算成本较低、不确定输入变量较少的方法,但它不能区分认知不确定性和偶然不确定性。

如果基于 MCS 的抽样方法计算估计的真实分布,则需要使用图 E3.2 中所有的 $n \times m$ 个样本来获得失效强度的估计分布,其包括偶然不确定性和认知不确定性。然而,估计分布法的真正优点是当使用一种分析方法来计算组合分布时,消除了抽样误差。为了对上述 MCS 过程进行分析建模,首先将估计的失效强度的条件分布定义为

$$s_{\text{est}} \mid (\mu_{\text{est}}, \sigma_{\text{est}}^2) \sim N(\mu_{\text{est}}, \sigma_{\text{est}}^2) \tag{3.11}$$

式中,左侧为一随机失效强度的条件分布,并给出了 μ_{est} 和 σ_{est}。将条件分布与其参数进行积分,可以得到估计分布的 PDF。由于只考虑了平均值的不确定性,失效强度的 PDF 可以表示为

$$f_S(s_{\text{est}}) = \int_{-\infty}^{\infty} \phi(s_{\text{est}} \mid M_{\text{est}} = \mu_{\text{est}}) f_{M_{\text{est}}}(\mu_{\text{est}}) \, d\mu_{\text{est}} \tag{3.12}$$

式中,$\phi(s_{\text{est}} \mid M_{\text{est}} = \mu_{\text{est}})$ 是给定 μ_{est} 的失效强度的 PDF,$f_{M_{\text{est}}}(\mu_{\text{est}})$ 是表 E3.1 中均匀分布的均值参数的 PDF。对于均值和标准差都存在认知不确定性的数学描述,可参考 Park 等的著作 (2014)。一旦得到失效强度的 PDF 估计,失效概率可以计算为

$$P_F^{\text{est}} = \int_{-\infty}^{R} f_S(s_{\text{est}}) \, ds_{\text{est}} \tag{3.13}$$

由于估计的分布同时包含了偶然不确定性和认知不确定性,所以失效概率是一个单值。Park 等(2014)的研究表明,当失效概率水平为 10^{-7} 时,50 段高斯求积的精度是足够的,而 MCS 的协方差矩阵超过 200%,需要 100 万个样本。

有趣的是,从概率的角度来看式(3.13)中失效概率 P_F^m 的确是失效概率分布的均值。使用 MCS 过程来表述这一事实相对容易:

$$\frac{1}{n} \sum_{j=1}^{n} \left[\frac{1}{m} \sum_{i=1}^{m} I(S_j^i < R) \right] = \frac{1}{nm} \sum_{k=1}^{n \times m} I(\tilde{S}_k < R) \tag{3.14}$$

其中,当 a 为真值时,$I(a) = 1$,否则为 0。在上面的方程中,S_j^i 是随机变量 $S^i \sim N(\mu_{\text{est}}^i, \sigma_{\text{est}})$ 的第 j 个样本,$\tilde{S}_k = S_j^i$。

在上述方程中,从概率的角度来看,左边的项对应 $P_F^m = 0.0789$,而右边的项对应的是式(3.13)中的 $P_F^{\text{est}} = 0.0789$。在表 3.1 中对上述两种方法得出的估计失效概率进行了比较。通过使用式(3.14)计算失效概率的 MATLAB 代码如下:

```
n = 1000; m = 10000; sigma_est = 20;
mu_est = 50 * rand(n,m) + 200;
R = normrnd(mu_est,sigma_est,n,m);
Pf = sum( sum( R < 190 ) ) / ( n * m )
```

表 3.1 不同方法下的失效概率估计比较

方法	失效概率估计
概率方法	$P_F^m = 0.0789, P_F^{90} = 0.23$
联合分配法	$P_F^{\text{est}} = 0.0789$

从计算成本方面考虑,估计分布法比概率法更有效,因为前者可以通过数值积分得到失效概率。然而,由于前者只能估计认知不确定性的期望值,所以很难进行保守估计,特别是当分布严重倾斜时,如图 3.3 中失效概率的分布,使用平均值是危险的。由于认知不确定性

的存在,所以确定置信区间并非易事。

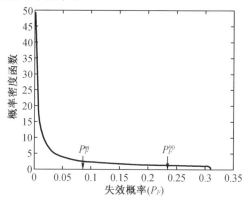

图 3.3　失效概率的 PDF 及其 90% 处的保守估计

3.3　条件概率和总概率

3.3.1　条件概率

在引入贝叶斯推理之前,必须先解释条件概率的概念,这是贝叶斯理论的基础。A 和 B 都是两个事件,不一定是互斥的。在概率论中,A 或 B 发生的概率是它们各自的概率之和减去两者都发生的概率,也就是说

$$P(A \cup B) = P(A) + P(B) - P(A \cap B) \qquad (3.15)$$

式中,$P(A)$ 是事件 A 发生的概率,$P(B)$ 是事件 B 发生的概率,$P(A \cap B)$ 为 A 和 B 都发生时的概率,$P(A \cup B)$ 为 A 或 B 发生时的概率。

上面的关系可以很容易地用维恩图来解释,如图 3.4 所示,数字表示每个事件发生的频率,概率可以定义为事件频率与总频率之间的比。例如,可以计算出事件 A 发生的概率为 $P(A) = 16/48 \approx 0.333$,同样地 $P(B) = 22/48 \approx 0.458$,相交概率为 $P(A \cap B) = 5/48 \approx 0.104$。因此,由式(3.15)可得 A 和 B 的并集为 $P(A \cup B) = 0.333 + 0.458 - 0.104 = 0.687$,这可以通过直接计算 A 和 B 的并集 $P(A \cup B) = (11 + 5 + 17)/48 = 0.6875$ 来验证。

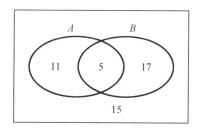

图 3.4　两个事件 A 和 B 的维恩图(数字表示每个事件发生的频率)

贝叶斯推理的关键是如何计算式(3.15)中的相交概率 $P(A \cap B)$。概率的乘法定律表明,如果 A 和 B 是两个事件,那么 A 和 B 同时发生的概率等于 m 发生的概率乘以 B 发生的

条件概率,即

$$P(A \cap B) = P(A) \cdot P(B|A) \qquad (3.16)$$

在上面的等式中,$P(B|A)$ 称为条件概率,即如果我们只考虑 A 发生的情况、B 也发生的概率。在图 3.4 的情况下,条件概率为 $P(B|A) = 5/16 = 0.312\ 5$。因此,A 与 B 相交的概率为 $P(A \cap B) = P(A) \cdot P(B|A) = 0.333 \times 0.312\ 5 \approx 0.104$,和前面直接计算的式子结果相同。

由于 $P(A \cap B) = P(B \cap A)$,根据事件 B 的发生概率表示式(3.16)是可行的:

$$P(A \cap B) = P(B) \cdot P(A|B) \qquad (3.17)$$

使用条件概率 $P(A|B) = 5/22 \approx 0.227$,$A$ 和 B 的相交概率可以由 m 得出,和式(3.16)的计算结果相同。

在 A 发生的前提下,B 发生的条件概率等于 B 的无条件概率或绝对概率时,这两个事件是统计独立的。这意味着 A 的发生不会改变 B 发生的概率。如果事件 A 和事件 B 是统计独立的,那么条件概率就等于无条件概率,即 $P(B|A) = P(B)$,因此

$$P(A \cap B) = P(A) \cdot P(B) \qquad (3.18)$$

例如,当投掷两个骰子时,一个骰子产生 6 的概率与另一个骰子产生 6 的概率是独立的。因此,两个骰子同时产生 6 的概率是 $\frac{1}{6} \times \frac{1}{6} = \frac{1}{36}$。虽然统计独立性的假设常常使应用变得简单,但从贝叶斯更新的观点来看,这是不可取的。当两个事件是统计独立时,一个事件不能影响另一个事件,因此无法获得任何信息。

例 3.3 涡轮盘叶片失效概率

计算涡轮盘叶片失效概率。现场数据已在表 E3.2 中列出,事件 A 和事件 B 分别表示在失效叶片数目和 1.5(规范化)工作小时内的检查,$\overline{A}$ 和 $\overline{B}$ 是它们的互补事件,即未失效叶片的数目以及 1.5(规范化)操作时间后的检查。

解答 根据表 E3.2,计算每个事件发生的概率如下:

- 叶片失效概率

$$P(A) = 66/520 \approx 0.126\ 9$$

- 叶片正常概率

$$P(\overline{A}) = 454/520 \approx 0.873\ 1$$

- 1.5 小时内的检查概率

$$P(B) = 280/520 \approx 0.538\ 5$$

- 1.5 小时后的检查概率

$$P(\overline{B}) = 240/520 \approx 0.461\ 5$$

当 A 和 B 是独立的时,A 和 B 相交的概率等于 A 和 B 的概率的乘积。在该例中有

- 1.5 小时内叶片失效概率

$$P(A \cap B) = 20/520 \approx 0.038\ 5$$

$$P(A) \cdot P(B) = 0.126\ 9 \times 0.538\ 5 \approx 0.068\ 3$$

这意味着 A 和 B 是相互依赖的,应该考虑用条件概率来计算 A 和 B 的交集概率,即

$$P(A \cap B) = P(A|B)P(B) = P(B|A)P(A) \qquad (3.19)$$

其中，$P(A|B)$ 为给定 B 时 A 的条件概率，$P(B|A)$ 为给定 A 时 B 的条件概率，即

- $$P(A|B) = \frac{在 B 发生的条件下 A 事件的数量}{B 事件的总数量} = \frac{20}{280} \approx 0.071\ 4$$

- $$P(B|A) = \frac{在 A 发生的条件下 B 事件的数量}{A 事件的总数量} = \frac{20}{66} \approx 0.303\ 0$$

现在可用式（3.19）核实上述结果：

$$P(A \cap B) = P(A|B)P(B) = 0.071\ 4 \times 0.538\ 5 \approx 0.038\ 5$$
$$= P(B|A)P(A) = 0.303\ 0 \times 0.126\ 9 \approx 0.038\ 5$$

表 E3.2 中的数据可以表示为图 E3.3 中的维恩图。上面的概率计算可以用维恩图解来完成。有关概率的更多资料可参阅 Wackerly 等人的文献（2008）。

表 E3.2　检查涡轮叶片的数量

	A（失效）	$\bar{A}$（正常）	总数
B（工作时间 ≤1.5）	20	260	280
$\bar{B}$（工作时间 >1.5）	46	194	240
总数	66	454	520

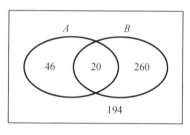

图 E3.3　表 E3.2 中数据的维恩图解

例 3.4　载荷验证试验

由于制造的变异性，铝棒的抗拉强度被视为随机变量，它遵循正态分布，平均值 = 350 MPa，标准差 = 50 MPa，即 $S \sim N(350, 50^2)$。一直到 $m = 350$ MPa，验证试验都发现铝棒是安全的，请计算验证试验时强度的条件概率，并将其与强度的原始概率进行比较。假设在验证试验后，铝棒是完整的，即验证试验不会造成损坏。

解答　设 S 为表示杆强度的随机变量，s 为实际强度。强度大于 s 的概率定义为 $P(S > s)$，作为 s 的函数，它可以是一个单调递减的函数，当 s 趋于无穷时，从 1 趋近于 0。可以用下面的 MATLAB 命令计算初始概率：

```
s = 200:10:600;
P_ini = 1 - cdf('norm', s, 350, 50);
plot(s, P_ini, 'b')
```

在上面的 MATLAB 代码中，用 cdf 函数计算 $S < s$ 的概率，$1 - cdf$ 表示 $S > s$ 的概率。图 E3.4 中的实线为杆件强度的初始概率曲线。实际上，强度不可能是负的，但正态分布的随机变量可以达到负无穷。然而，由于零强度对应于 7 sigma 的位置，它实际上可以被认为

是零。

为了计算条件概率,需要使用式(3.17)中的关系。在这种情况下,事件 A 对应于 $S>s$,而事件 B 对应于 $S>s^*$。因此,条件概率可以表示为

$$P(S>s \mid S>s^*) = \frac{P(S>s \cap S>s^*)}{P(S>s^*)} \tag{3.20}$$

由于事件 A 和事件 B 都与杆强度有关,所以将计算分为两种情况将有所帮助,即 $s<s^*$ 和 $s>s^*$。当 $s<s^*$ 时,因为概率是单调的递减函数,相交概率为 $P(S>s \cap S>s^*) = P(S>s^*)$。另一方面,当 $s>s^*$ 时,$P(S>s \cap S>s^*) = P(S>s)$。因此,条件概率能总结为下式进行计算:

$$P(S>s \mid S>s^*) = \begin{cases} \dfrac{P(S>s)}{P(S>s^*)}, & s>s^* \\ 1, & s<s^* \end{cases} \tag{3.21}$$

下面的 MATLAB 命令可以计算出条件概率,并绘制出有验证试验和无验证试验两种概率的比较图。

```
s_proof = 350;
P_proof = 1 - cdf('norm', s_proof, 350, 50);
P_post = P_ini/P_proof;
P_post(1:16) = 1;
plot(s, P_ini, s, P_post)
legend('without proof test', 'with proof test');
xlabel('s'); ylabel('Probability')
```

在这个简单的例子中,在验证测试之后也可以绘制概率密度函数(PDF)。最初,PDF 呈正态分布,均值为 350 MPa,标准差为 50 MPa。自从验证测试消除了低于 350 MPa 的失败概率后,PDF 在这个区域变成零。此外,其余的 PDF 需要缩放,以保持 PDF 曲线下的面积为 1。以下 MATLAB 代码可以在验证测试前后绘制 PDF。

```
s = [200:10:350 350:10:600];
p_ini = pdf('norm', s, 350, 50);
p_post(1:16) = 0;
p_post(17:42) = 2 * pdf('norm', s(17:42), 350, 50);
plot(s, p_ini, s, p_post)
legend('without proof test', 'with proof test');
xlabel('s'); ylabel('PDF')
```

图 E3.4 展示了两幅概率图。值得注意的是,由于强度小于 350 MPa 的概率为零,验证试验截断了概率密度函数的左半部分。为了满足概率的性质,需要对验证试验后的概率密度函数进行缩放,使面积为 1。

上面的例子显示了一个关于偶然不确定性和认知不确定性的非常重要的性质。一般来说,材料强度的变化可以被认为是偶然不确定性,也就是说,如果是由一批铝制成的试件材料,个体强度会因材料的差异性而不同,这就是传统意义上的不确定性定义。

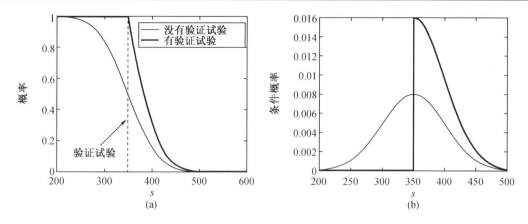

图 E3.4　有无验证试验时一根铝棒抗拉强度的概率分布图

另一方面,特定试件的材质强度不是随机的,但是它在被实际测试之前都是未知的,直至损坏。在这方面,特定试件的材料强度具有认知不确定性。如果可以收集试件的材料强度数据,则能提高我们对强度的知识,或者相当于认知不确定性可以减少。这是贝叶斯理论的基本概念,将在下一节中讨论。

3.3.2　总概率

当一个事件的发生依赖于其他事件的发生时,条件概率是一个非常有用的概念。例如,如图 3.5 所示,一个梁在两种可能的载荷 F_1 和 F_2 下,假设两种载荷出现的概率分别为 $P(F_1)$ 和 $P(F_2)$。同样假设梁在两种载荷下失效的概率分别为 $P(D|F_1)$ 和 $P(D|F_2)$。梁在载荷作用下失效的总概率可计算为

$$P(D) = P(D|F_1)P(F_1) + P(D|F_2)P(F_2)$$

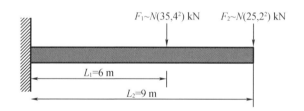

图 3.5　在两种相互排斥随机荷载作用下的悬臂梁

在计算总概率时,满足以下两个条件是很重要的:所有事件应该是不重叠的(互斥的);它们的并集构成了整个样本空间(总体上是穷举的)。第一个条件要求 F_1 和 F_2 不能同时发生,第二个条件要求没有其他失效来源。总概率可推广为 n 个相互排斥且总体穷举的事件 $E_i, i = 1, 2, \cdots, n$,为

$$P(D) = P(D|E_1)P(E_1) + P(D|E_2)P(E_2) + \cdots + P(D|E_n)P(E_n) \tag{3.22}$$

上述方程为全概率定理。

例 3.5　总概率

假设图 3.5 中施加到悬臂梁上的两个载荷是互斥的,且梁只能在这两个载荷作用下失效。这两个载荷符合随机分布,分别为 $F_1 \sim N(35,4)^2$ kN 和 $F_2 \sim N(25,2^2)$ kN。当梁的最

大弯矩达到 235 kN·m 时,视为失效。当发生 F_1 的概率 $P(F_1)=0.7$、发生 F_2 的概率 $P(F_2)=0.3$ 时,请计算梁失效的总概率。

解答 最大弯矩发生在墙体处,当发生 F_1 时,最大弯矩为 $M=L_1F_1$;当发生 F_2 时,最大弯矩为 $M=L_2F_2$。由于 F_1 和 F_2 是互斥的,则它们不能同时发生。当 F_1 作用时,$M=L_1F_1$ 是一平均值为 $\mu_M=L\times\mu_{F_1}=6\times35=210$、方差为 $\sigma_M^2=6^2\times\sigma_{F_1}^2=576=24^2$ 的随机变量。由于两者间的线性关系,弯矩符合正态分布,为 $M|F_1\sim N(210,24^2)$,使用同样的方法可以得出当 F_2 作用时的弯矩分布为 $M|F_2\sim N(225,18^2)$。

由于失效事件定义为 $M\geq235$ kN·m,故 F_1 发生时,梁失效的条件概率可计算为

$$
\begin{aligned}
P(M\geq235|F_1) &= P\left(\frac{M-\mu_M}{\sigma_M}\geq\frac{235-\mu_M}{\sigma_M}\right)\\
&= P(X^*\geq1.041\,7)\\
&= 1-P(X^*\leq1.041\,7)\\
&= 1-\Phi(1.041\,7)\\
&= 0.149
\end{aligned}
$$

式中,X^* 是标准正态随机变量,Φ 是 X^* 的累积分布函数。当 F_2 发生时,可以用同样的方法来计算条件概率:

$$
P(M\geq235|F_2)=1-P(X^*\leq0.555\,6)=0.289\,3
$$

因此,总概率可以计算为

$$
\begin{aligned}
P(M\geq235) &= P(M\geq235|F_1)P(F_1)+P(M\geq235|F_2)P(F_2)\\
&= 0.141\times0.7+0.289\,3\times0.3\approx0.185\,5
\end{aligned}
$$

3.4 贝叶斯理论

3.4.1 概率形式的贝叶斯理论

一般来说,有两种方法来确定一个事件的概率。传统的方法通常称为频率法,产生大量的样本(或实验),并假设其概率基于事件发生的次数。例如,当试验执行 n 次,其中 A 事件发生 k 次,其相对频率为 k/n。事件 A 的概率为

$$
P(A)=\lim_{n\to\infty}\frac{k}{n} \tag{3.23}
$$

在频率方法中,只使用统计证据,意味着客观的信息被用来确定一个事件的概率,而不使用主观信息,例如对事件的先验知识。

与频率方法不同,贝叶斯方法采用的是置信度即主观信息。例如,铝材料的强度最初被认为大于 350 MPa,有 50% 的确定性。这种确定性可能有不同的来源,如以前的经验、专家的意见或资料手册的数据。如例 3.2 所示,如果使用铝材料进行拉伸试验,置信度会随着试验结果的变化而变化。根据试验结果,这种置信度可以增加或保持不变。也就是说,先验知识或置信度是根据观察结果而变化的。

虽然贝叶斯方法的使用有多种,但本书是将一种统计推理方法应用于贝叶斯推理的背景中,这时贝叶斯理论表达了如何通过证据来理性地改变置信度,特别是主观的置信度以概

率密度函数(PDF)的形式表示,可以使用观测结果来更改或更新 PDF。比如,利用测试结果来改变或减少材料属性的认知不确定性。从这个意义上说,贝叶斯推理是一种更新置信度的理性方法。

在估计 B 发生条件下 A 发生的概率时,可以用式(3.19)推导出下列关系:

$$P(A|B) = \frac{P(B|A)P(A)}{P(B)} \tag{3.24}$$

这就是贝叶斯理论(Bayes et al. 1763)。在 $P(B) \neq 0$ 时,上述方程成立。在贝叶斯推理的观点中,事件 A 被称为假定或假设,事件 B 被称为证据。$P(A)$ 是事件 A 的初始置信程度,或称先验。$P(A|B)$ 是对证据事件 B 或称为后验事件进行说明后的置信度。在这个观点中,贝叶斯理论是在考虑了证据之后,将先验概率 $P(A)$ 修改或更新为后验概率 $P(A|B)$。由于这种性质,贝叶斯理论也被称为贝叶斯更新。注意,当事件 A 和事件 B 相互独立时,由式(3.18)可知,$P(A|B) = P(A)$,也就是说,先验概率并没有因为事件 B 而提高。$P(B|A)$ 是条件概率或似然,是对 B 的置信度,前提是命题 A 为真。

在许多应用中,例如在贝叶斯推理中,事件 B 在讨论中是固定的,我们希望考虑它对各种可能事件 A 的置信度影响。在这种情况下,式(3.24)的分母,即给定的证据 B 的概率是固定的,我们想改变的是事件 A 的概率。贝叶斯理论证明后验概率与分子成正比:

$$P(A|B) \propto P(B|A)P(A) \tag{3.25}$$

例3.6　埃博拉疫情

贝叶斯理论的结果常常与我们的常识相悖。以埃博拉病毒疫情为例,在非洲爆发埃博拉疫情期间,据估计一名来自非洲的旅客感染该病毒的概率为 10^{-5}。在美国,检测埃博拉病毒的测试有 99% 的准确率,也就是说,1% 的阳性结果是假的,同理,1% 的阴性结果也是假的。请计算一个测试呈阳性的人确实被感染的概率。

解答　设事件 E_2 为埃博拉病毒感染病例,E_1 为检测阳性病例。那么一个人被检测出感染的概率就等于 $P(E_1|E_2)$。使用贝叶斯规则,它可以被写为

$$P(E_1|E_2) = \frac{P(E_2|E_1)P(E_1)}{P(E_2)}$$

由上面的方程可知,$P(E_2|E_1) = 0.99$,因为它是检测埃博拉病毒测试的准确率。$P(E_1) = 10^{-5}$,为人感染病毒的概率。然而,概率 $P(E_2)$ 的计算并不简单,可以使用以下式子来进行计算:

$$P(E_2) = P(E_2 \cap E_1) + P(E_2 \cap \overline{E_1}) = 0.99 \times 10^{-5} + 0.01 \times (1 - 10^{-5}) \approx 0.010\ 01$$

因此,$P(E_1 \cap E_2)$ 可以使用贝叶斯理论进行计算:

$$P(E_1|E_2) = \frac{P(E_2|E_1)P(E_1)}{P(E_2)} = \frac{0.99 \times 10^{-5}}{0.010\ 01} = 0.000\ 989$$

上述结果表明,即使一个人在埃博拉病毒检测中呈阳性,其准确率为 99% ,但此人被感染的实际概率小于 0.1,这是因为一个人被感染的基本概率非常小。

3.4.2　概率密度形式的贝叶斯理论

式(3.24)中的贝叶斯理论可以用概率密度函数(PDF)推广到连续的概率分布,这更接近本书的目的。假设 f_X 为不确定变量 X 的 PDF,测试中如果测量 Y 值,那么它也是一个随

机变量,其 PDF 可表示为 f_Y。那么,X 和 Y 的联合 PDF 可以写成 $f_{XY}(x,y)$:

$$f_{XY}(x,y) = f_X(x|Y=y)f_Y(y) = f_Y(y|X=x)f_X(x) \tag{3.26}$$

例如,X 可以是试件的疲劳寿命,它具有认知不确定性,Y 是疲劳寿命的测试结果。通常情况下,测试结果具有测量随机性。因此,Y 被认为是一个随机变量。$Y=y$ 表示测试显示疲劳寿命为 y 的情况。

当 X 和 Y 相互独立时,联合的 PDF 可以写成 $f_{XY}(x,y) = f_X(x) \cdot f_Y(y)$,贝叶斯推理并不能用于改善概率分布 $f_X(x)$。利用上面的等式,原始的贝叶斯理论可以扩展到 PDF(Athanasios,1984):

$$f_X(x|Y=y) = \frac{f_Y(y|X=x)f_X(x)}{f_Y(y)} \tag{3.27}$$

在疲劳寿命范围内对上述方程的解释如下:最初疲劳寿命 X 的认知不确定性以 $f_X(x)$ 的形式进行表示,测量试样的疲劳寿命 y 之后,我们对于疲劳寿命 X 的知识可以改变为 $f_X(x|Y=y)$。

需要注意的是,$f_X(x|Y=y)$ 的积分可以简单地通过使用边缘概率密度函数计算得到:

$$f_Y(y) = \int_{-\infty}^{\infty} f_Y(y|X=\xi)f_X(\xi)\mathrm{d}\xi \tag{3.28}$$

因此,式(3.27)中的分母可视为正态常数。通过比较式(3.24)和式(3.27),$f_X(x|Y=y)$ 是给定 $Y=y$ 时 X 的后验 PDF,$f_Y(y|X=x)$ 为给定 $X=x$ 时,测量值 Y 的似然函数或概率密度。

似然函数的解析表达式 $f_Y(y|X=x)$ 和先验概率密度函数 $f_X(x)$ 可用时,式(3.27)中后验可以通过简单的计算得到。然而,在实际应用中,它们可能不是标准的解析形式。在这种情况下,可以有效地使用数值积分法或抽样法,具体将在 3.7 节中讨论。

当先验分布是正态分布,似然分布也是正态分布时,后验分布也服从正态分布。在这种情况下,后验分布的解析计算是可能的。为了说明这一点,我们考虑给出先验分布 $f_X(x) = N(\mu_0, \sigma_0^2)$,并且似然定义为正态分布 $f_Y(y|X=x) = N(y, \sigma_y^2)$。因此,后验分布可以计算为

$$f_X(x|Y=y) = \frac{f_Y(y|X=x)f_X(x)}{f_Y(y)} \sim \exp\left[-\frac{(y-x)^2}{2\sigma_y^2} - \frac{(x-\mu_0)^2}{2\sigma_0^2}\right] \tag{3.29}$$

虽然推导过程很复杂,但有可能将上述表达式重新化为正态分布的 PDF。为此,首先定义权重

$$w = \frac{c_0}{c_0 + c} \tag{3.30}$$

式中,$c_0 = \frac{1}{\sigma_0^2}$ 和 $c_0 = \frac{1}{\sigma_y^2}$ 分别是先验和数据方差的倒数。那么,式(3.29)中的后验分布可以写成如下正态分布:

$$f_X(x|Y=y) \sim N(\mu, \sigma^2) = \frac{1}{\sqrt{2\pi}\sigma}\exp\left[-\frac{(x-\mu)^2}{2\sigma^2}\right]^{①} \tag{3.31}$$

---

① 译者注:该公式存疑,原书有错,π 应在根号下。

其中,均值是 $\mu = w\mu_0 (1-w) y$,方差为 $\sigma^2 = \dfrac{1}{c_0 + c}$,即后验均值为先验均值 μ_0 和观测值 y 的加权平均值,权重与方差成反比。值得注意的是,当 $\sigma_0 \to \infty$ 时,$c_0 = w = 0$,因此 $\mu = y$ 以及 $\sigma^2 = \sigma_y^2$,即后验分布与样本分布相同。

例 3.7　独立变量的贝叶斯理论

假设 X 和 Y 是统计独立的。证明由贝叶斯理论得到的后验分布与先验分布相同。

解答　当两个变量为统计独立时,联合 PDF 可以表示为

$$f_{XY}(x,y) = f_X(x) \cdot f_Y(y)$$

因此,式(3.27)中的贝叶斯理论可以写成

$$f_X(x \mid Y = y) = \frac{f_{XY}(x,y)}{f_Y(y)} = \frac{f_X(x) \cdot f_Y(y)}{f_Y(y)} = f_X(x)$$

也就是说,当两个变量为统计独立时,对 Y 的观察不会影响对 X 的认识。

例 3.8　贝叶斯理论在失效强度计算上的应用

已知拉伸试验钢片的失效强度为 570 MPa,利用贝叶斯理论计算失效强度的后验分布。试验变异性为正态分布,标准差为 10 MPa,先验分布未知(非信息性的)。

解答　根据式(3.27),贝叶斯理论可以变为

$$f_X(x \mid Y = y) = \frac{1}{K} f_Y(y \mid X = x) f_X(x)$$

式中,正交化常数 K 可以用来满足 PDF 下面积为 1 的要求。由于先验分布是未知的(非信息性的),可以将其设置为常数,也就是说 $f_X(x) =$ 常数。或者它可以被忽略,因为它可以被合并到正交化常数 K 中。因此,贝叶斯理论可以归结为计算似然 $f_Y(y \mid X = x)$,其中 $X = x$ 时,Y 的 PDF 取 $y = 570$ MPa 时的值,即

$$f_X(x \mid Y = 570) = f_Y(y = 570 \mid X = x) = \frac{1}{10\sqrt{2\pi}} \exp\left[-\frac{(x - 570)^2}{200} \right]$$

值得注意的是,由于正态分布 f_Y 的对称性,后验分布也是以测试值为中心的正态分布,标准差与试验的标准差相同。

例 3.9　失效强度的共轭分布

已知失效强度的先验分布服从正态分布,与例 3.8 相同,$f_X(x) = N(550, 20^2)$。

解答　由于先验和似然服从正态分布,它们是共轭的,所以后验分布也是正态分布。从式(3.30)可得权重 $w = 0.2$。也就是说,因为先验的方差比试验数据的方差大 8 倍,所以赋予了试验数据更多的权重。因此,后验分布的均值和标准差分别为 $\mu = 566$ MPa 和 $\sigma = \sqrt{80}$ MPa。图 E3.5 为正态分布失效强度的先验分布、似然和后验分布图,从图中能观察到后验分布的方差小于先验的方差,也小于试验数据的方差。以下 MATLAB 代码可以用来计算并绘制后验分布。

```
m0 = 550; s0 = 20; y = 570; sy = 10; x = 500:1:620;
c0 = 1/s0^2; c = 1/sy^2; w = c0/(c0 + c);
m = w * m0 + (1 - w) * y; s = sqrt(1/(c0 + c));
pdf_pr = exp(-((x - m0).^2)./(2 * s0^2))/(sqrt(2 * pi) * s0);
pdf_li = exp(-((x - y).^2)./(2 * sy^2))/(sqrt(2 * pi) * sy);
pdf_po = exp(-((x - m).^2)./(2 * s^2))/(sqrt(2 * pi) * s);
plot(x, pdf_pr, '-b', x, pdf_li, '-g', x, pdf_po, '-r');
```

在贝叶斯理论中,如果后验分布 $f_X(x|Y=y)$ 和先验分布 $f_X(x)$ 在同一族中,则先验分布和后验分布称为共轭分布。在上面的例子中,正态分布族是相对于正态似然函数自身的共轭(或自共轭)。也就是说,如果似然函数是正态的,那么选择先验均值正态分布,将确保后验分布也是正态分布。这是一种获得解析形式后验分布的有效、简便方法。然而由于计算机的发展,这个要求变得不再重要。

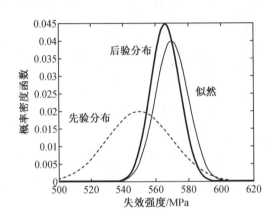

图 E3.5　正态分布失效强度的先验分布、似然和后验分布

3.4.3　基于多数据的贝叶斯理论

当有多个独立的测试可用时,贝叶斯推理可以迭代应用或者同时应用。当 N 个测试可用时,即 $\boldsymbol{y}=\{y_1,y_2,\cdots,y_N\}$。式(3.27)中的贝叶斯理论可以修改为

$$f(x|Y=\boldsymbol{y}) = \frac{1}{K}\prod_{i=1}^{N}\left[f_Y(y_i|X=x)\right]f_x(x) \tag{3.32}$$

式中,K 是正交化常数。在上面的表达式中,有可能将单个测试的似然函数相乘来得到总似然函数,然后乘以先验概率密度函数,再进行归一化得到后验 PDF。另一方面,贝叶斯理论的逐次更新公式可以写成递归形式:

$$f_X^{(i)}(x|Y=y_i)=\frac{1}{K_i}f_Y(y_i|X=x)f_X^{(i-1)}(x),\quad i=1,2,\cdots,N \tag{3.33}$$

式中,K_i 为第 i 次更新时的归一化常数,$f_X^{(i-1)}(x)$ 是使用第 $(i-1)$ 次测试进行更新得到关于 X 的 PDF,在上面的更新公式中,$f_X^{(0)}(x)$ 为初始先验 PDF,后验 PDF 成为下一次更新的先验 PDF。

通过观察式(3.32)和式(3.33),可以得到两个有趣的结果。首先,在不存在先验信息的情况下,贝叶斯理论与最大似然估计一致,例如 $f_X(x)$ = 常数。其次,可以第一次或者最后一次应用先验 PDF。例如,可以在没有先验信息的情况下更新后验分布,然后在最后一次更新后应用先验 PDF。

当有多个测试数据的变异性是正态分布且方差已知、先验也是正态分布时,可以利用共轭分布的概念计算后验分布的精确表达式。设 N 为测试数据 $\boldsymbol{y}=\{y_1,y_2,\cdots,y_N\}$ 的个数,均值为 $\bar{y}$,并且已知数据的标准差为 σ_y。与式(3.29)相似,后验分布可以表示为

$$f(x|Y=\boldsymbol{y}) \sim \exp\left[-\sum_{i=1}^{N}\frac{(y_i-x)^2}{2\sigma_y^2}-\frac{(x-\mu_0)^2}{2\sigma_0^2}\right] \tag{3.34}$$

与单次试验的情况相似,可以知道后验分布为正态分布:

$$f_X(x \mid Y = y) \sim N(\mu, \sigma^2) \tag{3.35}$$

式中,均值和方差分别为 $\mu = w_N \mu_0 + (1 - w_N)\bar{y}$ 和 $\sigma^2 = \dfrac{1}{c_0 + c_N}$。在上述公式中,权重为 $w_N = \dfrac{c_0}{c_0 + c_N}$,$c_0 = \dfrac{1}{\sigma_0^2}$ 和 $c_N = \dfrac{N}{\sigma_y^2}$ 分别为先验和测试数据方差的倒数。值得注意的是,当没有先验知识即非信息先验时,后验分布变为

$$f_X(x \mid Y = y) \sim N\left(\bar{y}, \frac{\sigma_y^2}{N}\right) \tag{3.36}$$

也就是说,后验的均值等于测试数据的均值,方差经由测试数据的方差除以数据的个数而得到。需要注意的是,对于抽样不确定性,式(3.36)与式(3.8)相同。

例 3.10 多数据的共轭分布

钢片四次拉伸试验的失效强度分别为 558 MPa、567 MPa、573 MPa 和 582 MPa。利用贝叶斯理论计算失效强度的后验分布。已知测试变异性是正态分布的标准偏差为 10 MPa,先验分布服从正态分布 $f_X(x) = N(550, 20^2)$。

解答 四个数据的均值和方差分别为 $\bar{y} = 570$ 和 $\dfrac{\sigma_y^2}{N} = \dfrac{100}{4} = 25$。需要注意的是,方差不是根据数据计算出来的,因为题中假定测试的方差是已知的。由于数据越大权重越大,所以 $w_N = \dfrac{c_0}{c_0 + c_N} = 0.058\,8$。因此,后验分布的均值将接近于数据的均值,即 $\mu = w_N \mu_0 + (1 - w_N)\bar{y} = 568.8$ MPa,后验分布的方差也减小为 $\sigma^2 = \dfrac{1}{c_0 + c_N} = 23.5$。因此,后验分布为

$$f_X(x \mid Y = y) = \frac{1}{23.5\sqrt{2\pi}} \exp\left[-\frac{(x - 568.8)^2}{47}\right]$$

图 E3.6 为多测试数据的先验分布、似然和后验分布图。由于有四个测验数据,所以似然为很窄的分布。因此,对于后验分布,使用的数据越多,先验分布的影响越小。

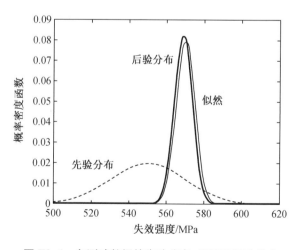

图 E3.6　多测试数据的先验分布、似然和后验分布

与其他参数辨识方法如最小二乘法和最大似然估计相比,贝叶斯理论的一个重要优点是它能够评估辨识参数的不确定性结构。因为这些不确定性结构依赖于先验分布和似然函数,所以后验分布的准确性与似然分布和先验分布直接相关联。因此,后验分布的不确定性必须在这种情况下加以解释。

```
x = 500 : 1 : 620; m0 = 550; s0 = 20;
y = [558, 567, 573, 582]; sy = 10;
c0 = 1/s0^2; c = 4/sy^2; w = c0/(c0 + c);
ybar = mean(y); sli = sqrt(sy^2/4);
m = w * m0 + (1 - w) * mean(y); s = sqrt(1/(c0 + c));
pdf_pr = exp( -((x - m0).^2)./(2 * s0^2))/(sqrt(2 * pi) * s0);
pdf_li = exp( -((x - ybar).^2)./(2 * sli^2))/(sqrt(2 * pi) * sli);
pdf_po = exp( -((x - m).^2)./(2 * s^2))/(sqrt(2 * pi) * s);
plot(x, pdf_pr, '-b', x, pdf_li, '-g', x, pdf_po, '-r');
```

3.4.4 基于贝叶斯理论的参数估计

到目前为止,贝叶斯理论已经用来获得基于先验分布和实验观察的后验分布。需要注意的是,在这种情况下,需假定直接观测可以更新不确定信息。例如,为预测失效强度分布可以直接测量失效强度。然而,在许多情况下,测量的量可能与感兴趣的量不同。例如,在结构健康监测中,通过测量固有频率可以估计损伤引起的刚度变化。因此,工程师们试图找到能产生与实验中观察到的固有频率相同的刚度。按照惯例,这种情况称为参数校准,在很多工程领域尤其是在工程计算中都是很常见的,因为大部分工程计算都需要模型参数,这些参数往往需要经由实验观测确定。

本书中贝叶斯理论的主要用途是对模型参数进行参数估计或校准。例如,在第2章中,结构健康监测系统可以测量不同飞行周期的裂纹大小。利用这些信息,先对 Paris 模型参数进行估计。一旦确定了模型参数,这些参数将用于预测裂纹尺寸的未来行为,这是预测的基本概念。传统的回归技术可以用来识别模型参数,但贝叶斯理论可以提供更全面的信息。它不仅能提供最可能的值,还能提供与之相关的不确定性。当涉及多个参数时,贝叶斯理论也可以提供参数之间的相关性。

为进行参数估计,将未知模型参数的向量记为 $\boldsymbol{\theta}$,实测数据的向量记为 $\boldsymbol{y}$,则式(3.27)中的贝叶斯理论可以写成:

$$f(\boldsymbol{\theta}|\boldsymbol{y}) = \frac{f(\boldsymbol{y}|\boldsymbol{\theta})f(\boldsymbol{\theta})}{f(\boldsymbol{y})} \tag{3.37}$$

如前所述,上述方程的分母与未知参数无关,可以将其视为正态常数,能够使后验概率密度函数的积分为1。因此,贝叶斯理论的实用形式可以写成如下形式:

$$f(\boldsymbol{\theta}|\boldsymbol{y}) \propto f(\boldsymbol{y}|\boldsymbol{\theta})f(\boldsymbol{\theta}) \tag{3.38}$$

式中,$f(\boldsymbol{y}|\boldsymbol{\theta})$ 是似然函数,为给定 $\boldsymbol{\theta}$ 条件下 $\boldsymbol{y}$ 处 PDF 的值;$f(\boldsymbol{\theta})$ 为 $\boldsymbol{\theta}$ 的先验 PDF,其被更新至 $f(\boldsymbol{\theta}|\boldsymbol{y};f(\boldsymbol{\theta}|\boldsymbol{y}))$ 为给定 $\boldsymbol{y}$ 条件下 $\boldsymbol{\theta}$ 的后验 PDF。

式(3.38)中的贝叶斯理论也称为贝叶斯推理或贝叶斯更新。它之所以被称为贝叶斯推理,是因为这个过程是通过观察来推断未知的模型参数。因为先验分布在观察后更新为后验分布,所以它同样也被称为贝叶斯更新。

与之前的贝叶斯理论相比,贝叶斯参数估计的主要区别在于后验分布和似然表示不同的变量。也就是说,后验分布是关于模型参数的,而似然是一个物理量的度量。在前一节介绍的贝叶斯理论中,后验分布和似然都与相同的物理量有关,如失效强度。在这种情况下,可能性仅仅代表了测试的变异性。然而,当后验分布和似然代表不同的量时,必须使用物理模型将模型参数与实测数据联系起来。例如,在使用裂纹尺寸数据估计 Paris 模型参数的情况下,Paris 模型可用于计算概率,即对于给定参数值 θ,获得测量裂纹尺寸为 y 的概率。这可以通过选择参数 θ 的不同值,并计算给定参数时获得 y 的概率来实现。

3.5　贝叶斯更新

在本节中,我们将使用一个简单的例子来演示贝叶斯更新过程。获得后验分布的基本过程是将似然函数与先验分布相乘。然而,学习者应该关注似然函数,它看起来像概率密度函数,但它们实际上是不同的。根据式(3.32)和式(3.33),当有多个数据可用时,可以通过两种不同的方式实现贝叶斯更新。式(3.32)为后验分布的最终表达式,其通过所有数据的似然与先验分布相乘而获得。在本书中,这种方法称为整体贝叶斯方法。另一方面,式(3.33)表明贝叶斯更新一次只使用一个数据点。在这种情况下,前一次更新的后验分布用作先验分布,而似然只包含单个测试数据。在本书中,这种方法称为递归贝叶斯方法。在数学上,这两种贝叶斯更新方法是等价的,应该得到相同的后验分布。然而,它们在数值实现中是不同的,特别是当 PDF 用样本表示时。在本节中,我们通过一个简单的例子来解释这两种贝叶斯更新方法。

3.5.1　递归贝叶斯更新

为了以图形化的方式演示贝叶斯更新过程,我们考虑了一种简单的情况,即先验为均匀分布,并且假设测试变异性为均匀分布时获得两个数据。图 3.6 的左列以图形方式展示了式(3.38)中的贝叶斯理论,其中有一个未知参数(θ)和一个数据(y_1)。比如,可以假设 y_1 为实测裂纹尺寸,θ 为裂纹尺寸的估计值。

θ 的先验 PDF 可以根据之前的信息/知识进行设置,也可以是非信息性的。在这个例子中,假设先验在一定的区间内是均匀分布的。任何概率模型,如均匀分布、正态分布或者贝塔分布都可以用于似然函数。假设数据也均匀分布在 $\pm v$,即平均裂纹尺寸为 θ 时,试验数据随机均匀分布在 $[\theta-v, \theta+v]$。如果测试数据 y_1 在此范围内,则似然值为常数值,否则为零。为了建立后验分布,需要计算给定 y_1 下,θ 所有可能值的似然值。

如图 3.6 左栏所示,当 $\Theta = \theta^a$ 时,试验变异性在 $[\theta^a-v, \theta^a+v]$ 范围内,但是测试数据 y_1 超出了范围,因此,似然函数为零,即 $f(y_1|\theta^a)=0$。这意味着裂纹尺寸均值是 θ^a 时,θ^a 和 y_1 之间的距离大于测试的变异性范围 v,因此在 y_1 处测量到裂纹尺寸的概率为零。θ 在 y_1 处的非零概率范围在 θ^b 和 θ^c 之间,也就是 v 到 y_1 的距离。因此,可以得到如图 3.6 所示的似然函数。需要注意的是,似然函数看起来像一个以 y_1 为中心、范围为 $[y_1-v, y_1+v]=[\theta^b, c^c]$ 的 PDF,可能会让人混淆似然是围绕测试数据和测试变异性构建的 PDF。这是因为测试变异性的均匀分布是对称的,如果测试变异性不是对称的,那么似然函数与测试变异性的 PDF 是不同的。由于后验分布是通过先验与似然相乘得到的,因此后验分布会成为两个分布中 θ 的重叠范围,后验分布比先验分布更窄。

当另一个数据 y_2 可用时,更新未知参数分布的方法有两种:递归贝叶斯更新和整体贝叶斯更新。图 3.6 展示了递归贝叶斯更新,每个测试数据都用来更新后验分布。当有 n_y 个数据可用时,需要执行 n_y 次递归贝叶斯更新。图 3.6 的右栏是循环次数 $k=2$ 的递归贝叶斯过程。在 $k=1$ 处的后验被用作在 $k=2$ 处的先验,同样的过程在新的数据中重复。对于给定 y_2 处的试验数据,当裂缝平均尺寸参数 θ 在 $[\theta^d, \theta^e]$ 范围内时,新的似然函数为非零。因此,后验分布是先验分布与似然函数之间的共同范围。

递归贝叶斯更新可以写成:

$$f(\boldsymbol{\theta} \mid \boldsymbol{y}_{1:1}) \propto f(y_1 \mid \boldsymbol{\theta}) f(\boldsymbol{\theta})$$
$$f(\boldsymbol{\theta} \mid \boldsymbol{y}_{1:2}) \propto f(y_2 \mid \boldsymbol{\theta}) f(\boldsymbol{\theta} \mid y_1)$$
$$\vdots$$
$$f(\boldsymbol{\theta} \mid \boldsymbol{y}_{1:k}) \propto f(y_k \mid \boldsymbol{\theta}) f(\boldsymbol{\theta} \mid \boldsymbol{y}_{1:(k-1)})$$

(3.39)

如前所述,在递归贝叶斯更新中,前一个数据的后验分布被用作下一个数据的先验分布。在式 (3.39) 中 $\boldsymbol{\theta} \mid \boldsymbol{y}_{1:k}$ 表示 $\boldsymbol{\theta} \mid y_1, y_2, \cdots, y_k$。需要注意的是,当使用更多的数据时,$\boldsymbol{\theta}$ 的后验分布变得更窄。

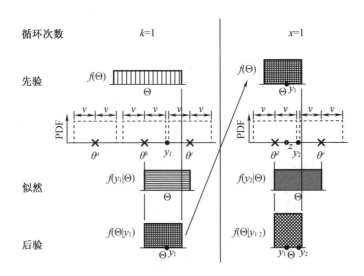

图 3.6 递归贝叶斯更新过程

例 3.11 失效强度的递归贝叶斯更新

使用三种拉伸试验来测量材料的失效强度,归一化后测得的三种失效强度分别为 1.05、1.10、1.15。请利用递归贝叶斯更新计算失效强度的后验分布。假设先验分布是均匀分布的,为 $U(0.9, 1.1)$,试验变异性也是均匀分布的,为 $U(-0.15, 0.15)$。

解答 图 E3.7(a) 为第一个数据 $y_1 = 1.05$ 的先验分布和似然函数。在 $[0.9, 1.2]$ 的范围内,似然函数是一个常数,因为先验是在似然内,所以后验与先验是相同的。也就是说,第一次数据不能改善任何关于失效强度的信息。因此,后验分布均匀分布在 $[0.9, 1.1]$ 的范围内。

图 E3.7(b) 显示了使用第二个数据时的先验分布、似然和后验分布。先验与前一次更新中的后验相同,即 $[0.9, 1.1]$。在 $[0.95, 1.2]$ 的范围内似然是常数。先验和似然的乘积可以得到范围 $[0.95, 1.1]$ 内的后验分布。

对于第三个数据,先验在范围$[0.95,1.1]$内,似然在范围$[1.0,1.3]$内,得到的后验分布在$[1.0,1.1]$范围内。值得注意的是,后验分布的范围比初始先验分布缩小了一半。

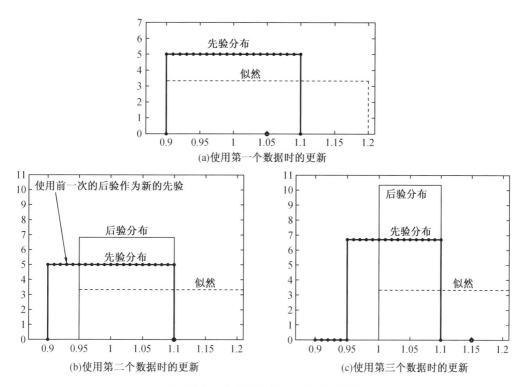

图 E3.7　失效强度的递归贝叶斯更新

下面的 MATLAB 代码显示了如何使用测量到的三种材料失效强度计算和绘制后验分布。

```
x = 0.8:0.001:1.3;
prior = pdf('unif',x,0.9,1.1);
% test 1
a = 0.15;
test1 = 1.05;
likelihood = pdf('unif',test1,x-a,x+a);
posterior = prior.*likelihood;
area = sum(posterior)*0.001;
posterior = posterior/area;
figure(1);
plot(x,prior,'r-',x,likelihood,'b--',x,posterior,'m-');
axis([0.85  1.25  0  7])
% test 2
test2 = 1.10;
prior = posterior;
likelihood = pdf('unif',test2,x-a,x+a);
```

```
posterior = prior. * likelihood;
area = sum(posterior) * 0.001;
posterior = posterior/area;
figure(2);
plot(x,prior,'r - ',x,likelihood,'b - - ',x,posterior,'m - ');
axis([0.85  1.25  0  11])
% test 3
test3 = 1.15;
prior = posterior;
likelihood = pdf('unif',test3,x - a,x + a);
posterior = prior. * likelihood;
area = sum(posterior) * 0.001;
posterior = posterior/area;
figure(3);
plot(x,prior,'r - ',x,likelihood,'b - - ',x,posterior,'m - ');
axis([0.85  1.25  0  11])
```

3.5.2 整体贝叶斯更新

与递归贝叶斯更新不同,整体贝叶斯更新会同时利用所有数据,同时更新后验分布,如图 3.7 所示。该过程从图 3.6 中使用的相同先验和相同类型的似然函数开始,区别在于似然中使用的数据需同时考虑 y_1 和 y_1 来确定似然函数。如图 3.7 所示,θ 的上、下界限应该为 θ^l 和 θ^g,包括数据 y_1 和 y_2,这对应于 m。对于 k 个数据(循环次数 k 可以认为是数据的数量,$f(y_1|\theta) \times f(y_2|\theta)$ 在整体更新中),后验分布为

$$f(\boldsymbol{\theta}|\boldsymbol{y}_{1:k}) \propto f(y_1|\boldsymbol{\theta}) \times f(y_2|\boldsymbol{\theta}) \times \cdots \times f(y_k|\boldsymbol{\theta}) \times f(\boldsymbol{\theta}) = f(\boldsymbol{y}_{1:k}|\boldsymbol{\theta})f(\boldsymbol{\theta}) \qquad (3.40)$$

最终,将先验与似然相乘得到的后验结果与图 3.6 相同。

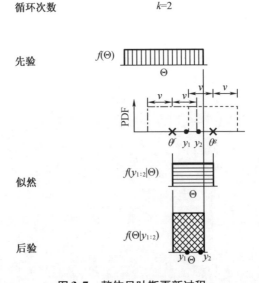

图 3.7 整体贝叶斯更新过程

例 3.12　整体贝叶斯更新

利用整体贝叶斯更新重复例 3.11。

解答　后验分布在整体贝叶斯更新中,是通过先验和所有似然函数相乘得到的。先验分布是均匀分布 $U(0.9, 1.1)$,似然也是均匀分布 $U(1.0, 1.2)$,这是通过将图 E3.7 中的三个概率相乘得到的。最后,后验在 $[1.0, 1.1]$ 范围内,如图 E3.8 所示,可以用下面的 MAT-LAB 代码对例 3.11 中的 test1 和 likelihood 两行进行替换。

```matlab
x = 0.8:0.001:1.3;
prior = pdf('unif', x, 0.9, 1.1);
test = [1.05 1.10 1.15]; ny = length(test);
likelihood = 1;
for k = 1:ny
likelihood = pdf('unif', test(k), x - a, x + a).*likelihood;
end
areaL = sum(likelihood)*0.001;
likelihood = likelihood/areaL;
posterior = prior.*likelihood;
area = sum(posterior)*0.001;
posterior = posterior/area;
plot(x, prior, 'r-', x, likelihood, 'b--', x, posterior, 'm-');
axis([0.85 1.25 0 11])
```

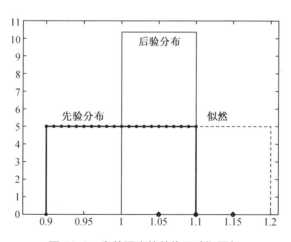

图 E3.8　失效强度的整体贝叶斯更新

3.6　贝叶斯参数估计

上一节内容给出了简单分布参数的贝叶斯更新。然而,本节贝叶斯更新的主要目的是更新模型参数。以贝叶斯模型参数估计为例,与第 2 章中例子相同,再次参考式(2.9),有三个模型参数需要识别,分别为

$$z(t; \boldsymbol{\theta}) = \theta_1 + \theta_2 L t^2 + \theta_3 t^3, \quad \boldsymbol{\theta} = \{\theta_1 \quad \theta_1 \quad \theta_1\}^{\mathrm{T}} \tag{3.41}$$

首先,假设似然函数为正态分布

$$f(y \mid \mu, \sigma) = \frac{1}{\sigma \sqrt{2\pi}} \exp\left(-\frac{(\mu - y)^2}{2\sigma^2}\right) \tag{3.42}$$

式中,μ 和 σ 分别为均值和标准差,是正态分布的概率参数。退化数据 y 为正态分布,其均值为 μ,标准差为 σ。对应测量误差 $\mu - y$ 是以均值为 μ、标准差为 σ 的正态分布。因此,μ 为式(3.41)的模型输出,σ 为测量误差,需跟随未知参数估计。因此,本例中式(3.42)的等价形式可以表示为

$$f(y_k \mid \boldsymbol{\theta}) = \frac{1}{\sigma \sqrt{2\pi}} \exp\left(-\frac{(z_k - y_k)^2}{2\sigma^2}\right) = N(y_k; z_k, \sigma^2), z_k = \theta_1 + \theta_2 L t_k^2 + \theta_3 t_k^3, \sigma = \theta_4$$

$$\tag{3.43}$$

式中,k 是时间指标;$N(y_k; z_k, \sigma^2)$ 为正态概率密度函数 $N(z_k, \sigma^2)$ 在 y_k 处的值。当系统退化时,退化数据和模型输出依赖于时间,但模型参数和标准差被假设与时间无关。由于正态分布是一个指数函数,它的几项相乘可以用所有指数的和来表示。因此,总体贝叶斯更新的似然函数可以写成

$$f(\boldsymbol{y}_{1:n_y} \mid \boldsymbol{\theta}) = (y_1 \mid \boldsymbol{\theta}) \times f(y_2 \mid \boldsymbol{\theta}) \times \cdots \times f(y_{n_y} \mid \boldsymbol{\theta}) = f \frac{1}{(\sigma \sqrt{2\pi})^{n_y}} exp\left(-\frac{\sum_{k=1}^{n_y}(z_k - y_k)^2}{2\sigma^2}\right)$$

$$\tag{3.44}$$

待识别的未知参数有 4 个,包括测量误差 σ。对于每个参数应给出或者不考虑先验分布。假设各参数的分布为均匀分布,公式为

$$f(\theta) = U(a, b) = \begin{cases} \dfrac{1}{b - a}, & \theta \in [a, b] \\ 0, & \text{其他} \end{cases}$$

式中,a、b 为均匀分布的概率参数。先验分布是由所有先验分布相乘得到的,即

$$f(\boldsymbol{\theta}) = \prod_{i=1}^{n_p} f(\theta_i) = \prod_{i=1}^{n_p} U(a_i, b_i) \tag{3.45}$$

式中,n_p 为未知参数的个数,在本例中 $n_p = 4$。

因此,后验由式(3.43)和式(3.45)的似然和先验相乘得到。当给定 n_y 数据时,可以通过两种方式更新未知参数,一种是使用式(3.39)的递归方法,另一种是使用式(3.40)的全局方法。

假设式(2.9)中只有 θ_1 为未知参数,其余为真值,且 $\sigma = 2.9$。加载如表 2.1 所示 $L = 1$ 和 5 个无噪声数据。似然函数为正态分布,未知参数的先验在 0 和 10 之间均匀分布。式(3.39)和(3.43)中基于递归方法的后验分布用如下程序表示:

```
t = [0    1    2    3    4];
y = [5.0  5.3  6.6  9.5  14.6];
sigma = 2.9;
theta = -5:0.01:15;  ng = length(theta);
% [Recursive]
Prior = unifpdf(theta,0,10);
for  k = 1:5;
z(k,:) = theta + 0.2 * t(k)^2 + 0.1 * t(k)^3;
```

```
postS(k,:) = normpdf(y(k),z(k,:),sigma.*prior;
prior = postS(k,:);
end
plot(theta,postS./repmat(0.01*sum(postS,2),1,ng));
```

各时刻的后验分布如图 3.8(a)所示。当 $t=0$ ($k=1$)时,给定的模型和 $\theta(f(0;\theta)=\theta)$ 一样。因此,只需一组无噪声数据即可准确识别未知参数。虚线显示 θ 最可能的值为 5,分布表示仅使用一个测量误差为 $\sigma=2.9$ 的数据造成的不确定性,曲线的截止两端受先验分布 $U(0,10)$ 的影响。结果表明,随着数据量的增加,分布变窄。

$k=5$ 处的实线是最终更新的后验分布,包含 5 个数据,通过基于式(3.40)和(3.44)的整体方法得到。结果如图 3.8(b)所示,与图 3.8(a)所示的实线完全一致。

```
% [Overall]
ny = length(y);
for  i = 1:ng
z = theta(i) + 0.2*t.^2 + 0.1*t.^3;
prior = unifpdf(theta(i),0,10);
postO(1,i) = (sigma*sqrt(2*pi)^-ny*exp(0.5/sigma^2*(z-y)*(z-y)'))*prior;
% postO(1,i) = prod(normpdf(y,z,sigma))*prior;
end
Plot(theta, postO/(0.01*sum(postO)));
```

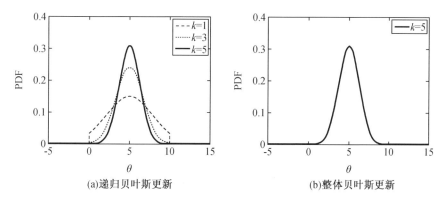

图 3.8　单参数贝叶斯更新的后验分布

例 3.13　基于贝叶斯更新的参数估计

基于贝叶斯方法(a)递归方法和(b)整体方法,得出并绘制关于式(2.9)中未知参数 θ_2 和 θ_3 的后验分布;假设 $\theta_1=5$,非信息性先验,似然函数为 $\sigma=2.9$ 的正态分布。在 $L=1$ 的情况下,使用表 2.2 中 5 个有噪声的数据(这与示例 2.6 的问题相同)。

解答　利用 MATLAB 程序代码[Recursive]和[Overall]可以得到未知参数的后验分布。由于这里的未知参数数量为 2,所以需要对其进行修改以获得二维后验分布。利用 meshgrid 生成二维网格点,并运用[Recursive]和[Overall]计算后验概率,然后用轮廓线绘制结果。结果如图 E3.9 所示,可由下列代码得到。

```
t = [0    1    2    3    4];
y = [6.99  2.28  1.91  11.94  14.60];
sigm = 2.9;
ng = 200;
th2B = [-10 10];   th3B = [-2 2];
[theta2 theta3] = meshgrid(linspace(th2B(1),th2B(2),ng)',…
   linspace(th3B(1),th3B(2),ng));
% % % Recursive
Prior = 1;
for  k = 1:5;
z(k,:) = 5 + theta2(:) * t(k)^2 + theta3(:) * t(k)^3;
postS(k,:) = normpdf(y(k),z(k,:),sigma.*prior;
prior = postS(k,:);
C = sum (postS(k,:)) *…
     (th2B(2) - th2B(1))/(ng - 1) * (th3B(2) - th3B(1))/(ng - 1);
Contour(theta2,theta3,reshape(postS(k,:)/C,ng,ng));hold on;
end
plot(0.2,0.1,'pk','markersize',18);
% % % Overall
ny = length(y);
for  i = 1:ng;  for  j = 1:ng
z = 5 + theta2(i,j) * t.^2 + theta3(i,j) * t.^3;
postO(i,j) = (sigma * sqrt(2 * pi)^ - ny * exp( -0.5/sigma^2 * (z - y) * (z - y)'));
end; end
C = sum(sum(postO) * (th2B(2) - th2B(1))/(ng - 1) * (th3B(2) - th3B(1))/(ng - 1);
figure;
countour(theta2,theta3,postO/C; hold on;
plot(0.2,0.1,'pk','markersize',18);
```

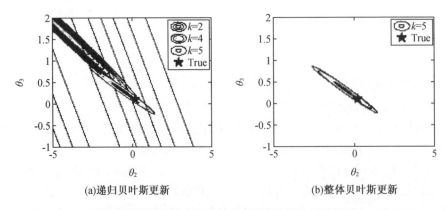

(a)递归贝叶斯更新   (b)整体贝叶斯更新

图 E3.9   基于贝叶斯更新的两个参数联合后验分布   彩图

3.7　基于后验分布的样本生成

在前一节的贝叶斯参数估计中展示了如何在先验分布和似然条件下获得未知参数的后验分布,即概率密度函数。当出现少数特殊情况,先验和后验是共轭分布时,后验分布不能用标准概率分布表示,其通常用不同函数的乘积来表示。

在预测中,一旦得到退化模型参数的后验分布,就可以计算退化行为并预测剩余使用寿命。在一般的非线性退化模型中,很难将模型参数中的不确定性以解析形式传递给退化模型,而是先生成模型参数后验分布的样本,然后将每个模型参数样本代入退化模型中,计算每个剩余使用寿命的样本。如果对所有模型参数的样本重复这种替换,它们就可以代表剩余使用寿命的分布,这是预测的最终目标。因此,生成符合模型参数后验分布的样本是很重要的。在这一节中说明了从后验分布中提取样本的不同方法。逆 CDF 法是一种从非标准概率分布中生成样本的著名方法。网格逼近方法是逆 CDF 法的离散版本(Gelman et al.,2004)。

3.7.1　逆 CDF 法

当连续后验分布的 CDF 是闭型时,使用逆 CDF 法可以很容易地从后验中提取样本,如图 3.9 所示。首先,将后验 PDF 下的面积进行积分,得到 CDF,用实线表示。因此,该方法仅适用于有解析解的 CDF 情况。

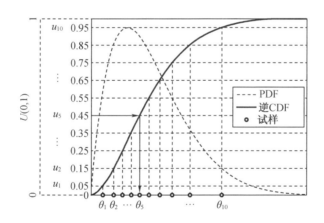

图 3.9　逆 CDF 方法说明

然后,将均匀分布随机变量 $u \sim U(0,1)$ 映射到 CDF。基本思想是 CDF 的取值范围与 u 的取值范围相同,是一单调递增的函数。因此,可以建立以下关系:

$$F(\theta) = u \Leftrightarrow F^{-1}(u) = \theta \tag{3.46}$$

这意味着通过 CDF 的逆运算可以得到样本 θ。从均匀分布中产生一随机样本,其对应于一个 CDF 值(即图中 $u = u_5 = 0.45$)。然后利用式 3.46 绘制样本(θ_5)。通过重复这个过程 n_s 次,得到 n_s 样本(在图中 $n_s = 10$)。结果表明,在 PDF 较高的区域,样本的密度较高。

例 3.14　逆 CDF 法

从 m 中使用逆 CDF 法抽取 5 000 个样本,并将结果与确切的 PDF 进行比较。

解答　因为正态分布的 CDF 和它的逆可以从其解析表达式或利用 MATLAB 函数计算出来,所以这个问题很容易解决。在 mu = 5, sig = 2.9 的情况下,MATLAB 代码的前三行是逆 CDF 法的一部分。

```
ns = 5000;% num. of samples
u = rand(1,ns);
thetaS = norminv(u,mu,sig);% samples by inv. CDF
[fre val] = hist(thetaS,30); bar(val,fre/ns/(val(2)-val(1)))
%%% exact PDF
theta = linspace(-10,20,200);
pdf = normpdf(theta,mu,sig);
hold on; plot(theta,pdf,'r');
```

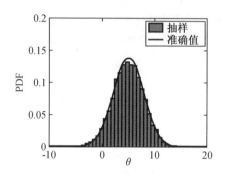

图 E3.10　基于反 CDF 法的抽样结果

需要注意的是,由于本例中的 CDF 存在解析表达式,因此使用逆 CDF 法可以很容易地绘制样本。然而,在大多数情况下,获得 CDF 方程及其逆是不容易的。在这种情况下,需采用近似法,具体见 3.7.2 节。

3.7.2　网格近似法:单参数

逆 CDF 法是一种从任意分布中生成样本的简便方法,但在实际应用中很少有 CDF 的解析表达式。特别是当后验分布是似然与先验的乘积时,可以得到 PDF 的解析表达式,但是 PDF 的解析积分并不简单。当后验 CDF 不是解析表达式时,可以采用离散形式的逆 CDF 法,称为网格近似法,如图 3.10 所示。这与逆 CDF 方法的概念相同,但是 CDF 是由几个网格点的分段线性多项式近似得到的,例如 CDF 可以通过对后验 PDF 的数值积分来近似。在图 3.10 中,将 PDF 分成 n_g(图中 $n_g = 5$)来计算 CDF,即可用的 CDF 信息在 5 个点上,用小圆圈表示。在这种情况下,逆 CDF 法中的样本是近似得到的,要么选择最接近的 CDF 值,要么使用插值。例如,当 $u = u_5$,$F(g_1)$ 被选中作为最接近 u_5 的值,然后获得 g_1、θ_5,θ_5 可以通过已知两个相邻数据的插值得到:

$$\theta_5 = g_1 + \frac{u_5 - F(g_1)}{F(g_2) - F(g_1)} \times (g_2 - g_1) \tag{3.47}$$

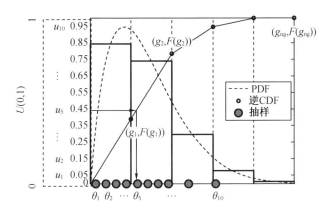

图 3.10　单参数网格近似法的说明

例 3.15　单参数网格近似法

利用网格近似法从图 3.8(b)中 $n_g = 10$ 和 50 时的后验分布中提取样本($n_s = 5\,000$),并绘制。

解答　图 E3.11 中抽样结果可以由下列 MATLAB 代码得到,具体的 PDF 可以用 MATLAB 代码[Recursive]或[Overall]绘制。

```
t = [0   1   2   3   4];
y = [5.0  5.3  6.6  9.5  14.6];ny = length(y);
sigma = 2.9;
ng = 10;   %  num.of grid
thL = -5;  thU = 15;  theta = linspace(thL,thU,ng + 1);
wt = (thU - thL)/ng/2; %  half - grid width
thetaP = wt + theta(1:ng); %  point for pdf
post = unipdf(thetaP,0,10);
for  k = 1:ny;
f = thetaP + 0.2 * t(k)^2 + 0.1 * t(k)^3;
post = normpdf(y(k),f,sigma). * post;
end
pdf = post/((thU - thL)/(ng - 1) * sum(post));
cdf(2:ng + 1) = cumsum(pdf)/sum(pdf);
ns = 5000;
for  i = 1:ns
u = rand;
loca = find(cdf > = u,1);
thetaS(i) = interp1([cdf(loca)  cdf(loca - 1)],…
          [theta(loca)  theta(loca - 1)],u);
end
[fre val] = hist(thetaS,30);  bar(val,fre/ns/(val(2) - val(1)))
```

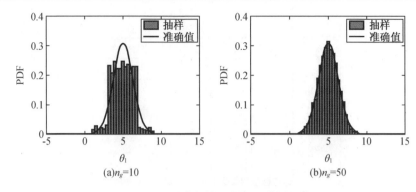

图 E3.11　单参数的网格近似抽样结果

随着网格数目的增加,通过减小近似误差,抽样结果更接近于准确的 PDF。然而,当网格数量增加时,特别是随着未知参数数量的增加,它是低效的。

3.7.3　网格近似法:双参数

在 3.7.2 节中给出了单参数后验分布的网格近似方法。然而,当模型有多个参数时,贝叶斯更新将得到所有参数的联合后验分布。这种联合后验分布也显示了各参数之间的相关性。

在本节中,将介绍一种双参数联合 PDF 生成样本的方法。双参数联合 PDF 可以用边缘概率密度函数和条件概率密度函数表示为

$$f_{A,B}(a,b) = f_A(a\,|\,B=b)f_B(b) = f_B(b\,|\,A=a)f_A(a)$$

其中,$f_A(a)$ 和 $f_B(b)$ 是 A 和 B 的边缘概率密度函数,为

$$f_A(a) = \int_{-\infty}^{\infty} f_{A,B}(a,b)\,\mathrm{d}b$$

$$f_B(b) = \int_{-\infty}^{\infty} f_{A,B}(a,b)\,\mathrm{d}a$$

$f_A(a\,|\,B=b)$ 和 $f_B(b\,|\,A=a)$ 是条件概率密度函数。

下面的步骤说明了从双参数网格近似方法中生成样本的步骤。

步骤 1:从 A 的一个边缘 PDF 中抽取一个样本,方法与 3.7.2 节中说明的方法相同。

步骤 2:在步骤 1 中以 A 的样本为条件构造一个 B 的 PDF。

步骤 3:按照第 3.7.2 节中介绍的方法,从步骤 2 中的 PDF 中抽取一个样本。

然后重复步骤 1~3,n_s 次。

例 3.16　双参数的网格近似法

利用网格近似从图 E3.9(b)中 $n_g=10$ 和 50 时的后验分布中提取样本($n_s=5\,000$)。假设这两个参数的范围为 $\theta_2 \in [-5,5]$ 和 $\theta_3 \in [-1,2]$。

解答　图 E3.12 中的抽样结果是基于示例 3.13 和 3.15 中的解,并由以下 MATLAB 代码得到。另外,θ_2 的边缘 PDF 经由 $f_{\Theta_2}(\theta_2) = \int_{-1}^{2} f_{\Theta_2,\Theta_3}(\theta_2,\theta_3)\,\mathrm{d}\theta_3$ 得到,以 θ_2 为条件得到 θ_3 的 PDF 是必需的。

```
ng = 50;  %  num. of grid
ns = 5000;  %  num. of samples
t = [0   1   2   3   4];
y = [6.99   2.28   1.91   11.94   14.60];  ny = length(y);
sigma = 2.9;
thL = [-5; -1];  thU = [5;2];
theta(1,:) = linspace(thL(1),thU(1),ng +1);
theya(2,:) = linspace(thL(2),thU(2),ng +1);
wt = (thU - thL)/ng;  %  grid width
thwtaP = repmat(wt/2,1,ng) + theta(:,1:ng);  %  pint for pdf
        [thrtaP2  thetaP3] = meshgrid(thetaP(1,:)',thetaP(2,:));

%%%   joint PDF
post = 1;
for k = 1:ny
z = 5 + thetaP2(:) * t(k)^2 + thetaP3(:) * t(k)^3;
post = normpdf(y(k),z,sigma).*post;
end;
C = sum(post) * wt(1) * wt(2);
jPdf = reshape(post/C,ng,ng);

%%   marginal PDf of theta 2
mPdf2 = sum(jPdf) * wt(2);
mCdf2(2:ng +1) = cumsum(mPdf2 * wt(1));

for i = 1:ns
u = rand;
loca = find(mCdf2 > = u,1);
thetaS(1,i) = interp1([mCdf2(loca)  mCdf2(loca -1),…
            [theta(1,loca)  theta(1,loca -1)],u);

%%%  PDF of theta 3 conditional on theta2
post = 1;
for k = 1:ny;
z = 5 + thetaS(1,i) * t(k)^2 + thetaP(2,:) * t(k)^3;
post = normpdf(y(k),z,sigma).*post;
end
C = sum(post) * wt(2);
mPdf3 = post/C;
mCdf3(2:ng +1) = cumsum(mPdf3 * wt(2));
u = rand;
loca = find(mCdf3 > = u,1);
thetaS(2,i) = interp1([mCdf3(loca)mCdf3(loca -1)],…
```

```
[theta(2,loca)theta(2,loca-1)],u);  %   Eq.3.47
end
figure;
[fre val]=hist(thetaS(1,:),30);
bar(val,fre/ns/(val(2)-val(1)))
figure;
[fre val]=hist(thetaS(2,:),30);
bar(val,fre/ns/(val(2)-val(1)))
figure;
plot(thetaS(1,:),thetaS(2,:),'.')
```

　　虽然网格近似方法在许多应用中都很有用,但是很难找到网格点的正确位置和比例。此外,对于一个或两个参数,该方法相对容易,但是对于高维问题,这种方法很快就变得困难起来,因为在一个密集的多维网格中每一点的计算都变得异常复杂。当存在多个相关集时,参数之间的相关性会变得复杂。在这种情况下,很难在多维空间中直观地找到区间。

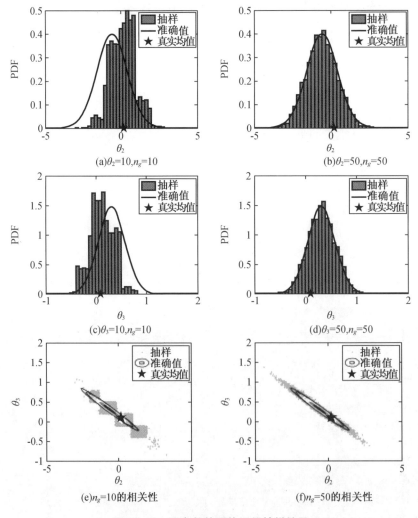

图 E3.12　双参数的网格近似抽样结果

3.8　习　　题

P3.1　重复例 3.2,当估计均值为正态分布 $M_{est} \sim N(220,10^2)$ 时,请绘制失效概率的 PDF,并计算其平均值和在 90% 处的值。

P3.2　随机变量 X 的 PDF 为 $f_X(x) = 12(x^2 - x^3)$,$x \in [0,1]$。请计算 X 的均值、中位数、众数和 CDF。

P3.3　请证明在式(3.8)和式(3.9)中,当 $n \to \infty$,$M_{est} = \mu_{test}$,$\Sigma_{est}^2 = \sigma_{test}^2$。假设 $\mu_{test} = 250$ MPa 和 $\sigma_{test} = 25$ MPa。

P3.4　从 $S_{true} \sim N(220,20^2)$ 中生成 100 个失效强度样本,假设真实分布是未知的,使用这些样本估计真实均值和标准差。然后使用均值和标准差的估计分布以及来自认知不确定性的 100 000 个样本绘制失效概率分布图。施加应力 $R = 190$,请计算均值和 90% 处的失效概率。

P3.5　使用组合方法重复问题 P3.4。将计算出的失效概率与问题 P3.2 中计算出的失效概率的平均值进行比较。

P3.6　建筑物在其使用寿命内,只会因火灾(F)、大风(W)和强震(E)而受到结构损伤(D)。因此,F、W 和 E 都是总体穷举事件。进一步假设建筑物不会同时受到 F、W 和 E 的结构损伤,从而使它们成为互斥事件。假设这些事件发生,建筑物结构损伤的估计概率分别为 0.005,0.01 和 0.05。F、W、E 在建筑生命周期中的发生概率分别为 0.5,0.3,0.2。问题: (a)该建筑物在其使用期间遭受结构损伤的可能性有多大? (b)若建筑物已遭受结构损伤,那它是因为 F、W 还是 E?

P3.7　悬臂梁上的集中载荷可以在 A 或 B 位置,概率分别为 $P(A) = 0.3$,$P(B) = 0.7$。在 A 处加载时,梁的弯曲失效概率为 0.01,剪切失效概率为 0.001。如果载荷作用于 B 点,则梁发生弯曲失效的概率为 0.02,剪切失效的概率保持不变。如果梁发生剪切失效,则弯曲失效的概率为 0.9。求梁的总失效概率是多少?

P3.8　请计算能估计出正态分布的均值和标准差所需的样本数量,已知这些样本值的误差通常小于真实标准差的 10%。

P3.9　在关于埃博拉疫情的例 3.6 中,求当检测结果为阴性时,被感染的概率是多少?

P3.10　一名乘客可以乘坐汽车(C)、轮船(S)、飞机(F)或火车(T)从家到另一个城市。使用这些交通工具在旅途中发生事故(A)的估计概率分别为 10^{-5},5×10^{-5},10^{-6} 和 5×10^{-5}。问题: (a)旅行中发生事故的概率是多少? (b)在未来 10 次行程中发生意外的可能性有多大? (c)乘客乘车旅行发生事故的概率是多少?

P3.11　建筑物可能遭受火灾(F)或强烈地震(E)从而引起结构损伤。用 F 和 E 分别表示事件,其发生概率分别为 0.005 和 0.05,且 F 和 E 是统计独立事件。请计算建筑物结构损伤的概率。

P3.12　桥梁在基部(F)或上部结构(S)损伤时,其相应的失效概率分别为 0.05 和 0.01。此外,如果出现基部损伤,上部结构也将受到一定损伤,其概率为 0.50。请计算概率 $P(F \cup S)$。

P3.13　一名注射过流感疫苗的病人出现在医生的办公室,并抱怨流感症状。据了解,对于他的年龄,疫苗的有效性为70%。患流感的人80%的时间经历这些症状,而没有患流感的人20%的时间会经历这些症状。请使用贝叶斯理论计算病人不患流感的概率。

P3.14　使用三种不同的测试变异性 $\sigma_y = 10,100,1000$ 重复例3.9。请证明随着 σ_y 的增加,后验与无信息先验的后验接近。

P3.15　通过对铝的拉伸试验,分别得到550 MPa、570 MPa、590 MPa 三个试验数据,(a)采用贝叶斯方法计算失效强度的后验分布,(b)计算后验分布的众数,(c)计算后验分布 $P(550)/P(570)$ 和 $P(590)/P(570)$ 的值。已知试验变异性服从正态分布,标准差为10 MPa,先验分布未知(非信息性)。

P3.16　铝的失效强度均匀分布在 400~600 MPa。两根铝拉伸试样分别在 520 MPa 和 570 MPa 时失效。拉伸试验均匀分布的变异性为 40 MPa。请利用贝叶斯推理,计算关于两根铝试样的似然函数和后验分布。

P3.17　从 $N(2.9,0.2^2)$ 中生成 20 个样本。利用这些样本,根据观察结果绘制未知种群均值的后验 PDF。使用(1)解析表达式和(2)随机生成的 100 000 个样本,在一张图中绘制得到的 PDF,同时将两者的 CDF 作在一张图中并计算二者的最大差值。

P3.18　当后验分布为

$$p(x) = \begin{cases} x, & 0 \leqslant x \leqslant 1 \\ 2-x, & 1 \leqslant x \leqslant 2 \\ 0, & \text{其他} \end{cases}$$

问题:(a)解析求出 CDF 和 X 的标准差。(b)使用逆 CDF 法生成 10 000 个样本,并绘制直方图,每个网格点之间的间隔为 0.1,找到一个比例因子,使直方图可以近似于准确的 PDF。请绘制比例直方图和准确的 PDF。

P3.19　重复 P3.18,并假设后验 PDF 为

$$p_X(x) = 30(1-x)^4, \quad 0 \leqslant x \leqslant 1$$

P3.20　当测试变异性为正态分布时,重复例 3.11。请使用递归贝叶斯更新和整体贝叶斯更新计算后验分布。

P3.21　重复例 3.11,(a)当先验不确定性从 10% 增加到 15% 时;(b)当测试变异性从 15% 增加到 20% 时。将这些结果与例 3.11 中的结果进行比较。

P3.22　使用网格近似方法,从 $p(x) \propto 0.3\exp(-0.2x^2) + 0.7\exp(-0.2(x-10)^2)$ 计算出 10 000 个样本。基于样本绘制 PDF,并将其与准确的 PDF 进行比较。

参 考 文 献

[1]　Athanasios P. Probability, random variables, and stochastic processes. McGraw – Hill, New York, 1984.

[2]　Bayes T, Price R. An essay towards solving a problem in the doctrine of chances. By the late Rev. Mr. Bayes, communicated by Mr. Price, in a letter to John Canton, A. M. F. R. S. Philosophic Trans. R. Soc. Lond. 53:370 – 418. doi:10.1098/rstl.1763.0053.

[3]　Dempster A P. Upper and lower probabilities induced by a multivalued mapping. Ann.

Math. Stat. 1967, 38(2):325 - 339.

[4]　Gelman A, Carlin J B, Stern H S, et. al. Bayesian data analysis. Chapman & Hall, New York, 2004.

[5]　Helton J C, Breeding R J. Calculation of reactor accident safety goals. Reliab. Eng. Syst. Saf. , 1993, 39:129 - 158.

[6]　Helton J C, Johnson J D, Oberkampf W L, et al. Representation of analysis results involving. aleatory and epistemic uncertainty. Int. J. Gen. Syst. 2010, 39(6):605 - 646.

[7]　Jeffreys H. Theory of probability. The Clarendon Press, Oxford, 1939.

[8]　Jeffreys H. Theory of probability. Oxford classic texts in the physical sciences. Oxford, Univ. Press. , Oxford, 1961.

[9]　Neyman J. Outline of a theory of statistical estimation based on the classical theory of probability. Philosophic. Trans. R. Soc. Lond. A. 1937, 236:333 - 380.

[10]　Park C Y, Kim N H, Haftka R T. How coupon and element tests reduce conservativeness in element failure prediction. Reliab. Eng. Syst. Saf. 2014, 123:123 - 136.

[11]　Shafer G. A mathematical theory of evidence. Princeton University Press, Princeton, 1976.

[12]　Swiler L P, Paez T L, Mayes R L. Epistemic uncertainty quantification tutorial. Paper presented at the 27th international modal analysis conference, Orlando, Florida, USA, 9 - 12 Feb 2009.

[13]　U. S. Department of Defense. Guidelines for property testing of composites, composite materials handbook MIL - HDBK - 17. DoD, Washington, 2002.

[14]　Wackerly D D, Mendenhall W Ⅲ, Scheaffer R. Mathematical statistics with applications. Thomson Brooks/Cole, Belmont, 2008.

[15]　Zadeh L A. Fuzzy sets as a basis for a theory of possibility. Fuzzy Sets Syst . , 1999, 100:9 - 23.

第4章 基于物理模型的寿命预测

4.1 基于物理模型预测方法概述

本章将讨论基于物理模型的预测方法,其基本假设是存在一个描述损伤或退化演化过程的物理模型,这种物理模型通常称为退化模型,而基于物理模型的预测通常称为基于模型的预测。本章的目的是介绍基于物理模型的预测算法,并讨论在实践中应用这些算法所面临的挑战。

如果存在一个可以将物体损伤退化描述为时间函数的精确物理模型,那么基本上就完成了未来时间里损伤退化的预测,因为未来的损伤行为可以通过处理未来时间内的退化模型来确定。但在实际应用过程中,一方面描述物体损伤退化的模型不完整,另一方面其在未来的使用情况也不确定。因此,研究基于物理模型预测方法的关键问题是如何提高退化模型的准确性,以及如何体现未来的不确定性。例如,第 2 章中的 Paris 模型描述了裂纹是如何按照疲劳负载的函数增长的,其中疲劳负载是用应力强度因子的范围来表示的。裂纹扩展速率取决于应力强度因子的大小,由于使用的条件不同,应力强度因子可能存在一定的差异性。另外,两个模型参数 m 和 C 决定了损伤的增长速度。这些参数由于制造的差异性而具有不确定性。此外,Paris 模型本身是为无限平板在 I 型疲劳负载下设计的,而在实际应用中,所有平板的尺寸都是有限的,并且与其他部分的边界条件都是有约束的。因此,模型本身可能会有一定误差(即认知不确定性)。因此,预测的决策过程应包括这些不确定性来源,并且预测结果应该是基于损伤退化的保守估计。

基于物理模型的预测过程如图 4.1 所示。退化模型表示为使用(或负载)条件 L、经过的周期或时间 t 以及模型参数 θ 的函数。尽管不确定性的主要来源是未知的未来使用率而导致的使用条件的不确定性,但通常假定使用条件和时间是出于物理模型开发的目的而给出的。在这种假设下,本章的重点是识别模型参数和预测未来的退化行为。

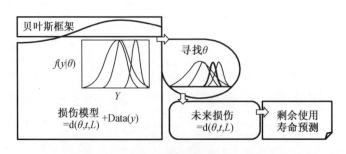

图 4.1 基于物理模型的预测过程流程图

模型参数可以在实验室中通过实验测试得到,但是系统中实际使用的模型参数可能与实验室测试得到的模型参数不同。例如,不同批次的相同材料可能会表现出不同的性能。因此,在实验室中实验用的材料可能与在系统中使用的真实材料具有不同的性能。为了确认不同批次和不同材料性能的差异性,通常可以使用材料手册给出比较大的材料性能差异性。例如,材料手册显示,钢的杨氏模量差异约为 18%。然而,用于系统的特定材料在材料特性上的差异性可能要小得多,因此确定系统的实际材料特性非常重要。

特别是模型参数的不确定性会显著影响预测的结果。例如,已知在两个 Paris 模型参数中,铝合金的指数 m 在 3.6 到 4.2 的范围内。这仅对应 16% 的差异性,但生命周期可能相差 500%。如果做保守估计,那么可能在实际使用寿命的 20% 就需要维护。因此,降低模型参数的不确定性对更准确地预测剩余使用寿命,进而预测维修时间具有重要意义。

如第 3 章所述,模型参数的不确定性主要来自认知的不确定性。在结构愈合监测中,利用车载传感器和执行器来测量损伤的增长。基于物理模型预测的基本概念是使用这些测量量来减少退化模型参数的不确定性,这是第 3 章的重点。因此,使用贝叶斯框架,利用测量数据可以减小退化模型参数的不确定性。也正如此,大多数基于物理模型的预测方法都是基于贝叶斯推理的。

模型参数的实时估计采用了第 3 章中介绍的贝叶斯统计方法。一旦经更新过程确定了模型参数,通过将模型传递到未来时间就可以很容易地预测退化的未来行为,即用未来时间和负载代替已识别的退化模型参数。最后,通过传递退化状态直到达到阈值来预测剩余使用寿命。

事实上,模型参数估计算法已成为区分基于物理模型方法的不同准则。模型参数识别的方法有非线性最小二乘(NLS)(Gavin et al.,2016)、贝叶斯方法(BM)(Choi et al.,2010)以及几种基于滤波技术的方法,如卡尔曼滤波(KF)(Kalman,1960)、扩展/无迹卡尔曼滤波(Ristic et al.,2004;Julier et al.,2004)和粒子滤波(PF)(Doucet et al.,2001)。NLS 是第 2 章中介绍的最小二乘法的非线性形式,BM 就是第 3 章中给出的整套 BM。滤波方法是基于递归的 BM。在具有高斯噪声的线性系统中,KF 给出了精确的后验分布,为了提高非线性系统的性能,还开发了扩展/无迹卡尔曼滤波等卡尔曼技术。

He 等人(2011)将无迹卡尔曼滤波应用于锂离子电池的预测。Orchard 和 Vachtsevanos(2007)利用 PF 对基于振动特征的行星承载板进行了 RUL 预测,估算了裂纹终止效应。Daigle 和 Goebel(2011)通过考虑离心泵的多种损伤机制,使用 PF 来估计磨损系数。Zio 和 Peloni(2011)以裂纹扩展为例,使用 PF 对非线性系统进行 RUL 预测。BM 用于对当前时间之前的所有测量数据进行批量估计。Choi 等人(2010)将 BM 应用于参数估计的几个结构问题中。An 等人(2011)利用该方法估算磨损系数,预测曲柄滑块机构的接头磨损量。

在上述算法中,基于滤波技术的 KF 和 PF 通过每次获取一个测量数据来递归地更新参数。除了线性化中的近似外,卡尔曼滤波系列的性能在很大程度上取决于参数的初始条件和参数的方差。此外,PF 可以在不受系统和噪声类型限制的情况下使用。因此,本书将重点论述滤波方法中的 PF。

本章将利用电池退化模型(4.1.1 节)来解释基于物理模型的预测算法。在 4.2 节中利用 NLS 识别模型参数并预测 RUL;4.3 节介绍整体贝叶斯方法,在 4.4 节中进行 PF 方法的说明;4.5 节中将电池退化问题扩展到其他应用,如裂纹扩展预测;最后,在 4.6 节中提出了基于物理模型的预测算法所面临的挑战和问题。

4.1.1　演示案例:电池的退化

本章使用电池退化模型作为物理模型的一个例子。从严格意义上说,没有明确的物理模型来描述电池的退化,这种退化过程是变化的充放电周期的函数。当对使用条件采用特定的假设时,经验退化模型是可以广泛使用的。在本章中,经验退化模型被认为是基于物理模型方法中的一种物理模型。众所周知,在电池退化过程中,二次电池(如锂离子电池)的容量在使用过程中会随着使用周期的增加而下降,故障阈值定义为容量下降到额定值的 30%。

经验退化模型的一种简单形式是用指数增长模型表示的,如下所示(Goebel et al., 2008):

$$y = a\exp(-bt) \tag{4.1}$$

式中,a 和 b 为模型参数;t 为时间或周期;y 为电池内部性能,如电解质电阻 R_E 或传输电阻 R_{CT}。当电池的使用条件为完全充放电周期时,时间 t 可视为充放电周期的个数。电池的内部性能通常以容量来衡量。同时,$R_E + R_{CT}$ 和 $C/1$ 容量(在额定电流 1 A 下的容量)之间通常成反比关系。式(4.1)中,指数 $-b$ 可改写成 b,模型形式不变,指数的符号对模型没有影响,因为参数 b 可以是正的,也可以是负的。假设式(4.1)为电池容量退化行为,本章实测数据以 $C/1$ 容量的形式给出。a 是初始退化状态($t = 0$,$y = a$ 时),初始状态对退化率有显著的影响。然而,a 被认为是已知的,因为 30% 阈值是一个相对值,与 a 无关。既然考虑的是 $C/1$ 容量,那么可以假设 $a = 1$。最终,式(4.1)可以改写为

$$z_k = \exp(-bt_k) \tag{4.2}$$

式中,z_k 是退化水平,即在下标为时间 k 时的 $C/1$ 容量。

表 4.1 中给出了每 5 个充放电周期测得的 $C/1$ 容量数据。测量数据的假设是:(a)真实的模型参数 $b_{true} = 0.003$;(b)根据式(4.2)计算给定时间步长的真实的 $C/1$ 容量;(c)在真实的 $C/1$ 容量数据上加高斯噪声 $\varepsilon \sim N(0, 0.02^2)$。参数的真值仅用于生成观测数据,然后,利用数据估计 b 以达到预测目的。如图 4.2 所示,电池寿命终期(EOL)为 118 个周期。如果以第 45 个周期(最后一个测量数据点)作为当前时间,则剩余使用寿命为 118 - 45 = 73 个周期。

表 4.1　电池退化问题的测量数据

时间步数 k	1	2	3	4	5	6	7	8	9	10
时间(周期)	0	5	10	15	20	25	30	35	40	45
数据 $y(C/1)$	1.00	0.99	0.99	0.94	0.95	0.94	0.91	0.91	0.87	0.86

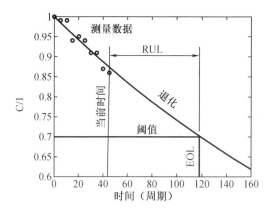

图 4.2　具有 10 个实测数据的电池退化模型

4.2　非线性最小二乘(NLS)

当退化模型可以写成未知模型参数的线性组合时,寻找未知参数的回归过程就称为第 2 章中所述的(线性)最小二乘(LS)。当退化模型是如式(4.2)所示的模型参数的非线性函数时,其回归过程称为 NLS。换句话说,当退化模型对模型参数(系数)的偏导数是关于模型参数的函数时,即为 NLS。式(4.2)对 b 求导为 $\partial z(t;b)/\partial b = -t\exp(-bt)$,它的导数还依赖于等式右边的参数 b。在线性模型中,例如式(2.9)的导数为 $\partial z/\partial \theta_1 = 1$,$\partial z/\partial \theta_2 = Lt^2$,$\partial z/\partial \theta_3 = t^3$,它们要么是常量,要么仅是输入变量 t 的函数(L 是给定的负载信息)。

NLS 与 LS 相同,通过最小化方差(SS_E)来寻找模型参数,但是 NLS 的一般方法是考虑方差的加权和($SS_{E,W}$):

$$SS_{E,W} = \sum_{k=1}^{n_y} \frac{(y_k - z_k)^2}{w_k^2} = \{y - z\}^T W \{y - z\} \tag{4.3}$$

式中,w_k^2 为测量点 y_k 处的权值;W 为以 $1/w_k^2$ 为对角元素的对角矩阵;z_k 为退化模型的仿真输出。当所有测量值的权值相同时,W 被认为是常数,可以忽略,因为它对方差之和的最小化过程没有任何影响。在这种情况下,式(4.3)与式(2.6)具有相同的形式。在本节中,假设 w_k^2 是一个常数,它可以由式(2.18)中估计的噪声数据方差来确定。

在线性最小二乘的情况下,式(2.6)是一个二次型($\{y - X\theta\}^T\{y - X\theta\}$),可以找到一个全局最优。例如,对于单参数的情况,它是一个抛物线,全局最优是梯度为零的情况(见式(2.7))。在导数为零的条件下变成了未知模型参数的线性方程组。因此,通过求解该线性方程组便可以得到最优参数。然后,将式(2.8)作为全局最优的一般形式。

另一种情况,对于 NLS,式(4.3)中的 z 不是未知参数的线性组合,不能如式(2.7)那样,在导数为零的条件下($d(SS_{E,W})/d\theta = 0$),就可以表示为线性方程组。对于这种情况,必须使用基于优化技术的迭代过程来确定参数。结合了梯度下降法和高斯 – 牛顿法的 Levenberg – Marquardt(LM)方法(Gavin 2016)是一种比较流行的方法,本章将采用这种方法。本书没有对优化过程进行详细的说明,而是使用了 MATLAB 函数 lsqnonlin。下面使用 MAT-LAB 函数,通过 LM 方法对参数估计过程进行说明。

通常,优化过程是确定的,也就是说该过程只产生一组参数值,使 $SS_{E,W}$ 最小化。然而,最佳参数取决于测量数据,其中包括测量差异性。因此,如果使用不同的数据集合,最优参数可能会发生变化。也就是说,估计的参数具有不确定性。在 NLS 中,估计的模型参数的不确定性可由下式中模型参数的方差估计:

$$\Sigma_{\hat{\theta}} = [J^T W J]^{-1} \tag{4.4}$$

其中,J 是一个雅可比矩阵 $[\partial z(t_k;\alpha\theta)/\partial\theta]_{n_y \times n_p}$,对于线性问题,该矩阵与式(2.5)中的设计矩阵 X 作用相同。为了简化计算,假设各测点的误差大小相同。然后,w_k^2 变为常数,与式(2.18)中的实测数据的噪声方差 $\hat{\sigma}^2$ 相同,即

$$w_k^2 = \hat{\sigma}^2 = \frac{SS_E}{n_y - n_p} = \frac{\{y-z\}^T\{y-z\}}{n_y - n_p} \tag{4.5}$$

最后,式(4.4)可以写成

$$\Sigma_{\hat{\theta}} = \hat{\sigma}^2 [J^T J]^{-1} \tag{4.6}$$

一旦得到模型参数及其方差,便可以基于多元 t 随机数得到参数的分布(更多信息,请参见第2.4节中例2.6)。对于雅可比矩阵,在没有解析表达式的情况下,采用数值逼近的方法进行计算。在本书中,我们利用了 lsqnonlin 提供的雅可比矩阵。材料的退化和 RUL 是根据估计参数的样本预测的(见 2.3、2.4 节),并将在下一小节中用 MATLAB 代码[NLS]解释基于 NLS 预测的整体过程。

4.2.1 基于 NLS 的电池退化预测的 MATLAB 实现

本节将解释 MATLAB 代码[NLS]的用法。代码分为三个部分:(1)针对用户特定应用的问题定义;(2)使用 NLS 进行预测;(3)后处理以显示结果。第二部分可由不同的算法替代,这将在后面的章节中讨论。只有问题定义部分需要针对不同的应用进行修改,并进一步分为两个部分:变量定义和模型定义。一旦这两个部分完成,用户就可以得到参数估计结果以及退化和 RUL 的预测结果。MATLAB 代码中的 i,j,k 分别是样本、参数和时间的下标。对于 BM 和 PF,此约定是相同的。以下小节以电池退化为例,详细介绍 NLS 的使用方法。

4.2.1.1 问题定义(代码 5 ~ 14,48 行)

对于电池退化示例,使用 Battery_NLS 作为 WorkName,它是结果文件的名称。每5个周期测量一次容量,所以 C/1 Capacity 和 cycles 分别用于 Degra Unit 和 Time Unit。数组 time 包括测量时间和未来时间,并且对于 RUL 的预测应该是足够长的。表 4.1 中的 C/1 容量数据储存在 y 中,y 是一个 $n_y \times 1$ 的向量。time 数组的大小应该大于数组 y 的大小。根据 4.1.1 节中故障阈值的定义,thres 使用 0.7(C/1 容量的 70%)。ParamName 是待估计的未知参数(模型参数 b 和测量噪声的标准差 s)的名称。

在第3章的例子中,假设观测数据的差异性是已知的。然而,实际上观测数据的差异性往往是未知的,在参数估计过程中也需要对其进行估计。在[NLS]中,观测数据的差异性并不在参数估计过程范围内。相反,它是在参数估计之后计算出来的。然而,为了使问题定义与其他算法一致,它被包含在了 ParamName 中。

尽管 ParamName 是一个字符串数组,但是在 MATLAB 使用 eval() 函数的代码中它将被用作实际的变量名。因此,在 MATLAB 中,参数的名称必须满足变量名称的要求。在确定

参数名称时,有三个注意事项:(1)用户可以为参数名称定义任何内容,但参数名称的长度应彼此相同,并且在定义一个字符长度的变量时,请注意不要使用 i,j,k,因为它们已经在代码中使用过了;(2)代表模型参数的参数名称应该用作代码第 48 行(本节最后给出的 MAT-LAB 代码的行号,下同)的模型方程式;(3)测量误差的标准差的参数名称应放在最后一行。

如果可以获得参数的真值,则可以将 thetaTrue 用作一个 $n_p \times 1$ 的向量,如果不能,则将其保留为空数组[ ]。其他需要的参数为显著性水平 signiLevel 和样本个数 ns。显著性水平用于计算置信区间(C. I.)或预测区间(P. I.),显著性水平为 5,2.5,0.5 表示置信分别为90%,95%,99%。通常,ns 为 1 000 ~5 000。此例中,分别设 signiLevel 和 ns 为 5 和 5 000。

```
WorkName ='BatterY_NLS';
DegraUnit ='CⅠ CapacitY';
TimeUnit ='CYcles';
time =[0:5:200]';
y =[1.00  0.99  0.99  0.94  0.95  0.94  0.91  0.91  0.87  0.86]';
thres =0.7;
ParamName =['b';'s'];
thetaTrue =[0.003;0.02];
signiLevel =5;
ns =5e3;
```

式(4.2)中的损伤模型方程在代码第 48 行中使用如下:

```
z = exp( -b.* t);
```

在损伤模型脚本中,时间 t_k 表示为 t。模型参数 b 和退化状态 z_k 分别表示为 b(代码第11 行所定义)和 z。请注意,参数名称 b 与 ParaName 中定义的字符串相同。代数表达式应使用分量运算(即使用"."),因为退化状态是具有 ns 个样本的向量。

4.2.1.2　使用 NLS 进行预测(代码 17 ~32 行)

如前所述,lsqnonlin 用于估计电池模型参数 b。要使用 LM 方法,需要在代码第 19 行进行设置[①],在代码第 20 行中执行优化过程,目标函数(FUNC)从初始参数(theta0)开始最小化。在 FUNC(代码 39 ~43 行)中,在测得的 ny 个数据点上计算给定模型参数的残差矢量 $\{y - z\}$。为了计算模型预测结果,使用了 MODEL 函数(代码 44 ~50 行)。代码第 48 行需要针对不同的退化模型进行修改。然后,MATLAB 函数 lsqnonlin 使用残差矢量构建目标函数 SS_E 并将其最小化。作为该过程的输出,可以获得参数的确定性估计(thetaH)、估计参数的残差(resid)和雅可比矩阵(J)。这些结果用于预测未来的损伤行为并估计参数的不确定性。

2.4 节中说明了以样本形式获取参数不确定性的过程。对该过程简要总结如下:(1)计算数据的 SS_E 和标准差(代码 21 ~23 行);(2)从参数的协方差矩阵(代码第 24 行)获得参数标准差(代码第 25 行);(3)在此基础上,通过将确定性结果和 t 随机样本乘以标准差相

---

① 　代码第 19 行中的数字 0.01 是 LM 初始参数 λ 的默认值。当 λ 更小时,高斯 – 牛顿迭代在 LM 方法中占主导地位,相反,当 λ 更大时梯度下降迭代占主导地位。此外,当参数接近最优结果,迭代方法由梯度下降改为高斯 – 牛顿迭代。有关 LM 方法的详细说明请参见 Gavin(2016);有关优化过程中的其他选项,请参见 MATLAB 中的 Help。

加得到分布结果(代码第 26,27 行)。在计算数据的标准差时,代码第 22 行中使用了 dof = ny − np + 1 语句,因为 np 包含了标准差,而该标准差在估算过程中未被使用。即使根据估计的参数确定性地估计了数据的标准差(sigmaH),它也将包含在最终抽样结果(代码第 28 行)中,以保持与其他预测方法结果的一致性。

一旦使用 ns 个样本估算模型参数的分布,就可以通过使用模型方程中的结果来完成退化预测(代码第 30 行),该方程反映了参数(或模型)的不确定性并与置信区间相关。另一方面,将数据中的误差添加到 degraPredi 中(代码第 31 行),这被视为最终的退化预测结果。在其他未来时间重复此过程,直到代码第 8 行给出的最终时间为止,获得退化行为的预测结果(代码第 29 行),由此可以计算出预测区间。

MATLAB 函数 lsqnonlin 中的 LM 算法找到了局部最优解,参数识别结果取决于初始参数。在调用[NLS]时需要用户提供参数的初始值。要运行代码[NLS],请在命令窗口中输入以下代码(在本例中,theta0 = 0.01)。

```
[thetaHat,rul] = NLS(0.01);
```

尽管有两个参数 b 和 s,但是在调用[NLS]时仅需要 b 的初始估计,因为在[NLS]中没有使用测量数据的标准差。

4.2.1.3 后处理(代码 34 ~ 37 行)

一旦确定了模型参数并预测了退化结果,就可以使用 MATLAB 代码[post]获得它们的图形结果和 RUL 预测结果(代码第 36 行)。最后,所有的结果都保存在名为 WorkName 和当前周期的文件中。在本例中,保存的文件名是"Battery_NLS at 45. mat"。

在 MATLAB 代码[post]中,将绘制出识别的参数分布和退化预测结果(代码 6 ~ 20 行)。通过将代码第 8 行的直方图中的频率(frq)除以分布面积(ns/(val(2) − val(1))),可以获得代码第 9 行中参数的 PDF。这种缩放使直方图与概率密度函数一致。即使 NLS 不计算测量数据的标准差分布,也会将其绘制为一个常数值:式(4.5)中噪声方差的平方根。

应该基于退化预测结果 degraPredi 进行 RUL 的计算(代码第 21 ~ 33 行)。参数 i0(代码第 21 行)用于记录未达到阈值的样本数量,该量将被显示(代码第 26 行)。这意味着预测的终止时间不够长,或者 RUL 被预测为无限长(寿命)。因此,当有很多样本未达到阈值时(i0 与总样本 ns 相比较大,例如 ns 的 5% 以上),则需要增加终止时间([NLS]中的第 8 行)或使用更多数据更新模型参数。由于退化行为可以单调增加(例如裂纹尺寸)或减少(例如电池容量),所以 coeff(代码第 22 行)反映了这一点:coeff = −1 代表退化递减,coeff = +1 代表退化递增。

为了找到达到阈值退化预测结果的时间或者周期,要对每个样本(代码第 23 行)进行 RUL 预测。首先,将来自一个样本 degraPredi(:,i)的退化预测结果首次达到阈值的时间或周期保存在 loca(代码第 24 行)。当 loca 为空时,表示样本的退化在终止时间前未到阈值(代码第 25、26 行),而 loca == 1 则意味着当前时间(周期)是 EOL,因此 RUL 为零(代码第 27 行)。RUL 的一般计算方法如代码 28 ~ 30 行所示,其中使用了阈值前后的两个退化水平对精确的剩余使用寿命进行插值。对所有的 ns 个样本重复此过程。一旦计算出所有样本的 RUL,就会计算出 RUL 的三个百分位的数值(代码第 5 行)(代码第 33 行),并显示出 RUL 的 PDF(代码 34 ~ 39 行)及其精确到百分位的数值(代码 40 ~ 42 行)。

如果在[NLS]的第12行给出了参数的真实值,则将真实参数(代码第44～47行)和真实退化行为(代码49～52行)与它们的预测结果绘制在一起。此外,还计算了真实的RUL(代码54～56行),并与其预测结果(代码第57行)绘制在一起。[POST]将贯穿本书的其他算法。

图4.3和图4.4展示了电池退化的预测结果,在使用name([NLS]第37行)加载了保存的结果后,可以通过在命令窗口输入POST(thetaHat,yHat,degraTrue)再次得到。数据的标准差s确定为0.0125,相对于真实值((thetaHat(2,1) − thetaTrue(2)/thetaTrue(2) * 100))的误差为37.26%。图中,星形标记代表真实值。

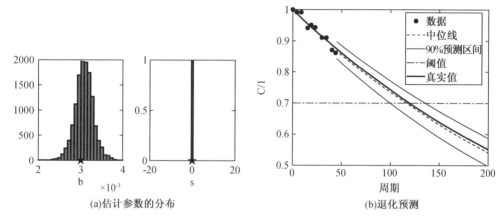

(a)估计参数的分布　　　　　　　(b)退化预测

图4.3　电池退化问题结果:NLS

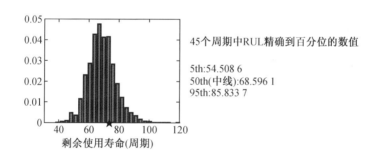

45个周期中RUL精确到百分位的数值

5th:54.508 6
50th(中线):68.596 1
95th:85.833 7

图4.4　RUL预测结果:NLS

```
10   thres = ;                                    % threshold(critical value)
11   ParamName = [ ];                    % [npxl]:parameters'name to be estimated
12   thetaTrue = [ ];                       % [npxl]:true values of parameters
13   signiLevel = ;                          % significance level for C.I.and P.I.
14   ns = ;                                      % number of particles/samples
15   % = = = = = = = = = = = = = = = = = = = = = = = = = = = = = = = = = = = =
16   % % % PROGNOSIS using NLS
17   ny = length(y);nt = ny;
18   np = size(ParamName,1);                    % % Deterministic Estimation
19   OPtio = optimset('algorithm',{'levenberg - marquardt',0.01]);
20   [thetaH, ~ ,resid, ~ , ~ , ~ ,J] = lsqnonlin(@ FUNC,theta0,[],[],OPtio);
21   sse = resid' * resid;                       % % Distribution of Theta
22   dof = ny - np + 1;
23   sigmaH = sqrt(sse/dof);                    % Estimated std of data
24   w = eye(ny) * 1/sigmaH^2;thetaCov = inv(J' * W * J);
25   sigTheta = sqrt(diag(thetaCov));           % Estimated std of Theta
26   mvt = mvtrnd(thetaCov,dof,nd)';            % Generate t - dist
27   thetaHat = repmat(thetaH,1,ns) + mvt. * repmat(sigTheta,1,ns);
28   thetaHat(np,:) = sigmaH * ones(1,ns);      % % Final Sampling Results
29   for k = 1:length(time(ny:end));            % % Degradation Prediction
30     zHat(k,:) = MODEL(thetaHat,time(ny - 1 + k));
31     degraPredi(k,:) = zHat(k,:) + trnd(dof,1,ns) * sigmaH;
32   end;
33   % % % POST - PROCESSING
34   degraTrue = [];                            % % True Degradation
35   if ~ isempty(thetaTrue);degraTrue = MODEL(thetaTrue,time);end
36   rul = POST(thetaHat,degraPredi,degraTrue);  % % RUL & Restlt Disp
37   Name = [WorkName 'at' num2str(time(ny))'.mat'];save(Name);
38   end
39   function objec = FUNC(theta)
40     global time y ny
41     z = MODEL(theta,time(1:ny));
42     objec = (y - z);
43   end
44   function z = MODEL(theta,t)
45     global ParamName np
46     for j = 1:np - 1;eval([ParamName(j,:)' = theta(j,:);']);end
47   % = = = = = PROBLEM DEFINITION 2 (model equation) = = = = = = = = = = =
48
49   % = = = = = = = = = = = = = = = = = = = = = = = = = = = = = = = = = = = =
50   end
```

[POST]：MATLAB Code for RUL Calculation and Results Plot

```
1    function ful = POST( thetaHat, degraPredi, degraTrue)
2    global DegraUnit. . .
3    TimeUnit time y thres ParamName thetaTrue signiLevel ns ny nt
4    np = size( thetaHat,1) ;
5    perceValue = [ 50 signiLevel 100 − signiLevel] ;
6    figure(1) ;                                              %% Distribution of Parameters
7    for j = 1 :np;subplot(1,np,j) ;
8        [ frq,val] = hist( thetaHat( j,:) ,30) ;
9        bar( val,frq/ns/( val(2) − val(1) ) ) ;
10       xlabel( ParamName( j,:) ) ;
11   end;
12   figure(2) ;                                              %% Degradation Plot
13   degraPI = prctile( degraPredi′,perceValue)′;
14   f1(1,:) = plot( time(1 :ny) ,y( :,1) ,′. k′) ;hold on;
15   f1(2,:) = plot( time( ny :end) ,degraPI( :,1) ,′ − −r′) ;
16   f1(3:4,:) = plot( time( ny :end) ,degraPI( :,2:3) ,′:r′) ;
17   f2 = plot( [ 0 time( end) ] ,[ thres thres] ,′g′) ;
18   legend( [ f1(1:3,:) ;f2] ,′Data′,′Median′,. . .
19           [ num2str( 100 − 2 ∗ signiLevel)′         % PI′] ,′Threshold′)
20   xlabel( TimeUnit) ;ylabel( DegraUnit) ;
21   i0 = 0;                                                  %% RUL Prediction
22   if y( nt(1) ) − y(1) < 0;coeff = − 1;else coeff = 1;end;
23   for i = 1 :ns;
24       loca = find( degraPredi( :,i) ∗ coeff > = thres ∗ coeff,1) ;
25       if isempty( loca) ;i0 = i0 + 1;
26           disp( [ num2str( i)′th not reaching thres′] ) ;
27       elseif loca = = 1;rul( i − i0) = 0;
28       else rul( i − i0) = . . .
29           interpl( [ degraPredi( loca,i) degraPredi( loca − 1,i) ] ,. . .
30               [ time( ny − 1 + loca)    time( ny − 2 + loca) ] ,thres) − time( ny) ;
31       end
32   ens;
33   rulPrct = prctile( rul,perceValue) ;
34   figure(3) ;                                              %% RUL Results Display
35   [ frq,val] = hist( rul,30) ;
36   bar( val,frq/ns/( val(2) − val(1) ) ) ;hold on;
37   xlabel( [ ′RUL′′( ′TimeUnit′)′] ) ;
38   titleName = [ ′at′   num2str( time( ny) )′′   TimeUnit] ;
39   title( titleName)
40   fprintf( [ ′\n Percentiles of RUL at              % g′TimeUnit] ,time( ny) )
41   fprintf( ′\n % gth:% g, 50th ( median) :        % g, % gth:% g \n′,. . .
```

```
42   perceValue(2),rulPrct(2),rulPrct(1),perceValue(3),rulPrct(3))
43   if ~ isempty(degraTrue);                              % % True Results Plot
44     figure(1);% paramters
45     for j = 1:np;subplot(1,np,j);hold on;
46       plot(thetaTrue(j),0,'kp','markersize',18);
47     end;
48     figure(2);% degradation
49     s1 = 0;if ~ isempty(nt);s1 = ny - nt(end);end
50     f3 = plot(time(s1 + 1:s1 + length(degraTrue)),degraTrue,'k');
51     legend([f1(1:3,:);f2;f3],'Data','Median',...
52               [num2str(100 - 2 * signiLevel) '            % PI'],'Threshold','True')
53     figure(3); % RUL
54     loca = find(degraTrue * coeff > = thres * coeff,1);
55     rulTrue = interp1([degraTrue(loca) degraTrue(loca - 1)],...
56                 [time(s1 + loca) time(s1 + loca - 1)],thres) - time(ny);
57     plot(rulTrue,0,'kp','markersize',18);
58   end
59 end
```

4.3　贝叶斯方法(BM)

本节中我们使用贝叶斯方法(BM)来估计模型参数的 PDF,使用的是截止到当前的测量数据。如第 3 章所述,参数在当前时间步的后验分布是通过一个方程式获得的,式中将直到当前时间步的所有测量数据的似然函数相乘。

对于先验和后验分布类型相同的共轭分布,可以从标准概率分布中得到样本。对于单一参数估计,也可以使用 3.7 节所述的网格逼近方法的逆 CDF 生成样本。但在实际工程应用中,由于后验分布可能不符合标准的概率分布,或者多个参数之间存在相关性导致后验分布较为复杂,使得这些方法不够通用。

在这种情况下,有必要使用一种可以从任意后验分布中生成样本的抽样方法。有几种可取的抽样方法,如网格近似(Gelman et al. , 2004)、拒绝抽样(Casella et al. ,2004),重要性抽样(Glynn et al. ,1989)以及马尔可夫链蒙特卡罗(MCMC)方法(Andrieu et al. , 2003)。本节采用马尔可夫链蒙特卡罗方法,这是已知的一种有效的抽样方法。

一旦从后验分布中获得了参数样本,就可以将其代入退化模型中,预测退化行为,并找出退化水平达到阈值的未来时间,这样便确定了剩余的使用寿命。

4.3.1　马尔可夫链蒙特卡罗(MCMC)抽样方法

MCMC 抽样方法是基于随机游动的马尔可夫链模型,如图 4.5 所示。它从任意初始样本(旧样本)开始,从以旧样本为中心的任意分布中抽取新样本。根据一个接受准则对两个连续样本进行比较,从中选定新样本或再次选定旧样本。在图 4.5 中,两个虚线圆圈表示根据准则未选择这些新样本。在这种情况下,将再次选择旧样本。该过程根据需要重复多次,直到获得足够数量的样本为止。

为了生成样本,使用了如下所述的 Metropolis-Hastings (M-H) 算法:

1. 生成初始样本 $\boldsymbol{\theta}^0$

2. i 取 1 到 n_s,从建议分布 $\theta^* \sim g(\theta^* \mid \theta^{i-1})$ 中生成样本,或者一般的接受样本 $u \sim U(0,1)$。

如果

$$u < Q(\boldsymbol{\theta}^{i-1}, \boldsymbol{\theta}^*) = \min\left\{1, \frac{f(\boldsymbol{\theta}^* \mid y) g(\boldsymbol{\theta}^{i-1} \mid \boldsymbol{\theta}^*)}{f(\boldsymbol{\theta}^{i-1} \mid y) g(\boldsymbol{\theta}^* \mid \boldsymbol{\theta}^{i-1})}\right\} \tag{4.7}$$

则

$$\boldsymbol{\theta}^i = \boldsymbol{\theta}^*$$

否则

$$\boldsymbol{\theta}^i = \boldsymbol{\theta}^{i-1}$$

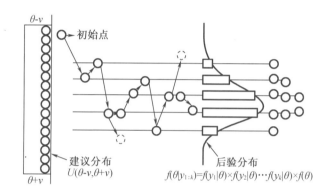

图4.5 马尔科夫链蒙特卡罗抽样的图解

算法中,$\boldsymbol{\theta}^0$ 是待估计的未知模型参数的初值向量,n_s 是样本总数,$f(\boldsymbol{\theta}\mid y)$ 是目标分布,即贝叶斯更新后的后验分布,$g(\boldsymbol{\theta}^* \mid \boldsymbol{\theta}^{i-1})$ 是任意选择的建议分布,当前一点 $\boldsymbol{\theta}^{i-1}$ 抽取新样本 $\boldsymbol{\theta}^*$ 时使用。当建议分布选择对称分布时,$g(\boldsymbol{\theta}^* \mid \boldsymbol{\theta}^{i-1})$ 与 $g(\boldsymbol{\theta}^{i-1} \mid \boldsymbol{\theta}^*)$ 相同。例如,$N(a, s^2)$ 在 b 处的 PDF 与 $N(b, s^2)$ 在 a 处的 PDF 相同。当建议分布使用均匀分布时,也是如此。建议分布 g 通常选择均匀分布 $U(\boldsymbol{\theta}^* - w, \boldsymbol{\theta}^* + w)$,其中 w 是设置采样区间的权值向量,是根据经验任意选取的。对于对称的建议分布,接受准则 $Q(\boldsymbol{\theta}^{i-1}, \boldsymbol{\theta}^*)$ 可以退化为

$$Q(\boldsymbol{\theta}^{i-1}, \boldsymbol{\theta}^*) = \min\left\{1, \frac{f(\boldsymbol{\theta}^* \mid y)}{f(\boldsymbol{\theta}^{i-1} \mid y)}\right\} \tag{4.8}$$

选择样本的过程是将上述接受准则与随机产生的概率进行比较。如果式(4.8)的值比 $U(0,1)$ 产生的随机样本大,$\boldsymbol{\theta}^*$ 就接受为新样本。可能要考虑两种情况。第一,当新样本处的 PDF 值大于旧样本处的 PDF 值时,新样本总是被接受,因为此时 Q 等于1。这意味着,如果新样本与旧样本相比增加了概率,则新样本总是被接受。第二,当新样本的 PDF 值小于旧样本的 PDF 值时,接受度取决于随机样本 u 以及 PDF 值的比值。如果新样本 $\boldsymbol{\theta}^*$ 不被接受为第 i 个样本,则第 $i-1$ 个样本成为第 i 个样本;也就是说,个别样本被再次计数。经过足够次数的迭代后,将得出近似于目标分布的样本。

MCMC 仿真结果受参数初始值和建议分布的影响。如果初始值的设置与真实值相差很

大,那么需要多次迭代才能收敛到目标分布。同样,小权重意味着建议分布窄,这可能会由于无法完全覆盖目标分布而导致采样结果不稳定,而大权重(建议分布宽)则可能会由于不接受新样本而在采样结果中产生很多重复样本。例4.1介绍了初始样本和权重的影响。

例4.1 MCMC方法:单参数

使用 MCMC 方法从 $A \sim N(5,2.9^2)$ 中抽取 5 000 个样本,并且将缩放后的直方图与精确的 PDF 比较。

解答 这个问题可以按照式(4.7)的步骤解决。首先,从一个初始样本开始,可以使用 A 的平均值,即设置 para0 = 5。接下来,使用 u = rand 从 $U(0,1)$ 中抽取一个样本,然后从建议分布中抽取参数的新样本。当建议分布采用均匀分布时,可以获得在给定 para0 下的新样本 para1 = unifrnd(para0 − weight, para0 + weight),其中 weight 决定建议分布的范围,因此需要对其进行适当选择。根据标准差与均匀分布区间的关系(σ = interval/$\sqrt{12}$),将权值设为 5。由于建议分布是对称的,因此我们使用式(4.8)来评估新样本。目标分布 f 通常用给定的数据 y 更新,此处它已被给定为 $N(5,2.9)$。因此,新样本处的目标函数的 PDF 值 $f(\boldsymbol{\theta}^*|\boldsymbol{y})$,可以计算为 pdf1 = normpdf(para1,5,2.9);旧样本(初始样本)处的目标函数的 PDF 值 $f(\boldsymbol{\theta}^{i-1}|\boldsymbol{y})$ 为 pdf0 = normpdf(para0,5,2.9);然后便可以计算出 $Q(\boldsymbol{\theta}^{i-1},\boldsymbol{\theta}^*)$。如果 u 小于 $Q(\boldsymbol{\theta}^{i-1},\boldsymbol{\theta}^*)$,新样本被接受;否则,旧样本(初始样本)被再次存储。被接受的样本在下一步中将变成旧样本,重复此过程 5 000 次。MCMC 仿真的整体过程如下:

```
para0 = 5;weigh = 5;
for i = 1:5000
  para1 = unifrnd(para0 - weigh,para0 + weigh);
  pdf1 = normpdf(para1,5,2.9);
  pdf0 = normpdf(para0,5,2.9);
  Q = min(1,pdf1/pdf0);
  u = rand;
  if u < Q;sampl(:,i) = para1;else samp(:,i) = para0;end
  para0 = sampl(:,i);
end
```

抽样结果存在 sampl 中,图 E4.1 是用以下代码得到的:

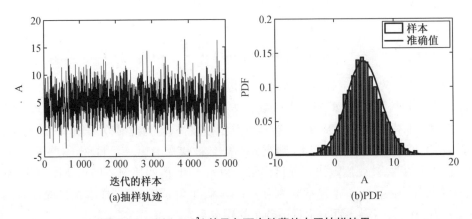

(a)抽样轨迹　　　　　　　　　　(b)PDF

图 E4.1 $N(5,2.9^2)$ 的马尔可夫链蒙特卡罗抽样结果

```
plot(sampl);xlabel('Iteration(samples)');ylabel('A')
figure;[frq,val]=hist(sampl,30);
bar(val,frq/5000/(val(2)-val(1)));hold on;
a=-10:0.1:20;plot(a,normpdf(a,5,2.9),'k')
xlabel('A');legend('Sampling','Exact')
```

图 E4.1 的结果表明,初始样本和权值的选择是恰当的。例如,图 E4.1(a)所示的是在均值附近一个恒定范围内波动的样本,这意味着采样结果是稳定的,图 E4.1(b)通过直方图与准确的 PDF 的一致性证明了这一点。然而,在实际问题中,要知道初始样本和权重的正确值是不容易的,设置不当可能会导致结果不稳定。例如,如果此问题中设置 para0 = 0.5,weight = 0.5,得到图 E4.2 中的结果。从图 E4.2(a)可以看出,采样轨迹并不是相对于均值波动的,图 E4.2(b)的直方图与理论值的 PDF 也不一致。

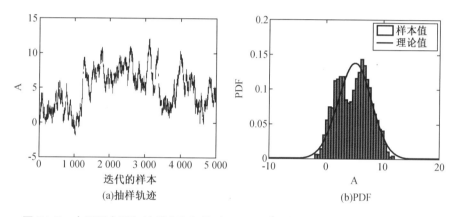

(a)抽样轨迹　　　　　　　　　　　(b)PDF

图 E4.2　未设置合适初始样本和权值时 $N(5,2.9^2)$ 的 MCMC 抽样结果(不稳定)

MCMC 抽样方法的一个重要优点是可以方便地从多维、相关的联合 PDF 中生成样本。例 4.2 展示了如何通过五个测量数据从双参数联合 PDF 中生成样本。

例 4.2　MCMC 方法:双参数

两个模型参数 $\boldsymbol{\theta} = \{\theta_1,\theta_2\}^T$ 的后验 PDF 如下所示:

$$f(\boldsymbol{\theta}|\boldsymbol{y}_{1:n_y}) = \frac{1}{(\sigma\sqrt{2\pi})^5}\exp\left(-\sum_{k=1}^5 \frac{(z_k-y_k)^2}{2\sigma^2}\right),\quad \sigma = 2.9$$

其中退化模型和 5 个测量数据如下:

$$z_k = 5 + \theta_1 t_k^2 + \theta_2 t_k^3,\quad \boldsymbol{t} = \begin{bmatrix} 0 & 1 & 2 & 3 & 4 \end{bmatrix}$$
$$\boldsymbol{y} = \begin{bmatrix} 6.99 & 2.28 & 1.91 & 11.94 & 14.60 \end{bmatrix}$$

使用 MCMC 方法抽取 5 000 个参数样本,并与精确的 PDF 进行比较。

解答　求解过程与例 4.1 中的单参数情况相同,但初始样本和权值是向量,即 para0 = [0;1],weight = [0.05;0.05],相应的抽样结果 sampl 变成了 2×5 000 的矩阵。此例中,目标分布是具有五个已知数据点的正态似然函数后验分布,这与例 3.13 相同。新旧样本的 PDF 可以计算如下:

```
para0 = [0;1];weigh = [0.05;0.05];
t = [0  1  2  3  4];
y = [6.99  2.28  1.91  11.94  14.60];
s = 2.9;
f0 = 5 + para0(1) * t.^2 + para0(2) * t.^3;
pdf0 = (s * sqrt(2 * pi))^ - 5 * exp( - (f0 - y) * (f0 - y)'/(2 * S^2);
paral = unifrnd(para0 - weigh,para0 + weigh);
f1 = 5 + paral(1) * t.^2 + paral(2) * t.^3;
pdf1 = (s * sqrt(2 * pi))^ - 5 * exp( - (f1 - y) * (f1 - y)'/(2 * s^2));
```

抽样结果如图 E4.3 所示(绘图代码见例 3.13),矩形中的样本是由于初始值不合适造成的。为了防止这种情况,必须丢弃样本的初始部分,这称为局部加厚处理。此外,采样轨迹中有很小的波动,这意味着权值太小。

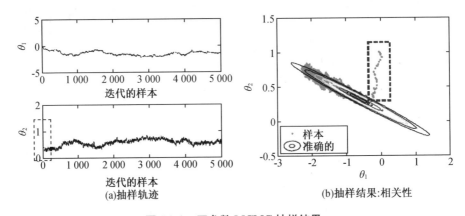

(a)抽样轨迹　　　　　　　(b)抽样结果:相关性

图 E4.3　双参数 MCMC 抽样结果

在初始阶段不丢弃样本,而是调整初始值,增加权值,如 para0 = [0;0],weight = [0.3;0.3],结果如图 E4.4 所示。由于这两个参数是相关的,很难准确地获得各参数的 PDF 值,各参数的轨迹也不稳定。然而,可以很好地识别相关性,这对准确地预测退化结果和 RUL 更重要。第 6 章和第 7 章将更详细地讨论相关参数的识别问题。

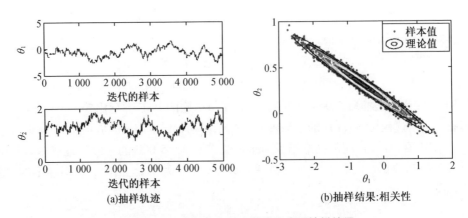

(a)抽样轨迹　　　　　　　(b)抽样结果:相关性

图 E4.4　双参数马尔可夫链蒙特卡罗抽样结果

4.3.2　贝叶斯方法电池预测在 MATLAB 中的实现

根据第 3 章所述的贝叶斯参数估计方法,为了得到后验分布,需要定义似然函数和先验分布。在本节中,似然函数和先验分布分别采用正态分布和均匀分布。对于式(4.2)中给出的电池模型,似然函数可以表示为

$$f(y_k \mid \boldsymbol{\theta}) = \frac{1}{\sigma \sqrt{2\pi}} \exp\left(-\frac{(z_k - y_k)^2}{2\sigma^2}\right), \quad z_k = \exp(-bt_k) \tag{4.9}$$

其中,$\boldsymbol{\theta} = \{b, \sigma\}^{\mathrm{T}}$,模型参数和测量噪声的标准差是待估计的未知参数,其先验分布假设为

$$f(\boldsymbol{\theta}) = f(b) \times f(\sigma), \quad f(b) \sim U(0, 0.02), \quad f(\sigma) \sim U(1 \times 10^{-5}, 0.1) \tag{4.10}$$

也就是说假设这两个参数是相互独立的。

本节末的 MATLAB 代码[BM]中,先验分布(代码 56~57 行)和似然函数(代码 58~59 行)的默认选项分别是均匀分布和正态分布。然而,也可以使用其他的概率分布,这将在 4.5 节中进行说明。

4.3.2.1　问题定义(代码 5~16 和 52 行)

问题定义部分的大多数参数与 4.2.1 节代码[NLS]中的相同,但是需要在代码[BM]的第 12 行和第 16 行中设置另外的两个参数:

```
initDisPar = [0  0.02;1e-5  0.1];
burnIn = 0.2;
```

initDisPar 是初始分布(先验分布)的概率分布参数,它是一个 $n_p \times 2$ 的矩阵,其中 n_p 是未知参数的个数。例如,均匀分布和正态分布的概率参数分别为下界和上界、均值和标准差。尽管有的概率分布有 3 个或 4 个参数,如指数化的威布尔分布和 4 个参数的贝塔分布,但由于大多数类型的分布都只有两个参数,所以概率分布参数的个数固定为 2。电池问题有两个未知的参数需要估计,如式(4.10)给出的参数在代码第 12 行设置为 initDisPar = [0　0.02;1e-5　0.1]。initDisPar 第一行是服从均匀分布的参数 b 的上下界,第二行是标准差数据 s 的上下界。需要注意的是,s 的下界是一个很小的数,因为标准差不允许为 0。作为 MCMC 特有的参数,burnIn(代码第 16 行)是老化率,即在稳定前丢弃初始样本数。当老化率设定为 20% 时,便输入 burnIn = 0.2。退化模型与 NLS 中描述式(4.2)的部分相同,需要在代码第 52 行中给出。

4.3.2.2　使用基于 MCMC 的 BM 进行预测(代码 19~41 行)

[BM]的结构是基于式(4.7)中的 MCMC 仿真算法的。如 4.3.1 节所述,采样结果取决于初始参数(para0)和建议分布中的权值(weight),因此这两个参数被用作函数(代码第 1 行)的输入变量。对于电池问题,初始参数 para0 和权值 weight 分别为[0.01 0.05]′和 [0.0005 0.01]′。在 MATLAB 命令提示符中可以输入以下命令运行[BM]:

```
[thetaHat,rul] = BM([0.01 0.05]′,[0.0005 0.01]′);
```

与[NLS]不同的是,对于模型参数 param 和时间(周期)t 的每个给定样本,函数 MODEL (代码 48~62 行)返回退化预测结果 z 以及后验 PDF 值 poste。退化预测与[NLS]中的相同,使用物理模型预测给定时间(周期)内的退化行为。如果给定一个时间(周期)的数组,函数 MODEL 将返回一个预测的数组。函数 MODEL 还可以利用 ny 个测量数据计算后验 PDF 值。利用式(4.10)(代码第 56 行)中的先验分布和式(4.9)(代码第 58 行)中的似然

函数,将两者相乘计算后验函数分布(代码第 60 行)。需要注意的是,似然函数同时使用了所有的 ny 个数据,这就是它称为整体贝叶斯法的原因。函数 MODEL 中,假设先验分布是独立均匀分布的乘积,似然函数是来自正态分布的噪声。其他类型的分布将在 4.5 节中处理。

函数 MODEL 有两个用途。第一个用途是在首个周期调用 MODEL ny ×1 次,这是参数估计阶段。在这个阶段,MODEL 将返回给定参数值的 PDF 值(代码第 22,27 行)。该阶段用于产生 MCMC 中的后验分布样本。另一个用途是在未来时间调用模型,这时 MODEL 将返回未来时间的退化预测结果(代码第 39 行)。

生成的后验 PDF 样本存储在 sampl 中(代码第 32 行),它从模型参数的初始样本 para0(代码第 21 行)开始。在设置参数的初始值和初始值处的联合 PDF 值(代码第 22 行)之后,对新样本重复相同的计算过程。从带有权值的建议分布(在代码中是均匀分布)中抽取一个新的参数样本(代码第 25 行),并计算新样本的联合后验 PDF 值(代码第 27 行)。通过式(4.8)与 $U(0,1)$ 生成的随机样本比较,来判定是否接受新的样本(代码 29~31 行)。如果式(4.8)中的 Q 比随机样本 rand(代码第 29 行)大,则接受新样本(代码第 30 行)并存储在 sampl 中(代码第 32 行)。否则,将在 sampl 中复制当前样本,而不使用新样本替换(代码第 32 行)。由于当前样本处的联合 PDF jPdf0 已经存在,因此通过抽取新的样本和联合 PDF 来重复抽样过程。总样本数为 ns/ (1 - burnIn)(代码第 23 行),老化样本数为 nBurn = ns/ (1 - burnIn) - ns,因此最终样本数为 ns。

两个参数的采样轨迹如图 4.6 所示,其中垂线表示老化位置,采样轨迹绘制代码见 34~36 行。使用老化位置之后的采样结果,可以避免初始样本的影响,该结果将存储在 thetaHat 中(代码第 37 行)。一旦获得了参数的最终样本,就可以按照 4.2.1 节的方法预测未来周期的退化水平。

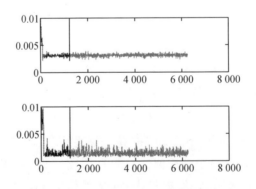

图 4.6 电池问题中估计参数的采样轨迹

4.3.2.3 后处理(代码 43~46 行)

[BM]后处理与[NLS]的基本相同。因此,可以使用与之相同的 MATLAB 代码[post]。BM 的结果如图 4.7、图 4.8 所示,除了图 4.7(a)所示的噪声标准差 σ 的分布外,其余的都与[NLS]中的相似。σ 的中位数为 0.0137,可以使用 median(thetaHAT(2,:))进行计算,它比 NLS 的结果更接近真实值。由于分布呈正偏态(σ 值较低),所以即使 σ 被识别为一种分

布,图 4.7(b)中 BM 的预测边界也不比图 4.3(b)中 NLS 的预测边界宽。BM 的 90% 预测区间比 NLS 的小 10% 左右。

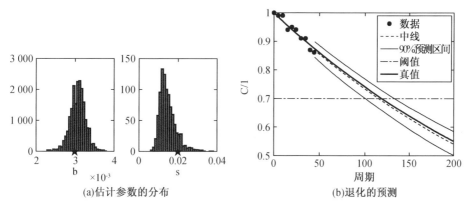

(a)估计参数的分布　　　　　　(b)退化的预测

图 4.7　电池问题的结果(贝叶斯方法)

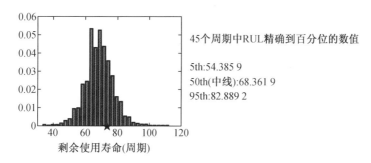

45个周期中RUL精确到百分位的数值

5th:54.385 9
50th(中线):68.361 9
95th:82.889 2

图 4.8　剩余使用的寿命预测(贝叶斯方法)

[BM]:MATLAB Code for Bayesian Method

```
1  function [thetaHat,rul]=BM(para0,weigh)
2  clear global;global DegraUnit initDisPar TimeUnit…
3  time y thres ParamName thetaTrue signiLevel ns ny nt np
4  % = = = PROBLEM DEFINITION 1 (Required Variables) = = = = = = = = = = = = = =
5  WorkName=' ';                        % Work results are saved by WorkName
6  DegraUnit=' ';                              % degradation unit
7  TimeUnit=' ';                        % time unit (Cycles,Weeks,etc.)
8  time=[ ]';                    % time at both measurement and prediction
9  y=[ ]';                           % [nyx1]:measured data
10 thres= ;                     % threshold (critical value)
11 paramName=[ ];               % [npx1]:parameters'name to be estimated
12 initDisPar=[ ];              % [npx2]:prob.parameters of init./prior dist
13 thetaTrue=[ ];               % [npx1]:true values of parameters
14 signiLevel= ;                % significance level for C.I.and P.I.
15 ns= ;                        % number of particles/samples
16 burnIn= ;                    % ratio for burn-in
```

```
17  % = = = = = = = = = = = = = = = = = = = = = = = = = = = = = = = = = = = = = = = = =
18  % % % PROGNOSIS using BM with MCMC
19  ny = length(y);nt = ny;
20  np = size(ParamName,1);
21  sampl(:,1) = para0;                                    % % Initial Samples
22  [~,jPdf0] = MODEl(para0,time(1:ny));                    % % Initial(joint)PDF
23  for i = 2:ns/(1 - burnIn);                              % % MCMC Process
24    % proposal distribution(uniform)                     % % MCMC Process
25    paral(:,1) = unifrnd(para0 - weigh,para0 + weigh);
26    % (joint) PDF at new samples
27    [~,jPdf1] = MODEL(paral,time(1:ny));
28    % acception/rejection criterion
29    if rand < min(1,jPdf1/jPdf0)
30      para0 = paral;jPdf0 = jPdf1;
31    end;
32    sampl(:,i) = para0;
33  end;
34  nBurn = ns/(1 - burnIn) - ns;
35  figure(4);for j = 1:np;subplot(np,1,j);plot(sampl(j,:));hold on
36  plot([nBurn nBurn],[min(sampl(j,:))  max(sampl(j,:))],'r');end
37  thetaHat = sampl(:,nBurn + 1:end);                     % % Final Sampling Results
38  for k = 1:length(time(ny:end));                        % % Degradation Prediction
39    [zHat(k,:),~] = MODEL(thetaHat,time(ny - 1 + k));
40    degraPredi(k,:) = normrnd(zHat(k,:),thetaHat(end,:));
41  end;
42  % % % POST - PROCESSING
43  degraTrue = [];                                        % % True Degradation
44  if ~ isempty(thetaTrue);degraTrue = MODEL(thetaTrue,time);end
45  rul = POST(thetaHat,degraPredi,degraTrue);             % % RUL & Result Disp
46  Name = [WorkName 'at' num2str(time(ny))'.mat'];save(Name);
47  end
48  function [z,poste] = MODEL(param,t)
49    global y ParamName initDisPar ny np
50    for j = 1:np;eval([ParamName(j,:)' = param(j,:);']);end
51    % = = = = = PROBLEM DEFINITION 2(model equation) = = = = = = = = = = = = =
52
53    % = = = = = = = = = = = = = = = = = = = = = = = = = = = = = = = = = = = = =
54    if length(y) ~ = length(t);poste = [];
55    else
56      prior = ···                                        % % Prior
57        prod(unifpdf(param,initDisPar(:,1),initDisPar(:,2)));
58      likel = (1./(sqrt(2.*pi).*s)).^ny.*···              % % Likelihoog
```

```
59        exp( -0.5./s.^2.*(y-z)'*(y-z));
60     poste = likel.*prior;                        % % Posterior
61    end
62  end
```

4.4　粒子滤波(PF)

粒子滤波(PF)是基于物理模型预测中最常用的方法,其基本概念与 3.5.1 节中的递归贝叶斯更新相同。不同的是,在粒子滤波中,参数的先验和后验 PDF 由粒子(样本)表示。当获得新的测量值时,前一步的后验分布值将用作当前步骤的先验分布值,并将后验分布值与新测量值的似然值相乘来更新参数。因此,PF 也被称为序贯蒙特卡罗方法。在这一节中,将用 MATLAB 代码解释粒子滤波算法。

要想理解粒子滤波最好先解释一下重要性抽样方法(Glynn et al. , 1989)。在基于抽样的方法中,使用大量的样本来逼近参数的后验分布。为了在有限的样本下更好地逼近分布,重要性抽样方法根据任意选择的重要性分布为每个样本(或粒子)分配一个权重,因此,估计的效果取决于重要性分布的选择。粒子 θ^i 的权重表示为

$$w(\theta^i) = \frac{f(\theta^i|y)}{g(\theta^i)} = \frac{f(y|\theta^i)f(\theta^i)}{g(\theta^i)} \tag{4.11}$$

式中,$f(\theta^i|y)$ 和 $g(\theta^i)$ 分别是第 i 个粒子的后验分布的 PDF 和任意选择的重要性分布。第二个等式来自贝叶斯定理 $f(\theta^i|y) = f(y|\theta^i)f(\theta^i)$,即后验分布是似然函数和先验分布的乘积。根据贝叶斯定理的观点,我们可以将先验分布作为一个重要分布,因为它已经存在并且接近于后验分布。然后,通过用先验分布 $f(y|\theta^i)$ 代替 $g(\theta^i)$ 将式(4.11)简化为似然函数,这被称为凝聚(条件密度传递)算法。在该方法中,式(4.11)中的权重变成了似然函数。

粒子滤波可以被认为是一种序贯重要性抽样方法,在这种方法中,只要可以获得新的观测数据,权值就会不断更新。然而,用相同的初始样本更新权值会产生简并现象,从而降低后验分布的精度,且方差较大。这种简并现象将在下一节中详细解释。一个称为序贯重要性抽样(SIR)的抽样过程(Kim et al. , 2011)可以用来解决简并现象。在 SIR 中,重要性较小的粒子被剔除,而重要性较大的粒子被复制。即使 SIR 中存在由剔除/复制过程引起的粒子损耗问题,但 SIR 是一种典型的 PF 方法,并在本书中应用。

通常,PF 根据从实验室测试获得的模型参数使用测量数据来估计系统状态。但是,由于环境条件的原因,实验室测试的参数可能与使用中的参数不同。在这种情况下,PF 也可以用来估计系统状态和模型参数,详细步骤可以在文献(Zio et al. , 2011;An et al. , 2013)中找到,此处将进行说明。

粒子滤波的一般过程基于状态转移函数 d(退化模型)和测量函数 h:

$$z_k = d(z_{k-1}, \theta) \tag{4.12}$$

$$y_k = h(z_k) + \varepsilon \tag{4.13}$$

式中,k 是时间步下标;z_k 是系统状态(退化水平);θ 是模型参数向量;ε 是测量噪声。在经典 PF 中,当前系统状态是前一系统状态 z_{k-1} 以及使用给定模型参数所需的过程噪声的函

数。但是,在本章的预测中,将使用测量数据更新并识别模型参数以处理不确定性,因此可以忽略过程噪声。另一方面,测量系统也考虑了测量噪声 ε。在高斯噪声的情况下,噪声表示为 $\varepsilon \sim N(0, \sigma^2)$,其中 σ 是测量噪声的标准差。当系统状态无法直接测量时,则需要使用式(4.13)中的测量函数。当系统状态可以直接测量时,式(4.13)中的 $h(z_k)$ 便成为 z_k。

为了使用 PF,需要将式(4.2)中的电池退化模型重写为转移函数的形式。首先,在 $k-1$ 和 k 处的退化状态定义为

$$z_{k-1} = \exp(-bt_{k-1}), \quad z_k = \exp(-bt_k) \tag{4.14}$$

然后计算 $\dfrac{z_k}{z_{k-1}}$:

$$\frac{z_k}{z_{k-1}} = \frac{\exp(-bt_k)}{\exp(-bt_{k-1})} = \exp(-bt_k + bt_{k-1}) \tag{4.15}$$

最后,状态转移函数,即 PF 的退化函数可以从式(4.15)中获得:

$$z_k = \exp(-b\Delta t)z_{k-1}, \quad \Delta t = t_k - t_{k-1} \tag{4.16}$$

注意,通常可以将任何退化模型转换为转移函数的形式。

4.4.1 SIR 过程

在图 4.9 中用一个参数估计说明了 PF 的过程。由于 PF 可以更新退化状态和模型参数,所以图中的参数 θ 既可以理解为退化状态,也可以理解为模型参数。下面用下标 k 表示时间步长 t_k。

该过程首先根据初始测量数据 y_1 假定退化状态 z_1 的初始分布。退化状态的初始分布可以通过假定的分布类型和噪声水平来确定。例如,如果噪声水平假设为 ν,退化状态的初始分布则可以定义为 $f(z_1) \sim U(y_1 - \nu, y_1 + \nu)$。模型参数 θ_1 在 $t_1 = 0$ 处初始分布也可以使用基于经验或专家意见的先验分布定义,如 $f(\theta_1)$。然后,从退化状态和模型参数的初始分布中随机地产生 n_s(插图中 $n_s = 10$)个粒子(样本)。在初始阶段,假设所有粒子(样本)都具有相同的权重,$w(\theta^i) = 1/n_s$。

(1)预测。在预测过程中,$k=1$ 处的初始分布作为 $k=2$ 处的先验分布。在这个步骤中,假设来自前一个步骤的信息是完全可用的。也就是说,表征两个 PDF,$f(\theta_{k-1}|y_{1:k-1})$ 和 $f(z_{k-1}|y_{1:k-1})$ 的 n_s 个粒子(样本)是可用的。下标 $1:k-1$ 表示 $1,2,\cdots,k-1$;这是 MATLAB 中使用的约定。在这种情况下,因为 $k=2$,所以它等于 y_1。这些是 $k=1$ 时的后验分布,现在用作 $k=2$ 时的先验分布。

在该步骤中,根据退化模型,例如式(4.16)中的转换函数,将先前时间 t_{k-1} 的退化状态传递到当前时间 t_k,为此,需要生成先验分布的样本。首先,从 $f(\theta_k|\theta_{k-1})$ 中产生 θ_k 的 n_s 个样本。$f(\theta_k|\theta_{k-1})$ 代表 θ_k 的预测分布取决于先前的分布 $f(\theta_{k-1})$。然而,应该注意的是,模型参数本身并不依赖于时间变化。因此,θ_k 的 n_s 个样本与先前的 n_s 个粒子相同。换句话说,θ_{k-1} 和 θ_k 之间没有传递。接下来,基于 $f(z_k|z_{k-1}, \theta_k)$ 抽取 n_s 个 z_k 样本,即利用式(4.16)的退化模型,通过将先前退化水平 z_{k-1} 的 n_s 个样本和模型参数 θ_k 传递得到 n_s 个 z_k 样本。总而言之,在预测步骤中,利用第 $k-1$ 步的后验分布计算第 k 步的先验分布。

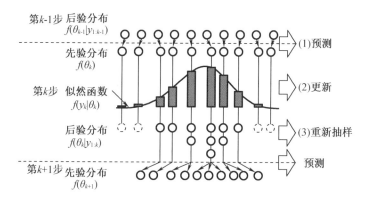

图 4.9　粒子滤波过程图解

（2）更新。根据来自测量数据 y_k 的似然函数对模型参数和退化状态进行更新（即校正）。为此,在基于似然函数的预测步骤中,y_k 的概率是根据每个样本计算的。权重是通过将似然函数归一化定义的,这样就使得权重之和等于 1。在正态分布噪声 $\varepsilon \sim N(0, \sigma^2)$ 的情况下,似然函数和权重为

$$f(y_k \mid z_k^i, \boldsymbol{\theta}_k^i) = \frac{1}{\sqrt{2\pi}\sigma} \exp\left[-\frac{1}{2} \frac{(y_k - h(z_k^i))^2}{\sigma^2} \right], \quad i = 1, 2, \cdots, n_s \tag{4.17}$$

$$w_k^i = \frac{f(y_k \mid z_k^i, \boldsymbol{\theta}_k^i)}{\sum_{j=1}^{n_s} f(y_k \mid z_k^i, \boldsymbol{\theta}_k^i)} \tag{4.18}$$

在图 4.9 所示的更新过程中,似然函数的条形长度表示权值的大小,将预测步骤的样本赋给权值,这就是更新过程。更新过程完成后,以样本及其权重的形式给出后验分布。

理想情况下,这个过程可以在随后的时间重复进行。然而,这种更新过程会导致后验分布的简并现象。简并现象会降低后验分布的精度,而后验分布精度的降低,会引起因为要保持低权值的样本而缩小分布范围的问题。为了解决这个问题,需要重新抽样。理想的情况是,所有样本具有相同的权值,从而使得样本（而非权值）可以代表模型参数和退化状态的后验分布。

（3）重新抽样。重新抽样的思想是保持所有样本（即粒子）具有相同的权值。为了做到这一点,更新步骤中的样本将根据权值的大小进行重复或剔除。在几种方法中,使用了第 3 章介绍的逆 CDF 方法（见图 3.9、图 3.10）,解释如下：

①由式（4.17）中的似然函数构造 y_k 的 CDF。也就是说,CDF 是基于式（4.18）中的权重,该权重对应于 $(z_k^i, \boldsymbol{\theta}_k^i)$ 条件下 y_k 的 PDF。

②找出使得 y_k 的 CDF 值与从 $U(0, 1)$ 随机选取的值相同（或最相近）的 $(z_k, \boldsymbol{\theta}_k)$ 的样本。重复此过程 n_s 次,得到 n_s 个 $(z_k, \boldsymbol{\theta}_k)$ 的具有相同权值的样本,以此表示基于加权样本 $(z_k^i, \boldsymbol{\theta}_k^i \mid w_k^i)$ 的后验分布的近似。重新采样后,每个样本分配相同的权值 $w_k^i = 1/n_s$。

注意,在贝叶斯方法中,后验分布是先验分布与似然函数的乘积。在 PF 中,先验分布由粒子表示,似然函数信息存储在权值中。然后,重新抽样过程等价于生成一组新的样本,这些样本遵循后验分布。那些权重大的粒子可能被复制,权重小的粒子可能被剔除。由于这些新样本服从后验分布,所以所有样本的权值都是相同的。

将当前步的后验分布作为下一步（$k+1$ 步）的先验分布，这意味着贝叶斯更新在 PF 中是递归处理的。

例 4.3 10 个样本的 PF 过程

使用式(4.16)和 10 个样本演示电池问题的 PF 过程。假设初始分布为 $z_1 \sim U(0.9, 1.1)$，$b_1 \sim U(0,0.005)$，噪声数据服从 $\sigma = 0.02$ 的正态分布。使用表 4.1 中 $k = 1,2,3$ 对应的三个容量和时间数据来更新模型参数 b 和退化状态 z_k。

解 表 4.1 中,前三个测量数据为

$$y = \begin{bmatrix} 1.00 & 0.99 & 0.99 \end{bmatrix}$$

（1）$k = 1$

基于数据 $y(1)$，假设数据噪声范围为 0.1，则退化的初始分布在 0.9 到 1.1 之间均匀分布。此外，需要适当的假设模型参数的初始分布。此例中假设模型参数的初始分布是在 0 和 0.005 之间均匀分布的。PF 过程首先从给定的初始分布生成 10 个样本，如图 E4.5 所示，它是由以下代码得到的。注意，由于随机数的产生，样本的实际值是不同的。

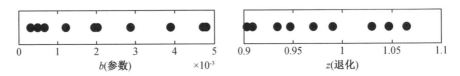

图 E4.5 初始分布抽样结果（$k = 1$ 处的后验分布）

```
k = 1;
ns = 10;
b(k,:) = unifrnd(0,0.005,ns,1);
z(k,:) = unifrnd(0.9,1.1,ns,1);
figure;
subplot(1,2,1);
plot(b(k,:),zeros(1,ns),'ok');xlabel('b(parameter)')
subplot(1,2,2);
plot(z(k,:),zeros(1,ns),'ok');xlabel('z(degradation)')
```

（2）$k = 2$

①预测：模型参数样本与前一时刻 $k = 1$ 相同，而退化状态则根据式(4.16)中的模型方程进行传递。模型参数的样本在 b(2,:)中，之前退化水平的样本在 z(1,:)中。在图 E4.6 中，参数样本与图 E4.5 中的完全相同，但是退化样本不同，退化样本是通过以下代码得到的。

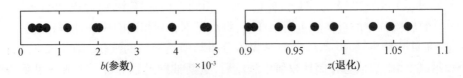

图 E4.6 预测阶段抽样结果（$k = 2$ 处的先验分布）

```
k = 2;
dt = 5;
b(k,:) = b(k-1,:);
z(k,:)exp(-b(k,:).*dt).*z(k-1,:);
% for figure plot,use the same code given in k = 1
```

②更新:因为数据的误差是正态分布的,数据的似然函数是根据式(4.17)计算的,式中 $h(z_k^i) = z_k^i, \sigma = 0.02, i = 1, 2, \cdots, 10$。在这一步骤中,后验分布以样本(先验函数)和权值(似然函数)的形式出现。如式(4.18)所示,通过归一化似然函数使得权值之和为1。为了简化重新采样过程,通过样本总数乘以权重,将权值表示为样本数。因此,本例中的权值表示要复制的样本数,如图 E4.7 所示,可以通过以下代码得到。

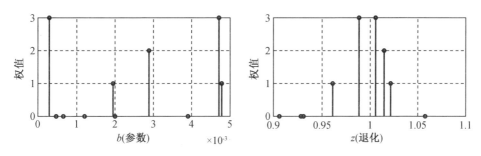

图 E4.7　权值计算($k = 2$ 处的似然函数)

```
likel = normpdf(y(k,:),z(k,:),0.02);
weigh = round(likel/sum(likel)*ns);
figure;
subplot(1,2,1);stem(b(k,:),weigh,'r');
xlabel('b(parameter)');ylabel('Weight')
subplot(1,2,2);stem(z(k,:),weigh,'r');
xlabel('z(degradation)');ylabel('Weight')
```

③重新采样:如前所述,逆 CDF 方法可以用作实际的重新采样方法。但是,为了简化重新采样的概念,我们去掉了零权值的样本,而其他样本的重复量与图 E4.7 中的权值相同。结果如图 E4.8 所示,由以下代码得到。在图中,几个样本是重叠的,这就导致了粒子损耗现象。

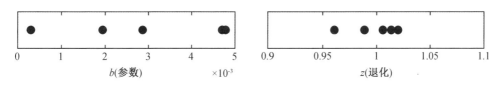

图 E4.8　重新采样结果($k = 2$ 处的后验分布)

```
sampl = [b(k,:);z(k,:)];
loca = find(weigh > gh > 0);ns0 = 1;
for i = 1:length(loca);
```

```
ns1 = sum(weigh(loca(1:i)));
b(k,ns0:ns1) = samp1(1,loca(i)) * ones(1,weigh(loca(i)));
z(k,ns0:ns1) = samp1(2,loca(i)) * ones(1,weigh(loca(i)));
ns0 = ns1 + 1;
end
% for figure plot,use the same code given in k = 1
```

（3）$k = 3$

在 $k = 3$ 处进行相同的过程（预测、更新和重新采样），结果在图 E4.9 中给出，该结果是图 E4.5 的更新结果。

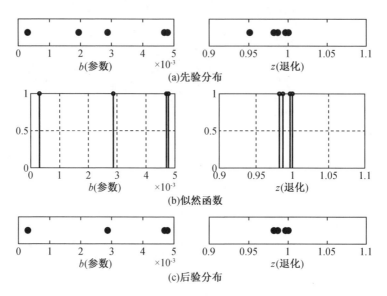

图 E4.9 $k = 3$ 处的抽样和权重

一旦使用直到当前时间所给定的数据更新的模型参数和退化状态，便可以基于退化函数预测未来时间 t_{k+l} 的退化状态 z_{k+l}，该退化函数具有前一时间的退化状态 z_{k+l-1} 和估计的模型参数 θ_k。在预测阶段，模型参数不再被更新。退化状态持续传递，直到达到阈值。假设式（4.16）中的模型参数 b 根据截至当前时间（时间下标为 k）的测量数据更新为 0.004，退化状态 $z_k = 0.85$，时间间隔 $\Delta t = 5$。这种情况下可以认为 $n_s = 1$，未来的退化状态可以通过以下方式传递：

在 $k + 1$ 处，$z_{k+1} = \exp(-b_k \Delta t)z_k = \exp(-0.004 \times 5) \times 0.85 = 0.83$；

在 $k + 2$ 处，$z_{k+2} = \exp(-b_k \Delta t)z_{k+1} = \exp(-0.004 \times 5) \times 0.83 = 0.81$。

重复这个过程，直到退化状态达到阈值。当阈值为 0.7 时，退化状态传递到 $k + 10$，如下所示：

在 $k + 10$ 处，$z_{k+10} = \exp(-b_k \Delta t)z_{k+9} = \exp(-0.004 \times 5) \times 0.71 = 0.70$。

因为时间间隔是 5 个周期，并且退化又传递了 10 步，所以预测 RUL 为 50（5 × 10）个周期。

4.4.2   电池预测的 MATLAB 实现

在本节中，使用与 4.1.1 节中相同的电池问题解释 PF 的 MATLAB 实现。问题定义和后处理部分与 BM 相似,只是做了一些细微的修改。因此,重点是代码的预测部分。

4.4.2.1　问题定义(代码 5 ~ 16,64 行)

PF 所需的变量与 BM 所需的变量几乎相同,但由于 PF 采用增量形式的退化模型,所以引入了退化传递的时间间隔 dt。它可以与测量时间间隔不同,但是当前过程假设健康监测的间隔是 dt 的整数倍(代码第 27 行的变量 nk)。模型误差随着时间间隔的减小而减小。在数学上,该时间间隔用于使用正向有限差分法对退化模型的微分形式进行积分,该方法在时间间隔较小时稳定且精度较高。在 PF 过程中,退化状态 z 包含在待估计的参数中。因此,退化项应该放在 ParamName,initDisPar 和 thetaTrue 的最后一行,如下所示。

```
dt = 5;
paramName = ['b';'s';'z'];
initDisPar = [0   0.02;1e - 50.1;1   1];
thetaTrue = [0.003;0.02;1];
```

退化变量命名为 z,其真实初始值 1 赋给 thetaTrue(3)。对于初始分布,下界和上界设置为与真实初始值相同的值,即 $f(z) \sim U(1,1)$。这是因为假设初始容量为 1(C/1 容量),而不考虑其中的不确定性。

式(4.16)中的退化模型方程在代码第 64 行中使用。式中的时间间隔 Δt 在脚本中用 dt 表示,在代码第 9 行中定义。此外,前一步骤 z_{k-1} 和当前步骤 z_k 的退化状态分别记为 z(应与代码第 12 行定义的符号相同)和 z_1(可以变化,但应该与代码第 60 行中的 z_1 一致)。PF 的电池退化模型用以下代码表示。

```
z1 = exp( - b.* dt).* z;
```

4.4.2.2　使用 PF 预测(代码 19 ~ 45 行)

一旦正确定义了问题,便可以使用以下命令运行 MATLAB 代码:

```
[thetaHat,rul] = PF;
```

预测过程首先从参数的初始(先验)分布中抽取 ns 个样本(代码 21 ~ 23 行),然后传递退化,直到 for 循环的结束时间(代码 24 ~ 41 行)。在 for 循环中,当测量数据存在时,参数被更新(代码 29 ~ 37 行)。在 for 循环中,由于有 ny 个数据可用,所以当时间步 k < = ny(训练阶段)时,模型参数被更新。另一方面,当 k > ny 时,没有可用的测量数据,并且在不更新模型参数的情况下(预测阶段)传递退化水平(代码第 39 行)。

如前一节所述,训练分为三个阶段。在预测阶段(代码第 26 ~ 28 行),前一步中的参数 param(:,:,k - 1)被复制到当前步中的参数 paramPredi(代码第 26 行)。另外,退化水平 paramPredi(np,:)需要使用 MODEL 函数从上一步进行传递。传递是基于上一步的模型参数和时间间隔 dt(代码第 28 行)。由于传递必须是从 time(k - 1)到 time(k),所以该传递过程需要以时间间隔 dt 重复 nk 次。预测阶段中的样本对应于图 4.9 中的 $f(\theta_k)$。

接下来是更新阶段(代码第 31 行),它与 4.17 式给出的测量数据的似然函数和图 4.9 中的 $f(y_k|\theta_k)$ 相关。需要利用测量噪声样本 paramPredi(np - 1,:),计算退化水平的每个样本 paramPredi(np,:)的似然函数。

最后,给出了基于逆 CDF 法的重新抽样阶段(代码 33 ~ 37 行)。在此阶段中,首先计算似然函数样本的累积 CDF(代码第 33 行),然后根据逆 CDF 方法(代码第 36 行)使用服从 0 和 1 之间均匀分布的一个样本来找到似然函数样本的近似位置。在逆 CDF 中找到的似然函数样本的位置成为一个新的样本。将此逆 CDF 方法重复 ns 次,生成新的 ns 个样本,这就是重新抽样过程。在这种方法中,具有较大似然函数值(权值)的样本有更大的概率被复制,而具有较小似然函数值的样本可能不会被复制。对所有的测量数据重复此过程。

在训练和预测阶段完成后,模型参数和测量噪声的标准偏差便储存在 thetaHat 中(代码第 42 行)。为了计算预测区间,首先将退化水平的样本储存在代码第 44 行的数组 zHat(41,ns)中。由于预测区间包含未来测量噪声的影响,所以在预测阶段(代码第 45 行),要将正态随机噪声加入退化水平中。

4.4.2.3 后处理(代码 47~58 行)

PF 的后处理与 NLS 和 BM 的相同。当真实的退化状态给定时,它可以像在 NLS 和 BM 中那样使用。但是,如果没有真实退化状态,而只有真实模型参数,则将退化模型积分以生成真实退化水平(代码 47~56 行)。与 NLS 和 BM 一样,MATLAB 函数 POST 可以用来绘制模型参数的直方图、退化过程(时间周期的函数)以及 RUL 的直方图。图 4.10(a)中估计参数的分布不如图 4.7(a)中的(来自 BM)平滑,这是由于粒子损耗现象造成的。这个问题对预测结果没有影响,如图 4.10(b)和 4.11 所示。退化和 RUL 的预测结果与 NLS 和 BM 的预测结果相似。

对该问题的预测结果没有影响,如图 4.10(b)和 4.11 所示。

[PF]:MATLAB Code for Particle Filter

```
1   function [thetaHat,rul] = PF
2   clear global;global DegraUnit initDisPar TimeUnit…
3   time y thres ParamName thetaTrue signiLevel ns ny nt np
4   % = = = PROBLEM DEFINITION 1(Required Variables) = = = = = = = = = = = = =
5   WorkName =' ';                          % work results are saved by WorkName
6   DegraUnit =' ';                                   % degradation unit
7   TimeUnit =' ';                          % time unit(Cycles,Weeks,etc.)
8   time =[ ]';                       % time at both measurement and prediction
9   dt = ;                        % time interval for degradation propagation
10  y =[ ]';                                  % [nyx1];measured data
11  thres = ;                                % threshold (critical value)
12  ParamName =[ ];               % [npx1]:parameters'name to be estimated
13  initDisPar -[ ];              % [npx2]:prob.parameters of init./prior dist
14  thetaTrue -[ ];                       % [npx1]"true values of parameters
15  signiLevel = ;                        % significance level for C.I.and P.I.
16  ns = ;                               % number of particlesk/samples
17  % = = = = = = = = = = = = = = = = = = = = = = = = = = = = = = = = = = = = =
18  % % % pPROGNOSIS using PF
19  ny = length(y);nt = ny;
20  np = size(ParamName,1);
21  for j =1:np;                                   % % Initial Distribution
22    param(j,:,1) = unifrnd(initDisPar(j,1),initDisPar(j,2),1,ns);
23  end;
24  for k =2:length(time);                      % % Update Process or Prognosis
25  % step1.prediction(prior)
```

```
26    paramPredi = param(:,:,k-1);
27    nk = (time(k) - time(k-1))/dt;
28    for k0 = 1:nk;paramPredi(np,:) = MODEL(paramPredi,dt);end
29    if k < ny                                      % (Update Process)
30      % step2. update (likelihood)
31      likel = normpdf(y(k),paramPredi(np,:),paramPredi(np-1,:));
32      % step3. resampling
33      cdf = cumsum(likel)./sum(likel);
34      for i = 1:ns;
35        u = rand;
36        loca = find(cdf >= u,1);param(:,i,k) = paramParedi(:,loca);
37      end;
38    else
39      param(:,:,k) = paramPredi;                          % (Prognosis)
40    end
41  end
42  thetaHat = param(1:np-1,:,ny);              % % Final Sampling Results
43  paramRearr = permute(param,[3  2  1]);      % % Degradation Prediction
44  zHat = paramRearr(:,:,np);
45  degraPredi = normrnd(zHat(ny:end,:),paramRearr(ny:end,:,np-1));
46  % % % POST - PROCESSING
47  degraTrue = [];                                  % % True Degradation
48  if ~ isemptY(thetaTrue);k = 1;
49    degraTrue0(1) = thetaTrue(np);degraTrue(1) = thetaTrue(np);
50    for k0 = 2:max(time)/dt+1;
51      degraTrue0(k0,1) = ...
52          MODEL([thetaTrue(1:np-1);degraTrue0(k0-1)],dt);
53      loca = find((k0-1) * dt == time,1);
54      if ~ isemptY(loca);k = k+1;degraTrue(k) = degraTrue0(k0);end
55    end
56  end
57  rul = POST(thetaHat,degraPreadi,degraTrue);       % % RUL & Result Disp
58  Name = [WorkName 'at' num2str(time(nY))'.mat'];save(Name);
59  end
60  function zl = MODEL(param,dt)
61    global ParamName np
62    for j = 1:np;eval([ParamName(j,:)'=param(j,:);']);end
63    % = = = = = PROBLEM DEFINITION 2 (model equation) = = = = = = = = = = = = =
64
65    % = = = = = = = = = = = = = = = = = = = = = = = = = = = = = = = = = = = = =
66  end
```

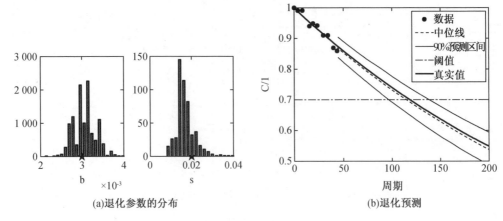

(a)退化参数的分布   (b)退化预测

图 4.10 电池预测结果:PF

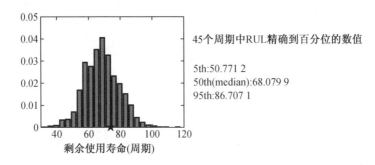

45个周期中RUL精确到百分位的数值

5th:50.771 2
50th(median):68.079 9
95th:86.707 1

图 4.11 RUL 预测结果

4.5 基于物理模型预测的实际应用

尽管[NLS]、[BM]和[PF]这三个程序是针对电池退化的预测编写的,但用户可以轻松地根据不同的应用对其进行修改。下面的小节将讨论这三种算法在裂纹扩展示例中的使用,用户需要修改问题定义部分和函数 MODEL 中的模型方程。

4.5.1 问题定义

4.5.1.1 裂纹扩展模型

本书使用第 2 章中介绍的裂纹扩展模型来解释该模型在三种预测算法中的应用。对于[NLS]和[BM],需要有一个能够计算裂纹尺寸(时间/周期的函数)的模型,而对于[PF]则需要一个转换函数(增量形式)。式(2.2)可以用作 NLS 和 BM 的退化模型:

$$a_k = \left[N_k C \left(1 - \frac{m}{2} \right) (\Delta\sigma \sqrt{\pi})^m + a_0^{1-\frac{m}{2}} \right]^{\frac{2}{2-m}} \qquad (4.19)$$

它表示经过 N_k 个疲劳负载周期后的裂纹尺寸 a_k(与式(2.2)相同),另一方面,可以将该模型改写为 PF 的状态转移函数形式:

$$a_k = C_1 (\Delta\sigma \sqrt{\pi a_{k-1}})^m dN + a_{k-1} \qquad (4.20)$$

假设在负载条件 $\Delta\sigma = 75\ \text{MPa}$ 时,每 100 个周期测得裂纹尺寸 y_k 如表 4.2 所示,计算步骤如下。首先,使用式(4.19)在 $m_{\text{true}} = 3.8$, $C_{\text{true}} = 1.5 \times 10^{-10}$, $a_{0,\text{true}} = 0.01\ \text{m}$ 的条件下,每 100 个周期生成一次真实的裂纹尺寸数据。然后通过将高斯噪声 $\varepsilon \sim N(0,\sigma^2)$, $\sigma = 0.001m$ 与真实的裂纹尺寸相加来生成测得的裂纹尺寸数据。生成的数据用于识别两个模型参数, $\theta = \{m\ \ \ln(C)\}^{\text{T}}$。在 Paris 模型中, y 轴截距 C 非常小,但却变化了几个数量级。因此,最好指定 C 的指数。为便于描述,假设初始裂纹尺寸 a_0 和噪声大小 σ 是已知的。对于 RUL 的计算,指定临界裂纹尺寸为 $0.050\ \text{m}$。

表 4.2　裂纹扩展问题的测量数据

时间步长,k	初始,1	2	3	4	5	6	7	8
时间(周期)	0	100	200	300	400	500	600	700
裂纹尺寸/m	0.0100	0.0109	0.0101	0.0107	0.0110	0.0123	0.0099	0.0113
时间步长 k	9	10	11	12	13	14	15	16
时间(周期)	800	900	1 000	1 100	1 200	1 300	1 400	1 500
裂纹尺寸/m	0.0132	0.0138	0.0148	0.0156	0.0155	0.0141	0.0169	0.0168

4.5.1.2　似然函数和先验分布

对于贝叶斯方法和粒子滤波,需要定义先验分布和似然函数。在前几章中,通常假定数据中的噪声服从正态分布。然而,当测量噪声的分布类型未知时,似然函数可能与真实的噪声分布不同。对于先验(初始)分布也是如此。因此,通过更改 MATLAB 代码来研究不同分布类型的影响可能是一个很好的练习。在本例中,似然函数采用对数正态分布:

$$f(y_k \mid m_k^i, C_k^i) = \frac{1}{y_k \sqrt{2\pi}\zeta_k^i} \exp\left[-\frac{1}{2}\left(\frac{\ln y_k - n_k^i}{\zeta_k^i} \right)^2 \right], \quad i = 1,2,\cdots,n_s \qquad (4.21)$$

式中

$$\zeta_k^i = \sqrt{\ln\left[1 + \left(\frac{\sigma}{a_k^i(m_k^i, C_k^i)} \right)^2 \right]}$$

和

$$n_k^i = \ln\left[a_k^i(m_k^i, C_k^i) \right] - \frac{1}{2}(\zeta_k^i)^2$$

分别是标准差和对数正态分布的均值。在上面的方程中, $a_k^i(m_k^i, C_k^i)$ 是在给定的模型参数 m_k^i 和 C_k^i 的情况下,在时间 t_k 处根据方程式(4.19)进行的模型预测。

同时,假设参数的先验(初始)分布为正态分布:

$$f(m) = N(4,0.2^2), f(\log C) = N(-23,1.1^2) \qquad (4.22)$$

4.5.2　裂纹扩展示例代码的修改

4.5.2.1　NLS

根据 4.5.1 节给出的信息,代码[NLS]的问题定义部分(代码 5~14 行)做如下修改:

```
WorkName = 'Crack_NLS';
DegraUnit = 'Crack size(m)';
TimeUnit = 'Cycles';
time = [0:100:3500]';
y = [0.0100  0.0109  0.0101  0.0107  0.0110  0.0123  0.0099  0.0113…
       0.0132  0.0138  0.0148  0.0156  0.0155  0.0141  0.0169  0.0168]';
thres = 0.05;
ParamName = ['m';'C';'s'];
thetaTrue = [3.8;log(1.5e-10);0.001];
signiLevel = 5;
ns = 5e3;
```

虽然数据中噪声的标准差 σ 在本例中不是一个未知的参数,但它是根据 NLS 中已识别的参数计算出来的。同样如第 4.2 节所述,它被添加到 ParamName 中以保持与其他代码的一致性。相应地,σ 的真实值被添加到 thetaTrue 中。

对于模型方程,在第 48 行使用如下代码:

```
a0 = 0.01;dsig = 75;
z = (t.* exp(C).*(1-m./2).*(dsig * sqrt(pi)).^m...
       +a0.^(1-m./2)).^2./(2-m);
loca = imag(z) ~=0; z(loca) =1;
```

这与式(4.19)相对应,但注意这里用的是 $\log(C)$ 而不是 C。当裂纹尺寸过大时,由式(4.19)得到的上述模型方程可能是一个复数。因此,当裂纹尺寸为复数时,将用任意大的裂纹尺寸代替它,这里取 1.0 m。

虽然似然函数对于 NLS 中的参数估计过程不是必需的,但它仍可用于预测代码第 31 行中的退化。用式(4.21)中的对数正态分布代替正态分布,代码如下:

```
mu = zHat(k,:);
C = chi2rnd(ny-1,1,ns);
s = sqrt((ny-1) * thetaHat(np,:).^2./C);
zeta = sqrt(log(1+(s./mu).^2));eta = log(mu)-0.5 * zeta.^2;
degraPredi(k,:) = longrnd(eta,zeta);
```

定义所有必需的信息后,将使用以下代码运行[NLS]。注意,在 theta0(代码第 1 行)中仅使用模型参数的初始值,因为测量误差 σ 是在估计模型参数之后计算的,而不管 σ 是已知还是未知。

```
[thetaHat,rul] = NLS([4;-23]);
```

NLS 算法的结果将在结果部分与其他算法一起讨论。

4.5.2.2 BM

```
WorkName = 'Crack_BM';
initDisPar = [4.0  0.2; -23  1.1; 0.001  1e-5];
burnIn = 0.2;
```

initDisPar 对应于式(4.22),它是正态分布、均值和标准差的概率参数。最后两个值 0.001 和 1e-5 用于 $\sigma(=s)$。在这个例子中,即使 σ 是一个确定的值(真实的值是已知的,并且不需要估计),它也应该包含在 initDisPar 中。为了达到与已知确定的 σ 相同的效果,将其标准差设置为 0(使用 1e-5 来防止数值错误)。

代码第 40 行中的退化预测也使用与 NLS 中相同的代码进行了修改,该部分代码基于式(4.21)。BM 与 NLS 的区别在于,在 BM 中似然函数和先验分布不仅用于退化预测,还用来识别模型参数。用以下代码替换[NLS]中的 56~59 行:

```
prior = prod(normpdf(param,initDisPar(:,1),initDisPar(:,2)));
likel = 1;
for k = 1:ny;
  zeta = sqrt(log(1 +(s./z(k)).^2));eta = log(z(k)) -0.5 * zeta.^2;
  likel = lognpdf(y(k),eta,zeta).* likel;
end
```

为了运行代码[BM],需要在第一行输入参数的初始样本 para0 和权值 weight,如下:

```
[thetaHat] = BM([4  -23  0.001]',[0.1  0.2  0]';
```

请注意,此处包含 σ,但 σ 的权重为零,以便在抽样过程中固定它,这与代码第 25 行中的 unifrnd(0.001 -0,0.001 +0)相对应。在本例中,建议分布仍然是均匀分布,但也可以是其他形式,例如,对于正态分布,可以将代码第 25 行替换为 normrnd(para0,abs(para0.* weight));。

4.5.2.3　PF

PF 所需的变量(代码第 5~16 行)如下(其他变量与 NLS/BM 中的相同):

```
WorkName ='Crack_PF';
dt = 20;
ParamName = ['m';'C';'s';'a'];
initDisPar = [4.0  0.2; -23  1.1;  0.001  0;  0.01  0];
thetaTrue = [3.8;log(1.5e-10);0.001;0.01];
```

如前所述,退化状态项 a 包含在 ParamName、initDisPar 和 theaTrue 中。由于初始裂纹假设为 0.01 m,故其标准差也设置为 0。将第 64 行中的模型定义替换为对应于式(4.20)的代码,如下:

```
dsig = 75;
zl = exp(C).*(dsig.* sqrt(pi * a)).^m.* dt + a;
```

在代码第 45 行,采用与 NLS 和 BM 相同的方式使用对数正态分布来预测退化。

```
mu = zHat(ny:end,:);s = paramRearr(ny:end,:,np -1);
zeta = sqrt(log(1 +(s./mu).^2));eta = log(mu) -0.5 * zeta.^2;
degraPradi = lognrnd(eta,zeta);
```

对于第 22 行中的初始分布,使用以下代码:

```
param(j,,1) = normrnd(initDisPar(j,1),initDisPar(j,2),1,ns);
```

第 31 行用以下代码替换:

```
mu = paramPredi(np,:);s = paramPredi(np -1,:);
zeta = sqrt(log(1 +(s./mu).^2));eta = log(mu) -0.5 * zeta.^2;
likel = lognpdf(y(k),eta,zeta);
```

PF 中不需要特定的输入,因此无论使用什么应用程序,运行[PF]的代码都是相同的。

```
[thetaHat,rul] = PF;
```

4.5.3 结果

NLS、BM 和 PF 的参数识别和退化预测结果分别如图 4.12、图 4.13 和图 4.14 所示。相关图是根据 thetaHat 中的最终抽样结果通过代码 plot(thetaHat(1,:)、thetaHat(2,:),'.')得到的。结果最显著的不同是,NLS 的结果与其他结果相比存在很大的不确定性。这是因为在 m 和 C 之间有一个非常宽的相关范围,但是它不能被缩小,因为 NLS 中不能使用先验信息。

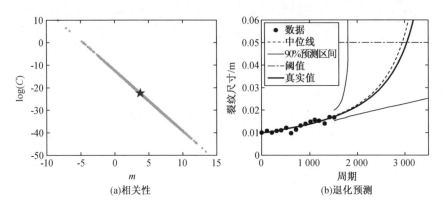

图 4.12　裂纹扩展问题 NLS 预测结果

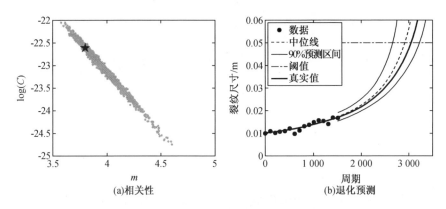

图 4.13　裂纹扩展问题 BM 预测结果

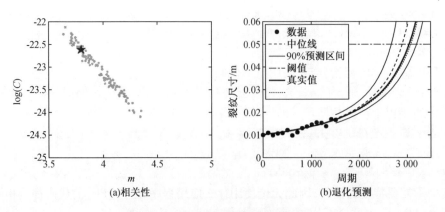

图 4.14　裂纹扩展问题 PF 预测结果

参数估计范围太宽将在退化预测中产生巨大的差异。另一方面，与 NLS 相比，利用先验信息对 BM 和 PF 的参数识别范围较窄，因此预测的不确定度远小于 NLS。

需要提及的另一个重要问题是有关 PF 中不连续瞬态函数引起的模型误差。在此示例中，时间间隔 $dt = 20$，但式（4.19）和式（4.20）中的模型之间的退化速率有所不同，如图 4.14（b）所示。图中实线和点虚线分别对应于式（4.19）和式（4.20）。如果将过渡函数看作一个微分方程，则式（4.20）对应于前向欧拉有限差分法，该方法需要较小的时间间隔才能准确。这种模型误差可以用更小的时间间隔[①]来缩小。第 6 章将对每种方法进行更深入的比较。

4.6　基于物理方法预测中的若干问题

与将在第 5 章中讨论的数据驱动方法相比，基于物理模型的预测算法有几个优点。第一，基于物理模型的预测方法可以进行长期预测。一旦准确地确定了模型参数，就可以通过物理模型来预测剩余使用寿命，直到退化达到预定的阈值。第二，基于物理模型的预测方法需要相对较少的数据。从理论上讲，当数据的数量与未知模型参数的数量相同时，可以识别模型参数。在现实中由于数据中的噪声以及退化行为对参数的不敏感性，需要更多的数据。基于物理模型的预测算法所需的数据量远远小于基于数据驱动的方法。

不利的一面是，在基于物理模型的预测中存在三个重要的实际问题：模型充分性、参数估计和退化数据的品质。在本节中，将通过一些文献综述来解决这些问题。第 6 章和第 7 章将进行更全面的讨论。

4.6.1　模型充分性

如果物理模型足够好，就可以预测未来的退化行为，那么模型充分性就是一个需要解决的问题。这与回归中传统的曲线拟合问题略有不同，因为回归关注的是数据之间的准确性，这在某种意义上就是内插区域的误差。然而，在预测中，人们感兴趣的是测量数据点以外的区域，即外推法的误差。

一个能很好地拟合内插区域数据的模型并不意味着它也能预测外推区域的趋势。以裂纹扩展为例说明模型的充分性问题。在下面的 MATLAB 代码中，使用 Paris 模型，在 10 000 到 20 000 的飞行周期内，以 2 000 为间隔生成 6 个裂缝尺寸数据。这些数据如图 4.15 中的"×"点所示。对于一个物理模型，我们选择一个含有四个未知系数的三次多项式来进行解释。利用 MATLAB 函数 regress 可以求出六个数据与多项式预测之间误差最小的未知系数。图 4.15 中，由于数据与模型预测之间的差异几乎为零，模型预测非常准确。因此，从曲线拟合的角度来看，该模型是好的。然而，在外推区域，结论可能完全不同。采用相同的模型，以相同的系数预测 20 000 到 30 000 个飞行周期之间的裂纹扩展，预测结果如图中实线所示。然而，实际裂纹尺寸（如图 4.15 中圆点所示）的增长速度远远快于模型预测的结果。由于该模型只能预测较缓的裂纹增长，依赖该模型预测是比较危险的。因此，模型在内插区域是

---

① 时间间隔越小，迭代次数越多，计算时间越长，越容易产生数值误差。为了防止这种误差，需要合理设置模型参数的初始分布。

充分的,在外推区域可能是不充分的。因此,对于预测而言,验证物理模型的准确性是非常重要的。

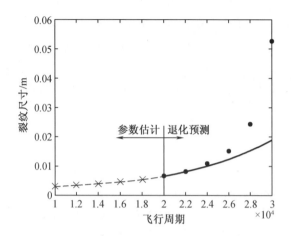

图 4.15　基于物理模型的预测中的模型充分性

```
m = 3.6;C = 1E-10;a0 = 2E-3;dels = 80;              % Paris model parameters
N = [10000;2000;20000]′;                            % Training cycles
a = (N.*C.(1-m/2)*(dels*sqrt(pi)).^m+a0^(1-m/2)).^(2/(2-m));
X = [ones(size(N)) N N.*N N.^3];
b = regress(a,X);                                    % Fitting cubic polynomials
afit = b(1)+b(2).*N+b(3).*N.^2+b(4).*N.^3;
plot(N,a,′o′,N,afit,′b′);hold on;
M = [20000;2000;30000]′;                            % Prediction cycles
ap = (M.*C.*(1-m/2)*(dels*sqrt(pi).^m+a0(1-m/2)).^(2/(2-m));
apfit = b(1)+b(2).*M+b(3).*M.^2+b(4).^M.^3;
plot(M,ap,′or′,M,apfit,′r′);
```

由于基于物理模型的预测方法采用描述损伤行为的物理模型,因此它们在预测损伤的长期行为方面具有优势。然而,首先应该进行模型验证,因为大多数模型都包含假设和近似。使用统计方法进行模型验证的文献很多,如假设检验和贝叶斯方法(Oden et al.,2013;Rebba et al.,2006;Sargent,2013;Ling et al.,2013)。

一般来说,随着模型复杂度的增加,模型参数的数量也会增加,参数的估计也会变得更加困难。最近,Coppe 等人(2012)研究表明,通过从更简单的模型中识别等效参数可以缓解模型充分性的问题。使用带有假定应力强度因子的简单 Paris 模型来预测复杂几何形状的裂纹扩展,其中调整模型参数以补偿应力强度因子中的误差。尽管这仅限于简单模型与复杂模型之间损伤行为相似的情况,但可以避免为验证模型准确性所做的额外工作。

4.6.2　参数估计

参数估计是基于物理模型的预测中最重要的一步,因为一旦确定了模型参数,就可以直接预测剩余使用寿命。基于物理模型的参数估计有以下两个具体问题:

(1)与不同算法的特性相关的参数估计的精度,如本章中的 NLS、BM 和 PF。

（2）模型参数之间以及模型参数与负载条件之间的相关性妨碍了参数识别的准确性。一个好的预测算法可以用较少的数据识别出准确的模型参数。对于相关性，第 6 章和第 7 章将表明，即使准确地识别参数可能有困难，但是准确地预测退化行为和剩余使用寿命仍然是可能的。由于需要通过比较和案例研究来介绍这两个问题，所以更多的细节将在第 6 章和第 7 章进行讨论。

4.6.3　退化数据的品质

为了估计运行中的系统的模型参数，结构健康监测数据通常被当作收集数据以用于预测。由于传感器设备和测量环境的原因，SHM 数据可能包含高水平的噪声和偏差。噪声是指由于电子设备中的干扰或不必要的电磁场而引起的测量数据或信号的随机波动。偏差是指测量信号与正确信号之间的静态偏差，这可能是由刻度误差引起的。噪声使得与退化相关的信号难以识别，而偏差会导致预测误差。事实上，滤波噪声和补偿偏差一直是利用 SHM 数据进行预测的主要研究课题。

Gu 等（2008）提出了一种检测多层陶瓷电容器在温度 – 湿度 – 偏差条件下性能退化的预测方法。Coppe 等人（2009）表明，尽管传感器测量中存在噪声和偏差，但特定的结构损伤增长参数的不确定性可以逐渐降低。Guan 等人（2009）考虑了来自测量、建模和参数估计的各种不确定性，以描述基于最大熵的通用框架下的疲劳损伤累积随机过程。结果表明，较大的噪声会导致系统的收敛速度变慢，并且偏差会导致参数分布偏移。

传感器信号中的噪声会阻碍退化特征的检测，这对基于物理模型和数据驱动的预测方法的预测能力都有不利影响。为了解决这个问题，通常在信号处理中进行去噪。Zhang 等人（2009）提出了一种提高信噪比的去噪方案，并将其应用于直升机变速箱试验台获得的振动信号。Qiu 等（2003）提出了一种增强轴承预测鲁棒性的方法，包括基于小波滤波器的振动信号弱故障特征提取方法和基于自组织映射的轴承退化评估方法。Abouel – seoud 等人（2011）提出了一种基于最优小波滤波器的鲁棒性预测概念，用于通过声发射对齿轮齿裂纹进行故障识别。数据品质将在第 6 章和第 7 章中进一步讨论。

4.7　习　　题

P4.1　已知 $\{(t_k, z_k)\} = \{(0,1),(25,0.94),(45,0.86)\}$ 这三个数据，求出 $z_k = \exp(-bt_k)$ 的模型参数及其方差。为了找到模型参数，绘制误差平方和作为模型参数 b 的函数，并在图中找到最小点。利用最优参数，绘制 $t = [0,45]$ 重叠数据范围内的退化模型。假设权重是常数。

P4.2　根据真实的电池退化模型 $z_k = \exp(-0.003t_k)$，在周期 $t = [0,45]$ 之间每隔 5 个周期生成精确的退化数据，并加入服从正态分布 $N(0, \sigma^2)$ 的随机噪声。通过改变噪声的标准偏差 $\sigma = \{0.0, 0.01, 0.02, 0.05\}$，比较已识别的模型参数以及剩余使用寿命，尤其是其置信度和预测区间。阈值为 0.7。

P4.3　有时非线性模型可以转化为线性模型。例如，式（4.2）中的电池退化模型通过取对数可以转换成线性模型：$\log z_k(t_k,b) = -bt_k$，其中 b 是模型参数。使用[LS]进行线性回归，找到模型参数 b；对表4.1中的数据取对数后得到剩余使用寿命的分布。将这些结果与4.2.1节中非线性最小二乘[NLS]的结果进行比较。

P4.4   当给出的退化模型为 $z(t) = a_0^2 - a_1^2 t$ 时，可以使用非线性最小二乘法（将 a_0 和 a_1 作为未知参数）或线性最小二乘法（将 a_0^2 和 a_1^2 作为未知参数）来估计两个参数。分别用线性和非线性回归确定这两个模型参数，并比较它们的结果。使用以下退化数据：$\{(t_k,z_k)\} = \{(0,1),(2,0.91),(3,0.78),(4,0.71)\}$。

P4.5   马尔可夫链蒙特卡罗（MCMC）抽样可用于从非标准 PDF 中生成样本。考虑一个 PDF，$p(x) \propto 0.3\exp(-0.2x^2) + 0.7\exp(-0.2(x-10)^2)$。使用标准差为 10 的正态分布作为建议分布。从具有精确 PDF 的样本中生成 10 000 个样本并绘制 PDF 图。

P4.6   对 100 和 500 个样本重复 P4.5 过程，并比较样本 PDF。对于建议分布的标准差取 1 和 100 时也重复相同的问题。

P4.7   利用马尔可夫链蒙特卡罗（MCMC）抽样生成 $U(0,20)$ 的 PDF。建议分布取 $U(x-1,x+1)$。用 1 000，10 000 和 100 000 个样本绘制 PDF 图。

P4.8   从 $x = 0.1$ 开始，使用 MCMC 手动生成 PDF 为 $p(x) = 2x, x \in [0,1]$ 的三个样本。建议分布取 $U(x-0.25,x+0.25)$。使用 MATLAB 程序生成 1000 个样本并绘制样本 PDF 图。

P4.9   马尔可夫链蒙特卡罗（MCMC）抽样可以推广到多个变量。在两个变量情况下，将按照以下步骤生成 x_1 和 x_2 的样本。在当前迭代(i)中，可以使用($i-1$)迭代中的两个样本值。(1)首先，在给定 $x_2^{(i-1)}$ 条件下抽取 $x_1^{(i)}$，即 $p(x_1^{(i)}|x_2^{(i-1)})$；(2)然后，在 $x_1^{(i)}$ 条件下抽取 $x_2^{(i)}$，即 $p(x_2^{(i)}|x_1^{(i)})$。利用该方法生成 500 个二元正态分布样本：

$$\begin{pmatrix} \theta_1 \\ \theta_2 \end{pmatrix}\bigg| \boldsymbol{y} \sim N\left(\begin{pmatrix} y_1 \\ y_2 \end{pmatrix}, \begin{pmatrix} 1 & \rho \\ \rho & 1 \end{pmatrix} \right)$$

其中，$\boldsymbol{y} = \{0,0\}^{\mathrm{T}}$，相关系数 $\rho = 0.8$。提示：条件分布可以给定为

$$\theta_1|\theta_2,\boldsymbol{y} \sim N(y_1 + \rho(\theta_2 - y_2), 1 - \rho^2)$$
$$\theta_2|\theta_1,\boldsymbol{y} \sim N(y_2 + \rho(\theta_1 - y_1), 1 - \rho^2)$$

P4.10   两个随机变量的联合 PDF 给定为 $p(x,y) = 4xy, x \in [0,1], y \in [0,1]$。解释如何生成 (x,y) 的 n_s 样本。

P4.11   在示例4.3中继续进行更新过程，直到 $k = 6$，讨论结果。

P4.12   使用 PF 进行电池预测，但不进行重新采样。在这种情况下，后验分布用初始样本和更新的权重表示。将结果与图4.10 和图4.11 的结果进行比较。

参 考 文 献

[1]　Abouel‐seoud S A, Elmorsy M S, Dyab E S. Robust prognostics concept for gearbox with artificially induced gear crack utilizing acoustic emission. Energy Environ. Res. , 2011, 1 (1):81 – 93.

[2]　An D, Choi J H, Schmitz T L, et al. In-situ monitoring and prediction of progressive joint wear using Bayesian statistics. Wear, 2011, 270(11 – 12):828 – 838.

[3]　An D, Choi J H, Kim N H. Prognostics 101: a tutorial for particle filter-based prognostics algorithm using Matlab. Reliab. Eng. Syst. Saf. ,2013, 115:161 – 169.

[4]　Andrieu C, Freitas D N, Doucet A, et al. An introduction to MCMC for machine learning. Mach. Learn. , 2003, 50(1):5 – 43.

[5]　Casella G, Robert C P, Wells M T. Generalized accept-reject sampling schemes. Lecture Notes-Monograph Series, vol 45. Institute of Mathematical Statistics, Beachwood, 2004, 342 – 347.

[6]　Choi J H, A D, Gang J, et al. Bayesian approach for parameter estimation in the structural analysis and prognosis. Paper presented at the annual conference of the prognostics and health management society, Portland, Oregon, 13 – 16 October 2010.

[7]　Coppe A, Haftka R T, Kim N H, et al. Reducing uncertainty in damage growth properties by structural health monitoring. Paper presented at the annual conference of the prognostics and health management society, San Diego, California, USA, 27 September – 1 October 2009.

[8]　Coppe A, Pais M J, Haftka R T, et al. Remarks on using a simple crack growth model in predicting remaining useful life. Aircr. , 2012, 49:1965 – 1973.

[9]　Daigle M, Goebel K. Multiple damage progression paths in model-based prognostics. Paper presented at IEEE aerospace conference, Big Sky, Montana, USA, 5 – 12 March 2011.

[10]　Doucet A, Freitas D N, Gordon N J. Sequential Monte Carlo methods in practice. Springer, New York, 2001.

[11]　Gavin H P. The Levenberg-Marquardt method for nonlinear least squares curve-fitting problems. Available via Duke University. http://people. duke. edu/ * hpgavin/ce281/ lm. pdf. Accessed 28 May 2016.

[12]　Gelman A, Carlin J B, Stern H S, et al. Bayesian data analysis. Chapman & Hall, New York, 2004.

[13]　Glynn P W, Iglehart D L. Importance sampling for stochastic simulations. Manag Sci, 1989, 35 (11):1367 – 1392.

[14]　Goebel K B, Saha A, Saxena J R, et al. Prognostics in battery health management. IEEE

Instrumen. Meas. Mag. , 2008, 11(4):33 – 40.

[15] Gu J, Azarian M H, Pecht M G. Failure prognostics of multilayer ceramic capacitors in temperature-humidity-bias conditions. Paper presented at the international conference on prognostics and health management, Denver, Colorado, USA, 6 – 9 October 2008.

[16] Guan X, Liu Y, Saxena A, et al. Entropy-based probabilistic fatigue damage prognosis and algorithmic performance comparison. Paper presented at the annual conference of the prognostics and health management society, San Diego, California, USA, 27 September – 1 October 2009.

[17] He W, Williard N, Osterman M, et al. Prognostics of lithium-ion batteries using extended Kalman filtering. Paper presented at IMAPS advanced technology workshop on high reliability microelectronics for military applications, Linthicum, Maryland, USA, 17 – 19 May, 2011.

[18] Julier S J, Uhlmann J K. Unscented filtering and nonlinear estimation. Proc IEEE, 2004, 92(3): 401 – 422.

[19] Kalman R E. A new approach to linear filtering and prediction problems. Trans ASME J Basic. Eng. , 1960, 82:35 – 45.

[20] Kim S, Park J S. Sequential Monte Carlo filters for abruptly changing state estimation. Probab. Eng. Mech, 2013, 26:194 – 201.

[21] Ling Y, Mahadevan S. Quantitative model validation techniques: New insights. Reliab. Eng. Syst. Saf. , 2013, 111:217 – 231.

[22] Oden J T, Prudencio E E, Bauman P T. Virtual model validation of complex multiscale systems: applications to nonlinear elastostatics. Comput. Methods Appl. Mech. Eng. , 2013, 266: 162 – 184.

[23] Orchard M E, Vachtsevanos G J. A particle filtering approach for on-line failure prognosis in a planetary carrier plate. Int J Fuzzy Logic Intell Syst, 2007, 7(4):221 – 227.

[24] Qiu H, Lee J, Linc J, et al. Robust Performance degradation assessment methods for enhanced rolling element bearing prognostics. Adv Eng Inform, 2003, 17:127 – 140.

[25] Rebba R, Mahadevan S, Huang S. Validation and error estimation of computational models. Reliab. Eng. Syst. Saf. , 2006, 91:1390 – 1397.

[26] Ristic B, Arulampalam S, Gordon N. Beyond the Kalman filter: particle filters for tracking applications. IEEE Aerosp. Electron. Syst. Mag. , 2004, 19(7):37 – 38.

[27] Sargent RG. Verification and validation of simulation models. Simul, 2013, 7:12 – 24.

[28] Zhang B, Khawaja T, Patrick R, et al. Application of blind deconvolution denoising in failure prognosis. IEEE Trans. Instrum. Meas. , 2009, 58(2):303 – 310.

[29] Zio E, Peloni G. Particle filtering prognostic estimation of the remaining useful life of nonlinear components. Reliab. Eng. Syst. Saf. , 2011, 96(3):403 – 409.

第5章 基于数据驱动的寿命预测

5.1 引　　言

第4章中基于物理过程的预测方法是用相对较少的观测数据来预测未来损伤退化行为的有力工具。但是,它的局限性在于需要建立可靠的物理模型去描述损伤退化行为。此外,测量的数据必须与物理模型直接相关。以裂纹扩展预测为例,测量数据(裂纹尺寸)与Paris模型预测的结果一致。因此,当没有明确定义的物理模型来描述退化或无法直接测量损伤时,基于物理的预测无法预测复杂系统的故障(失效)。

例如,在进行轴承失效预测时,常见的损坏是由剥落现象引起的,其中滚动元件或滚道由于表面出现裂纹而受损。起初细微的表面裂纹会迅速传播到其他表面区域,并使轴和系统的振动逐渐增大,过度的振动最终会导致系统失效。但是,出于结构健康监测的目的,在轴承旋转时无法直接测量这些表面裂纹。因此,通常在系统的固定部位安装加速度计来监测系统振动水平,即通过振动水平间接地测量损伤退化。另外,退化水平和振动水平之间没有明确的物理关系。在这种情况下,基于物理过程的预测可能并不适用。相反,根据经验,如果特定轴承系统的振动超过某一水平,工程师就会得知系统将要失效。因此,不使用物理模型来描述性能退化,确定系统何时需要维护也是可能的。这就是数据驱动预测的基本概念。当然,为了做出可靠的预测,它需要许多类似系统的失效数据。

数据驱动的预测方法使用来自观测数据中的信息来识别退化过程,并在不使用物理模型的情况下预测未来的状态。即使不使用物理模型,数据驱动方法仍然使用某种数学模型,该模型只适用于被监测的特定系统。与基于物理过程的预测类似,数据驱动的方法可以看作是基于数学函数(退化过程)的外推(预测)方法。

通常,需要额外使用几组全寿期的退化数据和来自当前系统的数据来识别退化特性,这些数据称为训练数据。尽管在基于物理过程的方法中,同样需要退化数据去识别模型参数,但这些数据被称为训练数据。在没有物理模型的情况下,通过用训练数据使数学模型学习退化行为,这是与基于物理过程方法的一个主要区别。显然,使用相同的数据,基于物理方法的预测结果具有更多信息,即物理模型和负载条件,因此它比数据驱动的方法更准确。但是,由于在实践中很少使用物理退化模型,因此数据驱动方法更实用。

第2.2.3节介绍了基于数据驱动的方法——最小二乘法的过程,图5.1展示了数据驱动方法的整体过程。数学模型的输出(z)是关于输入变量(x)和参数(θ)的函数,其中参数(θ)与数学模型有关。首先,应该确定表示输入变量和输出退化状态之间关系的数学模型,该模型可以基于多项式、s形函数或相关函数。不同数据驱动算法的区别在于如何表示输入和输出之间的关系。一旦确定了数学模型,就可以将优化过程与训练数据结合来确定与数学模型关联的参数。在图2.1中,通过相似系统在各种使用条件下获得的训练数据(我们称之为训练集,如图中灰色方块标记),当前系统在过去所获得的数据(我们称之为预测集)。根据确定的退化参数和数学模型,对未来的退化状态进行预测。通常,为了防止过拟合,需要许多训练数据(见 2.2.3 节)。由于参数通常以确定值的形式获得,因此预测不确定性分别包含在基于单个算法的确定性退化预测中。最后,根据确定的参数和不确定性,采用基于物理过程的方法对剩余使用寿命进行预测。

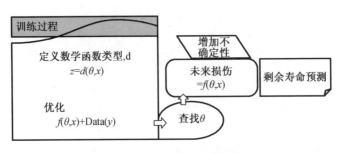

图 5.1　数据驱动预测的说明

数据驱动方法中包含许多算法,因为任何外推方法都可以用于数据驱动预测。通常,数据驱动方法分为两类:(1)人工智能方法,包括神经网络(Neural Network, NN)[1-3]和模糊逻辑[4,5];(2)统计方法,包括高斯过程(Gaussian Process,GP)回归[6,7]、相关性/支持向量机[8,9]、最小二乘回归[10,11]、伽马过程[12]、维纳过程[13]、隐马尔可夫模型[14]等。其中,NN 作为一种人工智能方法,在时间序列预测、分类/模式识别、机器人/控制等领域有着广泛的应用。它也是最常用的预测算法,而对其他算法的偏好可能取决于研究人员。文献[15]对各种数据驱动算法进行了综述。

在上述算法中,GP 和 NN 将在本章进行讨论,这两种算法都是常用的预测方法。本章将用与第 4 章相同的电池示例对这两种算法进行讲解,它们的实际应用将在第 5.4 节进行讨论。

5.2　高斯过程回归(GP)

5.2.1　代理模型和外推

当有许多在不同时刻测量的健康监测数据可用时,一种简单的方法是使用数学函数拟合数据。例如,第 2 章中的最小二乘法用多项式函数来拟合数据,它通过寻找系数,使实际值和模型预测值之间的误差最小化。通常,用数学函数拟合数据称为代理模型。由于代理模型是对物理现象的近似,因此精确度是最重要的标准。如果有足够的可用数据,并且代理模型可以灵活地追踪所有数据,那么就可以获得精确的代理模型。一旦用给定的数据拟合出代理模型,那么计算不同输入值下的函数值就变得非常简单。建立代理模型的主要目的是节省对不同输入值的计算时间。

代理建模在工程设计、可靠性评估等工程领域有着广泛的应用。在设计应用程序时,将成本函数和约束函数建模为多个设计变量的函数。然后,在优化过程中,反复改变设计变量以找到最优设计,该过程需要对函数进行大量的评估。此外,可靠性分析需要生成大量的随机变量输入样本,并估计函数输出不能满足要求的概率。

然而,在预测中代理模型可以用于不同的目的。首先,时间通常作为输入变量,因为预测的主要目的是预测系统的剩余使用寿命,所以测量数据成对(时间、退化)给出。其次,代理的主要目的不是减少计算时间,而是准确预测。即使许多预测是为了估计剩余使用寿命的统计分布,但准确预测剩余使用寿命仍然是预测的主要目标。最后,在其他应用中,代理模型通常预测输入数据范围内(插值)的量。然而,在预测中使用代理模型是为了预测未来的退化水平(外推法)。若测量得到当前时间为止的退化水平数据,则可使用这些数据建立代理模型来预测未来时刻的退化水平。需要注意的是,代理模型在插值区域和外推区域的表现会有很大不同,一个在插值区拟合良好的代理模型,在外推区的预测可能会失败。

以图 5.2 为例,图中展示了函数 $y(x) = x + 0.5\sin(5x)$ 的近似值。首先,用准确的函数表达式从区间 $[1,9]$ 内生成 21 个等间距样本。然后,MATLAB 函数 newrb 使用径向基网络代理模型去拟合 21 个样本。图 5.2 显示了准确函数在区间 $[0,10]$ 的计算值和代理模型预测值,从图中可以看出在插值区间 $[1,9]$,代理模型预测值非常准确,实际上该区间的均方根误差为 0。然而在外推区间 $[0,1]$ 和 $[9,10]$,代理模型的表现很糟糕,即使外推区间很接近采样位置。

代理模型用以下 MATLAB 代码生成:

```
x = linspace(1,9,21); y = x + 0.5 * sin(5 * x);
net = newrb(x, y);
xf = linspace(0, 10, 101); yf = xf + 0.5 * sin(5 * xf);
ysim = sim(net, xf);
plot(xf, yf); hold on; plot(xf, ysim,'ro')
```

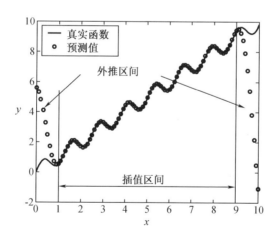

图 5.2　代理模型在外推区间和插值区间的说明

因此,从外推预测的角度来评价代理是非常重要的。如图 5.2 所示,由于径向基网络不具备退化趋势,因此它可能不是一个良好的代理模型。尽管多项式的响应面也可以较好地跟随趋势,但在外推区间的曲率变化较快。因此,通过对不同代理进行数值试验,证明 GP 回归代理模型在外推方面的鲁棒性是最好的。

在本节中,我们使用 GP 回归方法来预测未来的退化过程。由于没有使用物理模型,所以该方法被称为一种数据驱动方法。

5.2.2　高斯过程模拟

GP 回归是一种基于回归的数据驱动预测方法,它是一种类似于最小二乘法的线性回归方法。GP 与普通线性回归的区别在于是否考虑了回归函数与数据之间误差的相关性。在普通线性回归中假设误差是独立同分布的,而在 GP 中假设误差是相关的。

相关关系是 GP 中的重要概念,它与两个随机变量的协方差直接相关。两个随机变量 X 和 Y 的协方差可以定义为

$$\mathrm{cov}(X,Y) = E\big[(X-\mu_X)(Y-\mu_Y)\big] = E[XY] - \mu_X\mu_Y \tag{5.1}$$

式中,$E[\,\cdot\,]$ 是随机变量的期望值,μ_X 和 μ_Y 分别是 X 和 Y 的期望值。随机变量的自协方差是标准平方差,即方差。注意,随机变量的方差是其均值的二阶矩,即标准平方差。一对随机变量的协方差是两个变量的混合矩。

利用协方差,两个随机变量之间的相关系数可以定义为

$$R(X,Y) = \frac{\mathrm{cov}(X,Y)}{\sigma_X\sigma_Y} \tag{5.2}$$

式中,σ_X 和 σ_Y 分别是 X 和 Y 的标准差,且 $-1 \leqslant R(X,Y) \leqslant 1$。相关系数衡量的是它们共同变化的趋势。因此,相关系数为 1 意味着它们完全同步地增加和减少,最常见的情况是当 $X = \alpha Y$ 的系数 α 为正数时。同样地,相关系数为 -1 也是往反方向完全同步变化的,且最常见的情况是系数 α 为负数时。最后,相关系数为 0 表示它们不相关。通常情况下,随机变量是独立的,但并非所有不相关的变量都是独立的。零相关与一阶矩有关,但通过高阶效应可能存在相关性。

例 5.1　函数值之间的相关性

GP 中的拟合过程需要估计函数值之间的相关系数随距离衰减的速度,这取决于函数的波长,也就是说,对于波长短的函数,相关系数衰减速度快。为了验证波长为 2π 的函数 $\sin x$ 的相关系数衰减有多快,(a)产生 10 个 0 到 10 之间的随机数 x_i, $i = 1,\cdots, 10$;(b)移动 x_i 一小步,$x_i^{\mathrm{near}} = x_i + 0.1$;移动 x_i 一大步,$x_i^{\mathrm{far}} = x_i + 1.0$,(c)计算 $y = \sin(x_i)$ 和 $y = \sin(x_i^{\mathrm{near}})$ 的相关系数,与 $y = \sin(x_i)$ 和 $y = \sin(x_i^{\mathrm{far}})$ 的相关系数。

解答　首先生成不同的随机数,可以使用以下 MATLAB 代码生成随机数并计算相关性:

```
x = 10 * rand(1,10);
xnear = x + 0.1; xfar = x + 1;
y = sin(x);
ynear = sin(xnear);
yfar = sin(xfar);
rnear = corrcoef(y, ynear) % rnear = 0.9894;
rfar = corrcoef(y, yfar)   % rfar = 0.4229
```

下表显示了 x 取 10 个随机数以及 $y = \sin(x_i)$,$y = \sin(x_i^{\mathrm{near}})$ 和 $y = \sin(x_i^{\mathrm{far}})$ 的值。

x	8.147	9.058	1.267	9.134	6.324	0.975	2.785	5.469	9.575	9.649
ynear	0.9237	0.2637	0.9799	0.1899	0.1399	0.8798	0.2538	-0.6551	0.2477	-0.3185
y	0.9573	0.3587	0.9551	0.2869	0.0404	0.8279	0.3491	-0.7273	-0.1497	-0.2222
yfar	0.2740	-0.5917	0.7654	-0.6511	0.8626	0.9193	-0.5999	0.1846	-0.9129	-0.9405

很明显,y 和 y^{near} 的趋势相似,但 y 和 y^{far} 的趋势不同。也就是说,y 和 y^{near} 有很强的相关性,但 y 和 y^{far} 没有。实际上,y 与 y^{near} 的相关系数为 0.9894,与 y^{far} 的相关系数为 0.4229,这反映了函数值的变化,如表中红色标记的成对点所示。在 GP 中,寻找相关系数衰减率是拟合过程的一部分。此示例显示,波浪函数的相关系数在波长($1:2\pi$)的六分之一上衰减到约 0.4。

在 GP 中,模拟输出 $z(x)$ 是由一个全局函数输出 $\xi(x)\theta$ 组成,其形式通常为常数或多项式和局部偏差 $s(x)$:

$$z(\boldsymbol{x}) = \boldsymbol{\xi}(\boldsymbol{x})\boldsymbol{\theta} + s(\boldsymbol{x}) \tag{5.3}$$

式中,$\boldsymbol{x}$ 是输入变量,为行向量;$\boldsymbol{\xi}(\boldsymbol{x})\boldsymbol{\theta}$ 是维度为 $1 \times n_p$ 的基向量,它与维度为 $n_p \times 1$ 的全局函数参数/系数向量有关;$\boldsymbol{\theta}$ 和 $s(\boldsymbol{x})$ 是局部偏差,即全局函数与测量数据之间的误差。例如,假设全局函数为线性多项式 $a_0 + a_1 x$ 时,则在一维 GP 中,$\boldsymbol{\xi}(x) = [1, x]$,$\boldsymbol{\theta} = [a_0, a_1]^{\mathrm{T}}$。实际应用中,一般采用一个简单的多项式函数作为全局函数。

人们可能认为式(5.3)与式(2.3)相似,但在基本假设方面存在显著差异。式(2.3)基于多项式最小二乘法,假设模型 $z(\boldsymbol{x}) = \boldsymbol{\xi}(\boldsymbol{x})\boldsymbol{\theta}$ 是正确的,但数据误差 ε_k 服从正态分布 $N(0, \sigma^2)$。假定这些误差在统计上独立,也就是说,一个点的误差与其他点的误差无关。另一方面,GP 假设实测数据是正确的,但模型形式不确定,由于数据是正确的,GP 适用于所有数据,即模型预测值与实测数据在点 $y_k = z(\boldsymbol{x}_k) = \boldsymbol{\xi}(\boldsymbol{x}_k)\boldsymbol{\theta} + s(\boldsymbol{x}_k)$ 处匹配。在预测点上,GP 的不确定性或误差可以用局部偏差 $s(\boldsymbol{x})$ 来描述。在式(5.3)中,实现了均值为 0,方差为 σ^2,协方差为非 0 的高斯随机过程,如:

$$s(\boldsymbol{x}) \sim N(0, \sigma^2) \tag{5.4}$$

式中,σ 为数据相对于全局函数的标准差。当数据密集时,标准差较小。当有足够多的点来描述函数的波形时,就认为数据是密集的。为了得到密集的数据,某个点到其最近点的距离应该比函数的波长小一个数量级。

GP 的关键概念中,除了附近点函数值的相关性形式之外,$z(\boldsymbol{x})$ 的函数形式是未知的。尤其是,相关关系仅依赖于点与点之间的间距,当点与点之间的距离越来越远时,相关关系就会衰减。n_y 个数据之间的相关矩阵定义为

$$\boldsymbol{R} = [R(\boldsymbol{x}_k, \boldsymbol{x}_l)], k, l = 1, 2, \cdots, n_y \tag{5.5}$$

其中 $\boldsymbol{R}(x_k, x_l)$ 为两个数据点之间的相关系数,稍后使用相关函数定义。注意,$\boldsymbol{R}$ 的对角线元素是 1,因为它们表示相同点之间的相关性。间距近的点之间相关性很强,而间距远的点之间相关性很弱。预测点 x 和数据点之间的相关性可以用类似的方式定义:

$$\boldsymbol{r}(x) = [R(\boldsymbol{x}_k, \boldsymbol{x})], \quad k = 1, 2, \cdots, n_y \tag{5.6}$$

它是一个维度为 $n_y \times 1$ 的向量,表示数据点 x_k 和预测点 x 之间的相关关系,从而使不同预测点的偏离幅度不同。

由于局部偏差的相关性,GP 具有一个突出的特点,即图 5.3 中虚线所示的模拟输出会经过一组实测数据(训练数据)$[x_{1:n_y}, y_{1:n_y}]$。当预测点(新的输入)x^{new} 位于测量点 A,$x_i(i = 1, 2, \cdots, n_y)$ 时,偏差的幅度与实测数据 $y_i(i = 1, 2, \cdots, n_y)$ 和全局函数输出的差值相同(图中全局函数为常数),此时预测输出 $z(x_i)$ 等于实测数据 y_i。当预测点(点 B)与实测点不同时,根据点 B 与实测点的相关性改变偏差的大小。因此,如果预测点位于测量点之间,模拟输出就会平滑地插入测量数据。然而,如果预测点远离测量点即外推法,则这种偏差的影响会

随着相关性的降低而减小,GP 会更接近全局函数。因此,外推法与遵循全局模型的普通线性回归并没有太大区别。对于插值而言,数据点之间的相关性是刻画 GP 属性的一个重要因素,它是通过选择合适的相关函数类型并估计其超参数来确定的。GP 中的超参数可以控制两个点之间的相关性来影响代理模型的稳定性。超参数通常由基于实测数据(训练数据)的优化算法确定。本节的后面部分将讨论典型的相关函数和超参数估计。

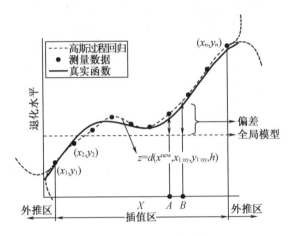

图5.3　高斯过程回归说明

5.2.3　GP 模拟

5.2.3.1　全局函数参数和误差分布

本节利用实测数据点来推导 GP 模拟函数。首先,利用极大似然估计(maximum likelihood estimation,MLE)来估计式(5.3)中的全局函数参数 $\boldsymbol{\theta}$ 和式(5.4)中数据与全局函数的方差 σ^2。一旦确定了全局函数,就可以通过最小化无偏均方差来计算局部偏差。

如式(5.3)和(5.4)所述,假设全局函数和数据之间的误差服从正态分布。在 n_y 个数据点上,误差可以定义为

$$e = y - X\boldsymbol{\theta} = \begin{Bmatrix} y_1 \\ y_2 \\ \vdots \\ y_{n_y} \end{Bmatrix} - \begin{bmatrix} -\xi(\boldsymbol{x}_1)- \\ -\xi(\boldsymbol{x}_2)- \\ \vdots \\ -\xi(\boldsymbol{x}_{n_y})- \end{bmatrix} \begin{Bmatrix} \theta_1 \\ \theta_2 \\ \vdots \\ \theta_{n_p} \end{Bmatrix}$$

式中,$\boldsymbol{X}$ 为设计矩阵,是所有数据点的基向量。注意,上述误差取决于全局函数的参数 $\boldsymbol{\theta}$。

GP 中假设误差 $\boldsymbol{e}$ 服从均值为 0,方差为 σ^2 的高斯分布,且数据点之间具有相关关系。如第 3 章贝叶斯推理所述,在给定参数 $\boldsymbol{\theta}$ 和 σ^2 的情况下,似然是实测数据 $\boldsymbol{y}$ 的概率密度。因此,可以利用相关的 n_y 个数据点的联合概率密度函数将似然定义为

$$f(\boldsymbol{y} \mid \boldsymbol{\theta}, \sigma^2) = \frac{1}{\sqrt{(2\pi)^{n_y}(\sigma^2)^{n_y}|\boldsymbol{R}|}} \exp\left(-\frac{(\boldsymbol{y}-\boldsymbol{X}\boldsymbol{\theta})^{\mathrm{T}}\boldsymbol{R}^{-1}(\boldsymbol{y}-\boldsymbol{X}\boldsymbol{\theta})}{2\sigma^2}\right) \tag{5.7}$$

上式为 n_y 维高斯分布的乘法,这是 $\boldsymbol{y}$ 与给定 $\boldsymbol{\theta}$ 和 σ^2 的相关矩阵 $\boldsymbol{R}$ 的似然函数。上述方程中,$|\boldsymbol{R}|$ 是相关矩阵的行列式。

通过最大化似然函数,可以找到参数 θ 和 σ^2。为了处理代数函数,但不是指数函数,常使用对数似然函数。因为对数是一个单调递增的函数,它可以改变似然值,但不会改变参数的位置,从而得到最大值。对数似然定义为

$$\ln[f(\boldsymbol{y}\mid\boldsymbol{\theta},\sigma^2)] = -\frac{n_y}{2}\ln(2\pi) - \frac{n_y}{2}\ln(\sigma^2) - \frac{1}{2}\ln|\boldsymbol{R}| - \frac{(\boldsymbol{y}-\boldsymbol{X\theta})^{\mathrm{T}}\boldsymbol{R}^{-1}(\boldsymbol{y}-\boldsymbol{X\theta})}{2\sigma^2} \tag{5.8}$$

可以通过将式(5.8)对 θ 和 σ 求导来找到最大值位置:

$$\frac{\partial \ln f}{\partial \boldsymbol{\theta}} = \frac{\boldsymbol{X}^{\mathrm{T}}\boldsymbol{R}^{-1}(\boldsymbol{y}-\boldsymbol{X\theta})}{\sigma^2} = 0$$

$$\frac{\partial \ln f}{\partial \sigma^2} = -\frac{n_y}{2}\frac{1}{\sigma^2} + \frac{(\boldsymbol{y}-\boldsymbol{X\theta})^{\mathrm{T}}\boldsymbol{R}^{-1}(\boldsymbol{y}-\boldsymbol{X\theta})}{2\sigma^4} \tag{5.9}$$

因此,通过求解上述方程 θ 和 σ^2 可以得到最大似然函数的估计参数为

$$\hat{\boldsymbol{\theta}} = (\boldsymbol{X}^{\mathrm{T}}\boldsymbol{R}^{-1}\boldsymbol{X})^{-1}\{\boldsymbol{X}^{\mathrm{T}}\boldsymbol{R}^{-1}\boldsymbol{y}\}$$

$$\hat{\sigma}^2 = \frac{(\boldsymbol{y}-\boldsymbol{X\hat{\theta}})^{\mathrm{T}}\boldsymbol{R}^{-1}(\boldsymbol{y}-\boldsymbol{X\hat{\theta}})}{n_y - n_p} \tag{5.10}$$

注意,除了相关矩阵的逆,估计参数与式(2.8)具有相同的形式,并且用自由度 $\hat{\boldsymbol{\theta}}$ 代替 $n_y - n_p$ 中数据量 $\hat{\sigma}^2$ 进行无偏估计,除了相关矩阵的逆,这基本上与式(2.18)相同。注意,估计参数依赖于相关矩阵 $\boldsymbol{R}$,这将在后面讨论。

在推导式(5.10)时,假设函数的波长在输入空间的所有区域都是均匀的。此时,使用初始数据得到的协方差矩阵在整个输入空间中都是常数,即平稳协方差(stationary covariance)。对于非平稳协方差(nonstationary covariance),读者可参考文献[16]。

多项式函数常用于全局函数。Kriging 代理是高斯过程的另一个名字,因为一位南非地质统计工程师 Daniel G. Krige 开发了这种方法来估计距离加权平均黄金等级。当使用常数函数作为基础时,会提供一个特定的术语"普通 Kriging",即估计参数 $\hat{\boldsymbol{\theta}}$ 一个标量。当代理的主要目的是估计插值区域中的函数时,全局函数的选择可能并不重要,因为局部偏差将以如下方式建模:通过数据点预测,并根据数据点之间的相关性确定数据点之间的预测。但是,出于预测目的,这不是全局函数的最佳选项。因为 GP 在预测中的目的是外推,随着外推距离的增加,数据点之间的相关性会迅速减小,且预测将返回到全局函数。众所周知,退化表现出单调递增或递减的行为,最好选择具有这种特性的基函数。本书中,建议使用线性多项式或二次多项式,当输入变量为正数时该多项表现出单调行为。

5.2.3.2　局部偏差

在前一小节中,我们使用极大似然估计法估计了全局函数参数 θ 和方差 $\hat{\sigma}^2$,结果如式(5.10)所示,从而确定了式(5.3)中全局函数的形式。在此基础上,考虑式(5.3)中的局部偏差项 $s(x)$,最终得到 GP 模拟函数。根据 GP 模拟函数会经过测量数据点的特性,可以用测量数据和权重函数的线性组合来表示 GP 模拟。然后,通过最小化 GP 模拟函数输出与真实函数输出之间的均方误差(Mean Squared Error, MSE),从而得到权重函数。首先,将 GP 模拟函数与真实函数之间的误差定义为

$$\varepsilon(\boldsymbol{x}) = \hat{z}(\boldsymbol{x}) - z(\boldsymbol{x}) = \boldsymbol{w}(\boldsymbol{x})^{\mathrm{T}}\boldsymbol{y} - z(\boldsymbol{x}) \tag{5.11}$$

式中 $\hat{z}(\boldsymbol{x})$、$z(\boldsymbol{x})$ 分别为 GP 模拟函数和真实函数。GP 模拟函数可以表示为维度为 $n_y \times 1$ 的

权函数向量 $w(x)$ 与维度为 $n_y \times 1$ 测量数据向量 y 的点积(即 $w(x)^T y$)。确定权重函数的目的是使式(5.11)中的误差最小。即使 GP 模拟函数以 $\hat{z}(x) = w(x)^T y$ 的形式表示,也将按照式(5.3)中的全局函数和局部偏差的形式表示。

从数据不存在误差这一基本假设出发,可以将式(5.3)中的数据用 GP 模拟函数的形式表示,即 $y = X\hat{\theta} + s$,其中 $s = \{s(x_1), s(x_2), \cdots, s(x_{n_y})\}^T$ 是数据点的局部偏差向量。注意,$s(x)$ 是一个函数,而 s 是 $s(x)$ 在所有采样点的值向量。同样,真实函数可以表示为 $z(x) = \xi(x)\hat{\theta} + s(x)$。因此,式(5.11)可表示为

$$\varepsilon(x) = w(x)^T \{X\hat{\theta} + s\} - (\xi(x)\hat{\theta} + s(x)) = (w(x)^T X - \xi(x))\hat{\theta} + w(x)^T s - s(x)$$
$$(5.12)$$

在式(5.12)中,$(w(x)^T X - \xi(x))\hat{\theta}$ 和 $w(x)^T s - s(x)$ 分别是全局误差项和偏离误差项。为了使全局函数保持无偏性,需要对权重函数进行约束,使得全局误差项为零。由于全局函数参数 $\hat{\theta}$ 不全为零,因此约束方程可以写成

$$w(x)^T X - \xi(x) = 0 \tag{5.13}$$

因此,式(5.12)的 MSE 可以写成

$$\text{MSE} = E[\varepsilon(x)^2] = E[(w^T x - s)^2] = E[x^T s s^T w - 2w^T ss + s^2] \tag{5.14}$$

上式中,$E[\cdot]$ 为期望运算符。根据二阶中心矩(方差)和协方差的定义,可得 MSE 为

$$\text{MSE} = \sigma^2(w^T R w - 2w^T r + 1) \tag{5.15}$$

它代表了 GP 模拟函数输出的不确定性,因此成为 GP 模拟函数的方差。

通过最小化式(5.15)中的 MSE,并满足式(5.13)中的无偏约束,从而得到权重函数。拉格朗日乘数法是一种具有等式约束的优化方法,该方法可以在满足式(5.13)中约束条件的前提下,使式(5.15)中的 MSE 最小,从而求得 w。通过引入拉格朗日乘数 λ 来定义拉格朗日函数,此时 λ 是维度为 $1 \times n_p$ 的向量:

$$L(w, \lambda) = \sigma^2(w^T R w - 2w^T r + 1) - \lambda(X^T w - \xi^T) \tag{5.16}$$

可以通过对式(5.16)求关于 w 和 λ 的微分得到最小值。

$$\frac{\partial L(w, \lambda)}{\partial w} = 2\sigma^2(Rw - r) - X\lambda^T = 0 \tag{5.17}$$

$$\frac{\partial L(w, \lambda)}{\partial \lambda} = X^T w - \xi^T = 0 \tag{5.18}$$

通过求解式(5.17)可得:

$$w = R^{-1}r + R^{-1}X\frac{\lambda^T}{2\sigma^2} \tag{5.19}$$

将式(5.19)代入式(5.18),求解得到 $\dfrac{\lambda^T}{2\sigma^2}$:

$$\frac{\lambda^T}{2\sigma^2} = (X^T R^{-1} X)^{-1}\{\xi^T - X^T R^{-1} r\} \tag{5.20}$$

因此,通过求解式(5.19)和(5.20)得到权值向量 w,将 w 代入 GP 模拟式(5.11)中得:

$$\hat{z}(X) = w(x)^T y$$
$$= \left(R^{-1}r + R^{-1}X\frac{\lambda^T}{2\sigma^2}\right)^T y$$

$$= r^\mathrm{T} R^{-1} y + \frac{\lambda}{2\sigma^2} X^\mathrm{T} R^{-1} y$$

$$= r^\mathrm{T} R^{-1} y + (\xi - r^\mathrm{T} R^{-1} X)(\underline{X^\mathrm{T} R^{-1} X})^{-1} \{ \underline{X^\mathrm{T} R^{-1} y} \} \tag{5.21}$$

注意,这里使用了相关系数矩阵的对称性。在式(5.21)中,带下划线的项是式(5.10)中的估计参数 $\hat{\theta}$。最后,得到用于 GP 模拟的方程:

$$\hat{z}(x) = \xi(x)\hat{\theta} + r(x)^\mathrm{T} R^{-1}(y - X\hat{\theta}) \tag{5.22}$$

式中,y 是维度为 $n_y \times 1$ 的测量数据向量,X 是维度为 $n_y \times n_p$ 的设计矩阵,R 是维度为 $n_y \times n_y$ 的测量点之间的相关系数矩阵,$\hat{\theta}$ 是维度为 $n_p \times 1$ 的全局函数参数/系数向量,它们是根据测量数据确定的,而 $r(x)$ 是预测点和测量点之间的相关系数向量,它的维度为 $n_y \times 1$。在式(5.22)中,第一项 $\xi(x)\hat{\theta}$ 代表全局函数,第二项代表局部偏差。为了计算新测量点的偏差、数据与全局函数的误差,使 $y - X\hat{\theta}$ 为基于相关项 $r(x)^\mathrm{T} R^{-1}$ 的加权求和。

如果式(5.22)以 $\hat{z}(x) = \xi(x)\hat{\theta} + r(x)^\mathrm{T} \beta$ 的形式书写,对于给定一组样本数据其他项都是固定的,只有 $\xi(x)$ 和 $r(x)$ 是预测点 x 的函数。因此 GP 类似于线性回归,是未知系数与已知基函数乘积的线性组合。然而,有两个重要的区别:第一,基函数 $r(x)$ 是未知的,因为相关系数矩阵 R 需要从数据中估计得到。第二,通过最小化数据点的均方根误差(RMSE)不能得到系数;事实上,RMSE 为零,是因为预测准确地插值了数据。

5.2.3.3　相关函数与超参数

目前有多种类型的相关函数可用,包括径向基(或平方指数)、有理二次、神经网络、矩阵、周期、常数、线性函数,以及这些函数的组合[17]。虽然 GP 模拟的质量取决于相关函数,但本书采用的是常用且简单的单参数径向基函数。径向基函数依赖于输入参数之间的距离,即欧几里得范数:

$$R(x, x^*) = \exp\left(-\left(\frac{x_d}{h} \right)^2 \right), \quad x_d = \| x - x^* \| \tag{5.23}$$

式中,h 为超参数,是该函数的尺度参数,用于控制函数的平滑度。

h 取值小表示相关性随距离快速衰减。在波长 l 的 $1/6$ 处,相关性应衰减到 0.4 左右(见例 5.1)。由于 $e^{-1} = 0.37$ 接近于 0.4,超参数必须满足 $\left(\frac{l}{6h} \right)^2 \approx 1$,从而得到 $h \approx \frac{l}{6}$。也就是说,如果函数的波长为 l,则超参数应接近 $h \approx \frac{l}{6}$。例如,对于 $z(x) = \sin(x)$,$h \approx 1$,而对于 $z(x) = \sin(5x)$,$h \approx 0.2$。

通常,超参数是通过优化算法来确定的,算法通过最大化全局函数的输出与数据的误差对数似然函数(或最小化负的对数似然函数),如式(5.8)所示。由于式(5.8)中的第一项和第四项相对于相关矩阵(即超参数)是常数,故在式(5.8)中忽略它们可得下式[18]。因此,超参数 h 可以通过最大化以下方程得到:

$$h = \arg \max \left[-\frac{n_y}{2} \ln(\hat{\sigma}^2) - \frac{1}{2} \ln |R| \right] \tag{5.24}$$

通过使式(5.24)最大或使式(5.24)的等价函数最小可得到 h 的最优值:

$$h = \arg \min \left[\ln(\hat{\sigma}^{2 \times (n_y - n_p)} \times |R|) \right] \tag{5.25}$$

为了方差的无偏估计,在式(5.25)中,使用自由度 $n_y - n_p$ 代替数据的个数 n_y。

对数似然函数的最大化是一个极具挑战性的优化问题,因为似然函数通常会在较大的参数范围内缓慢变化。也可以使用交叉验证法代替最大似然方法,交叉验证法排除其中某个点,而将其余点与参数拟合,并计算在排除点处的误差。对每个点都重复此过程,从而得到总的测量误差。然后,选择产生最小交叉验证误差的参数集。在 GP 回归中,求解最大似然或最小交叉验证误差的优化问题往往是病态的,这将导致拟合不佳或者方差估计不佳。通过将预测方差与交叉验证误差进行比较,可以检查预测方差的不良估计。当曲率在数据点附近发生显著变化时,往往会出现拟合不佳的情况。

例如,图5.4(a)为一个简单的二次多项式 $y(x) = x^2 + 5x - 10$ 的曲线,其曲率变化相对较快。通过多项式生成了9个数据点(仅显示部分数据),GP 回归是以恒定的全局函数 $\xi(x) = 0$ 来拟合数据。图5.4(b)为超参数 h 大得不合理时的 GP 回归;图5.4(c)为超参数 h 过小时的 GP 回归。当 h 过大时,拟合良好,但预测方差估计过大;当 h 过小时,拟合较差,预测方差不能覆盖真实函数。因此,建议通过绘制 GP 回归及其不确定性来可视化。

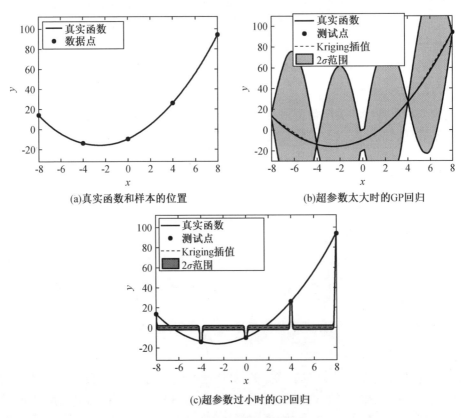

(a)真实函数和样本的位置   (b)超参数太大时的GP回归

(c)超参数过小时的GP回归

图5.4　超参数对高斯过程回归的影响

例5.2　确定性 GP 模拟

使用 GP 模拟,对表4.1中的前5个数据执行以下步骤:

(a)计算常量形式全局函数的参数和数据关于全局函数的方差。采用式(5.23)给出的径向基相关函数,假设 $h = 5.2$。

（b）获得尺度参数 h 的最优值。

（c）获得全局和偏差项后，分别计算在 $t=10$ 和 $t=14$ 时 GP 的模拟结果。

解答 这个问题可以用本节给出的方程来求解。在求解问题之前，需要将数据和设计矩阵定义为

$$\boldsymbol{y} = \begin{bmatrix} 1 & 0.99 & 0.99 & 0.94 & 0.95 \end{bmatrix}^{\mathrm{T}}$$

$$\boldsymbol{x}(=t) = \begin{bmatrix} 0 & 5 & 10 & 15 & 20 \end{bmatrix}^{\mathrm{T}}$$

$$\boldsymbol{X} = \begin{bmatrix} 1 & 1 & 1 & 1 & 1 \end{bmatrix}^{\mathrm{T}}$$

注意，本问题中全局函数被定义为常量，这意味着全局函数输出对于任何输入都是相同的，并且只有一个参数，即 $\xi(\boldsymbol{x}) = \{1\}$ 和 $\boldsymbol{\theta} = \{\theta\}$。在 MATLAB 程序中，这些项定义为

```
y = [1 0.99 0.99 0.94 0.95]';   % measurement data
x = [0 5 10 15 20]';            % input variable, t
x = ones (5, 1);                % design matrix
ny = length(y); np = size (X, 2);
```

（a）该问题的求解方式如式（5.10）所示，其中相关矩阵 $\boldsymbol{R} = [R(x_k, x_l)], k, l = 1, \cdots, n_y$。由式（5.23）得到，其他项均已预先定义。下面的 MATLAB 命令可计算相关矩阵：

```
h = 5.2;
for k = 1:ny
  for l = 1:ny
    R(k,l) = exp( -(norm(x(k,:) - x(l,:)) /h)^2);
  end
end
```

结果如下：

$$\boldsymbol{R} = \begin{bmatrix} 1 & 0.396\ 7 & 0.024\ 8 & 0.000\ 2 & 0 \\ 0.396\ 7 & 1 & 0.396\ 7 & 0.024\ 8 & 0.000\ 2 \\ 0.024\ 8 & 0.396\ 7 & 1 & 0.396\ 7 & 0.024\ 8 \\ 0.000\ 2 & 0.024\ 8 & 0.396\ 7 & 1 & 0.396\ 7 \\ 0 & 0.000\ 2 & 0.024\ 8 & 0.396\ 7 & 1 \end{bmatrix}$$

对角元素应该是 1，因为它们表示变量自身的相关性，例如 $\boldsymbol{R}(1,1)$ 和 $\boldsymbol{R}(2,2)$ 分别是 x_1 和 x_1 之间以及 x_2 和 x_2 之间的相关性。另一方面，非对角线元素是根据两个不同输入之间的距离确定的。例如，根据 x_1 和 x_2 计算出 $\boldsymbol{R}(1,2)$ 和 $\boldsymbol{R}(2,1)$，使得相关矩阵对称。

现可以通过式（5.10）计算全局函数参数和数据关于全局函数的方差：

$$\hat{\theta} = (\boldsymbol{X}^{\mathrm{T}} \boldsymbol{R}^{-1} \boldsymbol{X})^{-1} \{ \boldsymbol{X}^{\mathrm{T}} \boldsymbol{R}^{-1} \boldsymbol{y} \} = 3.098\ 9^{-1} \times 3.022\ 6 = 0.975\ 4$$

$$\hat{\sigma}^2 = \frac{(\boldsymbol{y} - \boldsymbol{X}\hat{\boldsymbol{\theta}})^{\mathrm{T}} \boldsymbol{R}^{-1} (\boldsymbol{y} - \boldsymbol{X}\hat{\boldsymbol{\theta}})}{n_y - n_p} = 7.28 \times 10^{-4}, \hat{\sigma} = 0.027\ 0$$

```
Rinv = inv(R);
thetaH = (X' * Rinv * X)\(X' * Rinv * y);
sigmaH = sqrt(1/(ny - np) *((y - X * thetaH)' * Rinv * (y - X * thetaH)));
```

（b）在（a）中，给出了 $h = 5.2$，事实上这是最优结果，它可以通过最小化式（5.25）得到。注意，变量 $\hat{\sigma}$ 和 $\boldsymbol{R}$ 取决于 h，如式（5.10）和式（5.23）所示，如何计算这两个变量在（a）中提及。由于这是一个单参数优化问题，因此可以通过在不同的 h 处绘制目标函数（式（5.25））

来近似解决。当 $h > 0$ 时,通过求解式(5.25)得到图 E5.1。在该图中,圆点标记的是最佳点,依据该最佳点可近似将尺度参数的最佳值设为 $h_{opt} = 5.2$。以下 MATLAB 代码可用于计算图 E5.1。

```
h = zeros(20,1); Obj = zeros(20,1);
for i = 1:20
  h(i) = 0.5 * i;
  for k = 1:ny
  for l = 1:ny
    R(k,l) = exp( -(norm(x(k,:) - x(l,:))/h(i))^2);
  end
end
Rinv = inv(R);
thetaH = (X' * Rinv * X)\(X' * Rinv * y);
sigmaH = sqrt(1/(ny - np) * ((y - X * thetaH)' * Rinv * (y - X * thetaH)));
Obj(i) = log(sigmaH^(2 * (ny - np)) * det(R));
end
plot(h,Obj,'linewidth',2); grid on;
```

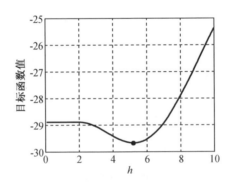

图 E5.1　关于 h 的目标函数

（c）由于全局函数是一个常数,因此设计矢量 $\xi = 1$ 且只有一个函数参数。因此,式(5.22)中的全局项 $\xi\hat{\boldsymbol{\theta}}$ 变为 $\xi\hat{\theta} = 1 \times 0.975\,4$。对于式(5.22)中的偏离项 $\boldsymbol{r}^{\mathrm{T}}\boldsymbol{R}^{-1}(\boldsymbol{y} - \boldsymbol{X}\hat{\boldsymbol{\theta}})$,$t = 10,14$,$t$ 是输入变量 x 与测量数据点之间的相关矢量,可由下式求解（R 在式 5.23 中给出）:

$$\boldsymbol{r} = \{R(x_k, x)\}, \quad k = 1, \cdots, n_y$$

故当 $t = 10$ 时

$$\boldsymbol{r} = \begin{bmatrix} 0.024\,8 & 0.396\,7 & 1 & 0.396\,7 & 0.024\,8 \end{bmatrix}^{\mathrm{T}}$$

$$\boldsymbol{r}^{\mathrm{T}}\boldsymbol{R}^{-1}(\boldsymbol{y} - \boldsymbol{X}\hat{\boldsymbol{\theta}}) = 0.014\,6$$

注意,由于 $t = 10$ 与其中一个测量点（第三个点）相同,因此相关向量 $\boldsymbol{r}$ 与相关矩阵 $\boldsymbol{R}$ 第三列相同。

同理,当 $t = 14$ 时

$$\boldsymbol{r} = \begin{bmatrix} 0.000\,7 & 0.05 & 0.553\,4 & 0.963\,7 & 0.264\,1 \end{bmatrix}^{\mathrm{T}}$$

$$\boldsymbol{r}^{\mathrm{T}}\boldsymbol{R}^{-1}(\boldsymbol{y} - \boldsymbol{X}\hat{\boldsymbol{\theta}}) = -0.027\,2$$

相关向量可以用以下 MATLAB 代码计算：

```
XNew = 10;%  xNew = 14
for k = 1:ny
  r(k,1) = exp ( -(norm(x(k, :) - xNew) /h)^2);
end
gpDepar = r' * Rinv * (y - X * thetaH);
```

因此，式(5.22)中的 GP 模拟结果如下：

当 $t = 10$ 时，$\hat{z}(10) = 0.975\ 4 + 0.014\ 6 = 0.99$。

当 $t = 14$ 时，$\hat{z}(14) = 0.975\ 4 - 0.027\ 2 = 0.948\ 2$。

结果如图 E5.2(a)中的星标记所示，偏离了全局函数。对 $t \in [-5, 25]$ 重复上述过程，得到图 E5.2(a)中的实线。注意，GP 模拟结果经过测量数据并形成平滑曲线。

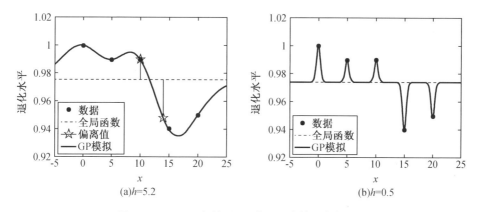

图 E5.2　GP 回归结果(用表 4.1 中的 5 个数据)

图 E5.2(b)为使用不合适尺度参数时的 GP 模拟结果。取值太小(本例中 $h = 0.5$)会降低输入量之间的相关性。当相关性降低时，GP 回归趋近于线性回归，从而遵循全局函数。数据点的两端和中间与全局函数重叠。但是 GP 回归仍然经过数据点，因为相同点之间的距离为零，使得式(5.23)的相关系数为 1。可以通过 P5.4 的练习题考虑相反的情况(即当尺度参数非常大时)。

注意，由于指数形式的相关函数会衰减并远离数据点，因此当预测点远离所有数据点时，它将收敛到全局函数 $\boldsymbol{\xi}(\boldsymbol{x})\hat{\boldsymbol{\theta}}$。因此，除非有足够的来自其他类似系统的训练数据，否则 GP 不利于长期预测。

5.2.3.4　不确定性

与其他代理模型相比，GP 的一个重要特点是它可以估计预测点的不确定性。从不确定性的角度来看，式(5.22)提供了 GP 回归的均值预测。GP 模拟的方差在式(5.15)中以 MSE 的形式引入。GP 模拟中的不确定性服从高斯分布，均值由式(5.22)中的确定性模型给出，方差由式(5.15)给出，因此不确定性分布可以写成：

$$Z(\boldsymbol{x}) \sim N(\boldsymbol{\xi}\hat{\boldsymbol{\theta}} + \boldsymbol{r}^{\mathrm{T}}\boldsymbol{R}^{-1}(\boldsymbol{y} - \boldsymbol{X}\hat{\boldsymbol{\theta}}), \sigma^2(\boldsymbol{w}^{\mathrm{T}}\boldsymbol{R}\boldsymbol{w} - 2\boldsymbol{w}^{\mathrm{T}}\boldsymbol{r} + 1)) \tag{5.26}$$

注意，GP 模拟的真实方差是未知的，但可以根据有限的数据进行估计。当方差由少数

样本估计时,均值的分布服从 t 分布。因此,用自由度为 $n_y - n_p$ 的 t 分布修改式(5.26),得

$$Z(x) \sim \xi \hat{\theta} + r^T R^{-1}(y - X \hat{\theta}) + t_{n_y - n_p} \hat{\sigma} \sqrt{w^T R w - 2w^T r + 1} \qquad (5.27)$$

它表示由函数参数不确定性引起的模拟输出的分布。由于 GP 的假设,上述不确定性不包括任何数据中的噪声,因此 GP 模拟不考虑预测区间。式(5.27)可用于计算模拟输出的置信区间。然而,由于模拟结果经过测量点,因此可以将置信区间同时视为预测区间。因此,基于式(5.27)进行不确定性的预测,其区间称为预测区间。

值得注意的是,GP 在数据点处的预测方差为零。为了展示这一点,预测点选择在数据点 $x = x_k$ 处。由式(5.20)中拉格朗日乘子的表达式可得

$$\xi(x_k)^T - X^T R^{-1} r(x_k) = 0$$

这是因为 $R^{-1} r(x_k)$ 要成为一个单位向量,则第 k 个元素为 1,且其他元素都为 0,故设计矩阵 X 的第 k 列只能是 $\xi(x_k)$。当第 k 个数据点处的拉格朗日乘子为 0 时,式(5.19)中的插值权重 w 成为一个单位向量,其第 k 个元素为 1,其他元素均为 0。最后,第 k 个数据点的 MSE 变为

$$MSE(x_k) = \sigma^2(w^T R w - 2w^T r + 1) = 0$$

在上式中,由于相关矩阵的对角分量为 1,故 $w^T R w = 1$,因为相关向量的第 k 个元素也为 1,故 $w^T r = 1$。因此,在数据点处,预测方差变为零,从而在数据点处不存在不确定性。

例 5.3 GP 模拟中的不确定性

针对例 5.2 给出的问题,当 $t = 10, 14$ 时,计算 90% 的置信区间。

求解 可以使用式(5.27)来计算预测区间,并在例 5.2 中得到 GP 回归的均值。对于不确定部分,权值函数 w 由式(5.19)给出,然后预测不确定性的标准差 $\hat{\sigma}_Z = \hat{\sigma} \sqrt{w^T R w - 2w^T r + 1}$ 由下式计算:

```
xi = 1;
W = Rinv * r + Rinv * X * ((X' * Rinv * X)\(xi' - X' * Rinv * r));
ZsigmaH = sigmaH * sqrt (w' * R * w - 2 * w' * r + 1);
```

由于在测量点处没有不确定性,$\hat{\sigma}_Z$ 应该在 $t = 10$ 处为 0,在 5% 和 95% 处具有相同的均值 0.99(例 5.2 给出)。另一方面,$t = 14$ 时,$\hat{\sigma}_Z$ 为 0.004 1,置信区间可以用两种方式获得基于 t 分布的逆 CDF 或 t 分布的随机样本。下面是计算置信区间的 MATLAB 程序:

```
% using the inverse calculation
gpMean = 0.9482; % from Example 5.2
PI = [ gpMean + tinv(0.05, ny - np) * zSigmal, ...
       gpMean + tinv(0.95, ny - np) * zsiamaH]
% using the random samples
ns = 5e3;
tDist = trnd(ny - np, 1, ns);
yHat = gpMean + tDist * zSiqmaH;
PI = prctile(yHat, [5 95])
```

结果如表 E5.1 所示,对 $t \in [-5, 25]$ 重复上述过程,得到图 E5.3 中的虚线。注意,数据点处的置信区间为零,外推区域的置信区间增大。

表 E5.1　GP 回归预测区间

x_{new}	5 percentile	95 percentile	90% P. I.
t = 10	0.99	0.99	0
T = 14	0.9394	0.9570	0.0176

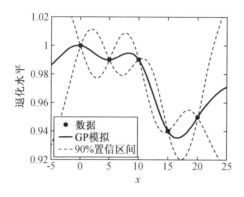

图 E5.3　GP 回归的不确定性(采用表 4.1 的 5 个数据)

5.2.4　用 MATLAB 实现高斯过程的电池预测

本节介绍了 GP 的 MATLAB 代码,它可以利用 GP 模拟来预测损伤的退化和剩余使用寿命。采用第 4 章介绍的相同电池预测案例来解释代码的用法。代码分为三个部分:(1)特定用户应用程序的问题定义;(2)使用 GP 进行预测;(3)显示结果的后处理,处理算法与第 4 章中基于物理过程的算法相同。

5.2.4.1　问题定义(5~15 行,17 行,27~31 行)

GP 模拟的 MATLAB 代码在代码[GP]中给出。问题定义部分中的大部分变量已经在 4.2.1 节中进行了解释,一些变量是新引入的,用于数据驱动算法。在第 10 行和第 11 行中,nT 是训练集(包括预测集)的数量,nt 是维度为 $nT \times 1$ 的向量,代表每个数据集中训练数据个数。在 GP 回归中,数据驱动方法可能采用多组数据。例如,我们假设已经测量了两个电池退化至失效的数据,并且我们要预测第三个电池的剩余使用寿命。我们还假设电池 1 和 2 每个都有 20 组退化至失效的数据,并且当前电池已经测量了 10 组退化数据。在这种情况下,$nT = 3$,因为它包括所有具有退化数据的电池,包括当前电池。由于不同电池的数据数量不同,故需要指定每组可用的数据数量。当使用多个数据集时,总是将最后一个数据集作为预测集,如当前系统。对于多个训练数据集,读者可参考第 5.4 节。

预测集的真实退化程度在第 13 行给出,数组大小与时间相同,而不是基于物理过程方法中的真实参数。如果真正的退化是未知的,degraTrue 可以是一个空数组。变量 signiLevel 用于通过 ns 个样本计算置信区间。对于电池问题,第一个参数定义部分(第 5~15 行)的代码如下所示:

```
WorkName = 'Battery - GP';
DegraUnit = 'C∧ Capacity';
TimeUnit = 'Cycles';
time = [0:5:200]';
y = [1.00 0.99 0.99 0.94 0.95 0.94 0.91 0.91 0.87 0.86]';
nT = 1;
nt = [10]';
thres = 0.7;
degraTrue = exp ( -0.003 .* time);
signiLevel = 5;
ns = 5e3;
```

由于没有可用的物理模型,所以需要利用给定的信息,如测量数据或使用条件。预测质量取决于对给定信息的利用,这与输入和输出矩阵的定义有关。因此,定义输入和输出矩阵是数据驱动方法的重要任务之一。由于其重要性,输入和输出矩阵的定义在问题定义部分的第 17 和 27 ~ 31 行。在本节中,分别在输入(Xtrain)和输出(yTrain)中使用测量时间和该时间的测量数据作为简单示例。在本例中,可以用以下代码修改第 17 行:

```
y0 = (y - min(y))/(max(y) - min(y));
time0 = (time - min(time))/(max(time) - min(time));
xTrain = time0(1:length(y));
yTrain = y0;
```

注意,为了找到合适的尺度参数,需要将输入和输出数据归一化至区间[0,1],见以上代码中的前两行。预测退化需要新的输入值,见第 28 行定义,具体如下:

```
xNew = time0(ny - 1 + k);
```

再使用归一化时间 time0 代替 time。

5.2.4.2 使用 GP 预测

GP 的过程是基于 5.2.3 节的推导公式,在例 5.2 中引入简单案例,利用 GP 模型获得均值预测,示例 5.3 量化了模型中的不确定性。由于预测结果在很大程度上依赖于尺度参数和全局函数,因此将它们作为函数(第 1 行)中的输入变量。对于电池问题,使用以下代码运行[GP]。

```
rul = GP(1,0.05);
```

全局函数命令,funcOrd 在第 42 ~ 48 行用 GLOBAL 定义全局函数。三个多项式函数是由 funcOrd = 0,1 或 2 确定的,但该部分可以用任何多项式函数进行修改。由于本例中 funcOrd = 1,所以使用了第 45 行中的一阶多项式函数,该函数根据训练数据(第 21 行)和新输入(第 73 行)创建了设计矩阵。

将尺度参数的初值 h0 设为 0.05,以便得到 hH(第 23 ~ 24 行)的最优值,该最优值由优化函数 fmincon 进行估计,从而求出尺度参数在 - 2 和 2 之间的最小值。尺度参数的最大值 hMax = 2(第 23 行),使相关的最大距离为 0.7788。这是为了防止尺度参数的值大得离谱(当它很大时,最大距离的相关性接近 1),并且 hMax 可以调整。目标函数在式(5.25)(第 53 行)中给出,并在 FUNC 中最小化(第 50 ~ 54 行)。相关矩阵 r 是计算目标函数所需的参数,全局函数与数据之间的误差在 RTHESIG 中计算(第 56 ~ 61 行)。相关矩阵 R(第

58 行)是根据式(5.23)(第 66 行)中的相关函数 CORREL(第 63 ~ 68 行)计算出来的。然后,利用式(5.10)计算函数参数 THETA 和误差 SIGMA(第 59,60 行)。由于这三个参数依赖于尺度参数,因此在找到 hH 的最优值(第 24 行)后,再进行计算(第 25 行)。

现在,GP 模拟结果的平均值 zMean 和模拟误差 zSig(第 29 行)可以通过 GPSIM(第 70 ~ 78 行)计算出来。xi(第 73 行)和 r(第 74 行)分别为设计向量和相关向量,它们取决于新的输入 x。GP 模拟的平均值 zMean(第 75 行),权值向量 w(第 76 行)和模拟误差 zSig(第 77 行)在式(5.15)、(5.19)、(5.20)和(5.21)中给出。

一旦获得均值和误差,就可以根据式(5.27)和示例 5.3 中所说的随机采样方法对预测不确定性(第 33 – 36 行)进行量化。由于这里使用了归一化数据,因此将退化预测的最终结果重新缩放为原始值(第 35 行)。如前所述,模拟结果中的误差被认为是预测不确定性(第 36 行)。

5.2.4.3 后处理

后处理方法与第 4 章中基于物理过程方法所用的[POST]相同,但是基于物理过程方法代码中的 thetaHat 在这里被替换为空白,因为函数参数是确定性估计的,无法与真实值进行比较。退化和 RUL 的结果如图 5.5 所示,在第 45 个循环,RUL 分布百分位数为

```
Percentiles of RUL at 45 Cycles
5th: 39.5361, 50th (median): 49.9718, 95th: 58.7455
```

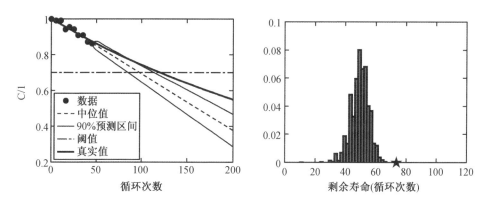

图 5.5 电池问题的 GP 预测结果

[GP]：MATLAB Code for Gaussian Process

```
function rul = GP(funcOrd, h0)
clear global; global DegraUnit ...
TimeUnit time y thres signiLevel ns ny nt xTrain yTrain X dof
% = = = PROBLEM DEFINITION 1 (Required variables) = = = = = = = = = = = = = = = = = =
WorkName = '';   % work results are saved by WorkName
DegraUnit = '';  % degradation unit
TimeUnit = '';    % time unit (Cycles, Weeks, etc.)
time = [ ]';     % [cv]: time at both measurement and prediction
```

```
y = [ ]';           % [ny x 1]: measured data
nT = ;              % num. of training set including the current one
nt = [ ]';          % [nT x 1]: num. of training data in each training set
thres = ;           % threshold (critical value)
degraTrue = [ ]';   % [cv]: true values of degradation
signilevel = ;      % significance level for C.I. and P.I.
ns = ;              % number of particles/samples
% = = = PROBLEM DEFINITION 2 (Training Matrix) = = = = = = = = = = = = = = = = =
xTrain = [ ]; yTrain = [ ];
% = = = = = = = = = = = = = = = = = = = = = = = = = = = = = = = = = = = = = = = =
% % % PROGNOSIS using GP
ny = length(y);
x = GLOBAL(xTrain, funcOrd);  % Determine Hyperparameter
dof = size(yTrain,1) - size(X, 2);
hMax = 2; hBound = hMax * ones(1,length(h0));
hH = fmincon(@ FUNC,h0,[],[],[],[], -hBound, hBound);
[R, thetaH, siqmaH] = RTHESIG(hH);  % R, Theta, and Sigma
% = = = PROBLEM DEFINITION 2 (Input Matrix for Prediction = = = = = = =
for k = 1:length(time (ny:end))   % Degradation Prediction
  xNew = [ ];
  [zMean(k, :),zSiq(k, :)] = ...
    GPSIM(xNew, funcOrd, hH, R, thetaH, siqmaH);
end;
% = = = = = = = = = = = = = = = = = = = = = = = = = = = = = = = = = = = = = = = =
tDist = trnd (dof, size(zMean,1),ns);  % % Prediction Uncertainty
zHat0 = repmat(zMean, 1,ns) + tDist.* repmat(zSig, 1, ns);
ZHat = zHat0 * (max(y) - min(y)) + min(y);
degrapredi = zHat;
% % % POST - PROCESSING
rul = POST([ ], degraPredi, degraTrue);  % % RUL & Result Disp
Name = [WorkName 'at' num2str(time(ny))'.mat'];
save(Name);
end
% % % GLOBAL FUNCTION
function X = GLOBAL(x0, funcOrd)
nx = size(x0, 1);
if funcOrd = =0;
  X = ones(nx,1);
elseif funcOrd = =1;
  X = [ones(nx,1)  x0];
elseif funcOrd = =2;
  X = [ones(nx,1)  x0 x0.^2];
end
```

```
end
% % OBJECTIVE FUNCTION TO FIND H
function objec = FUNC(h)
global dof
[R, ~, sigma] = RTHESIG(h);
objec = log(sigma^(2 * dof) * det(R));
end
% % R, THETA, and SIGMA
function [R, theta, sigma] = RTHESIG(h)
global xTrain yTrain X dof
R = CORREL(xTrain,h);
Rinv = R^-1;
theta = (X' * Rinv * X)\(X' * Rinv * yTrain);
sigma = sqrt(1/dof * ((yTrain - X * theta)' * Rinv * (yTrain - X * theta)));
end
% % CORRELATION FUNCTION
function R = CORREL(x0,h)
global xTrain
for k = 1:size(xTrain,1)
  for l = 1:size(x0,1)
    R(k,l) = exp( - (norm(xTrain(k,:) - x0(1,:)) /h)^2);
  end
end
end
% % GP SIMULATION at NEW INPUTS
function [zMean, zSig] = GPSIM(x, funcOrd, h, R, theta, sigma)
global yTrain X
Rinv = R^-1;
xi = GLOBAL(x, funcOrd);
r = CORREL(x, h);
zMean = xi * theta + r' * Rinv * (yTrain - X * theta);
w = Rinv * r + Rinv * X * ((X' * Rinv * X)\(xi' - X' * Rinv * r));
zSig = sigma * sqrt(w' * R * w - 2 * w' * r + 1);
end
```

5.3　神经网络(NN)

1943 年,神经生理学家沃伦·麦卡洛克(Warren McCulloch)和数学家沃尔特·皮茨(Walter Pitts)提出了最早的人工神经网络(Neural Network,NN)。1949 年,唐纳德·赫布(Donald Hebb)出版了《行为的组织》(*The Organization of Behavior*)一书,他在书中阐述了经典的赫比安规则(Hebbian rule),这被证明是几乎所有神经学习过程的基础。感知器是神经元的一种简单的数学表示,由 Frank Rosenblatt 在 1958 年开发。不幸的是,这一概念被证明是有限的,只能解决马文·明斯基和西摩·派帕特的《感知器》中线性可分问题,人们对神经网络的研究戛然而止。

这一领域沉寂了很长一段时间之后,约翰·霍普菲尔德在 1982 年发明了联想神经网络,现在更广为人知的名称是霍普菲尔德网络。他把这项技术应用到有用的设备上,并说服了许多科学家加入这个领域。同时,反向传播算法是 Widrow-Hoff 学习算法的一种推广,由 Rumelhart、Hinton 和 Williams 发明。这些事件引发了神经网络研究的复兴。如今,神经网络被用来解决诸如预测、分类和统计模式识别等各种各样的问题。本节将神经网络作为预测工具来介绍。

NN 算法是一种典型的数据驱动预测方法,在这种方法中网络模型是一种通过对给定的输入(如时间和使用条件)做出反应,学习产生期望输出(如退化程度或寿命)的方法。输入和输出之间的关系取决于神经网络结构是如何构建的,以及哪些函数(传递函数或激活函数)与该结构相关联。一旦网络模型充分学习了输入和输出之间的关系,它就可以用于预测。

神经网络有许多不同的类型,如在一个方向传递信息的前馈神经网络[19];通常采用高斯径向基函数的径向基函数网络[20],在输入和输出之间具有负反馈连接的递归神经网络[21]等。还有其他类型的神经网络,如模糊神经网络[22]、小波神经网络[23]、联想记忆神经网络[24]、模块化神经网络[25]和混合型神经网络[26,27]。在这些类型中,前馈神经网络是最常见的一种,本书着重介绍这种网络。

5.3.1　前馈神经网络

5.3.1.1　前馈神经网络的概念

神经网络中的基本处理单元称为神经元或节点。根据节点功能的不同,可以将它们分为不同的层,例如输入层、输出层和隐藏层。第一层是输入层,用于从外部接收输入数据,而最后一层是输出层,用于将处理后的数据发送到神经网络之外。隐藏层位于输入和输出层之间,顾名思义,从外部是不可见的,并且与外部没有任何交互。

NN 最流行的结构是前馈神经网络(feed forward neural network,FFNN),这意味着信息只从输入层、隐藏层到输出层向前移动,层内没有反馈或传递。图 5.6 为两层 FFNN 的基本形式,图中圆圈表示节点,这些节点属于三个不同的层:输入层、隐藏层和输出层。输入节点和输出节点分别代表输入和输出变量。隐藏的节点连接输入和输出变量,即它们被输入信息,然后将信息转发到输出节点,这就是为什么它被称为前馈神经网络。它通过确定隐藏层中的节点数来正确表达输入和输出之间的机制。

NN 中有两种定义层的方法。首先,同一列中的每组节点都可以称为一层,即输入层、隐藏层和输出层。同样,层可以理解为节点的不同列之间的接口。这两个定义基本相同,但是我们遵循第二个定义,如图 5.6 所示。也就是说,隐藏层位于输入节点和隐藏节点之间,而输出层位于隐藏节点和输出节点之间。

图 5.6 中有两类参数需要估计,矩形和椭圆形框图中的量分别称为权值和偏差。权值是不同节点之间的互联参数,表示计算所有输入的加权和时每个输入数据的贡献。它可以是正数,也可以是负数,其中正权值被认为是激励的,负权值被认为是抑制的。隐藏节点和输出节点中的每个节点都附加了一个偏差。计算前一层输入的加权和后,通常将偏差作为

阈值加上。

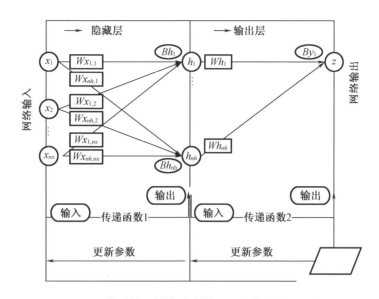

图 5.6　典型的网络模型:前馈－反向传播神经网络

我们定义权值和偏差如下。隐藏层中的权值是输入权值(w_x),因为它们与输入节点有关。另一方面,输出层的权值是隐藏权值(w_h)。此外,还有隐藏偏差(b_h)和输出偏差(b_z),是每层函数输入的偏差。这些参数被集成到某些称为传递或激活的函数中,来确定输入和输出变量之间的关系。具有输入权值和隐藏偏差的输入变量成为隐藏层中传递函数的输入,并且其输出分配到隐含节点。同样,具有隐藏权值和输出偏差的隐藏节点(隐藏层的输出)将作为输出层传递函数的输入,其输出为最终的网络输出。下面将更详细地解释 FFNN 的机制。

训练过程相当于寻找最优的参数:权值和偏差,这样网络模型能准确地表示输入和输出之间的关系。一旦网络模型得到足够的训练,就可以使用传递函数、权值和偏差参数对模型进行函数化。在这个过程中,通常采用反向传播方法将训练数据与网络输出之间的误差反向传播。即先更新隐藏权值和输出偏差(输出层)的相关可更新参数(梯度或雅可比矩阵),再根据输出层更新的参数更新输入权值和隐藏偏差(隐藏层)的参数。这基本上是一个寻找最佳权值和偏差的优化过程,来最小化网络预测和训练数据之间的均方误差。由于 FFNN 通常使用反向传播方法进行训练,因此通常称为反向传播神经网络。下一节将说明反向传播的过程。

5.3.1.2　反向传播机制

前馈网络模型的基本数学关系是输入节点与下一层传递函数权值和偏差的线性组合。权值通常与相关节点的值相乘,然后将偏差添加到乘法结果的和中,作为传递函数的输入。前馈机制可以解释为

$$\boldsymbol{h} = d_h(\boldsymbol{W}_x \boldsymbol{x} + \boldsymbol{b}_h), \quad \boldsymbol{z} = d_z(\boldsymbol{W}_h \boldsymbol{h} + \boldsymbol{b}_z) \tag{5.28}$$

式中,$\boldsymbol{W}_x$ 是维度为 $n_h \times n_x$(n_h 为隐藏层节点数,n_x 为输入变量数)的输入权值矩阵,它与维

度为 $n_x \times 1$ 的输入变量向量 x 有关；b_h 是维度为 $n_h \times 1$ 的隐藏层偏置向量，也是传递函数的输入；d_h 是隐藏层，其函数输出是维度为 $n_h \times 1$ 的向量 h；h 与 W_h 的乘积与维度为 $n_z \times 1$ 的输出偏置向量 b_z 的和作为输出层传递函数 d_z 的输入，其中 W_h 是维度为 $n_z \times n_h$（n_z 是输出变量数，图 5.6 中 $n_z = 1$）的隐藏权值矩阵。从而 z 是维度为 $n_z \times 1$ 的输出变量向量。

为了预测，输出变量个数 n_z 通常被认为是退化水平维度。在训练步骤中，有 n_y 个训练数据向量 y 可用，这些数据在 n_y 个不同的时间点衡量了相同的退化。对于给定的权值和偏差参数，通过 n_y 次计算可以获得输出向量 z。然后，优化算法找到使输出 z 与训练数据 y 之间差值最小化的权值和偏差参数。因此，考虑测量/训练数据的数量，可以将一组数据的式 (5.28) 重写为

$$H = d_h(W_x X + B_h), \quad z = d_z(w_h H + b_z) \tag{5.29}$$

式中，W_x 是维度为 $n_h \times n_x$ 的输入权值矩阵，X 是维度为 $n_x \times n_y$ 的训练输入数据矩阵，$B_h = \begin{bmatrix} b_h & b_h & \cdots & b_h \end{bmatrix}_{n_h \times n_y}$ 是隐藏层偏置矩阵，H 是维度为 $n_h \times n_y$ 的隐藏层输出矩阵，w_h 是维度为 $1 \times n_h$ 的隐藏层权值行向量，$b_z = \begin{bmatrix} b_z & b_z & \cdots & b_z \end{bmatrix}_{1 \times n_y}$ 是维度为 $1 \times n_y$ 的输出偏置向量，z 是维度为 $1 \times n_y$ 的神经网络模拟输出向量。

例 5.4 具有线性传递函数的双层 FFNN

将具有两个输入和一个隐藏节点的两层 FFNN 的输出表达式作为输入变量、权重和偏差的函数。使用纯线性函数 $z = x$ 作为各层的传递函数。

解答 该问题的模型如图 E5.4 所示，可以由式 (5.28) 中的 $n_x = 2$，$n_h = 1$ 和 $n_z = 1$（或式 (5.29) 中的 $n_y = 1$）表示。

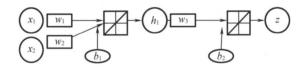

图 E5.4 双层 FFNN（包含两个输入和一个隐藏节点）的结构

输入、权值和偏置矩阵/向量如下：

$$W_x = \begin{bmatrix} w_1 & w_2 \end{bmatrix}, x = \begin{bmatrix} x_1 \\ x_2 \end{bmatrix}, b_h = b_1, W_h = w_3, b_z = b_2$$

由于传递函数是纯线性的，所以隐藏层传递函数的输入与输出相等，因此可以得到

$$h = W_x x + b_h = w_1 x_1 + w_2 x_2 + b_1$$

从而输出层的输入和输出为

$$z = W_h h + b_z = w_3(w_1 x_1 + w_2 x_2 + b_1) + b_2 = (w_1 w_3 x_1 + w_2 w_3 x_2) + w_3 b_1 + b_2$$

注意，具有线性传递函数的双层 FFNN 可以简化为具有纯线性函数的一层网络模型，例如：

$$z = w_1^* x_1 + w_2^* x_2 + b_1^*, w_1 w_3 = w_1^*, w_2 w_3 = w_2^*, w_3 b_1 + b_2 = b_1^*$$

上面的例子可以推广到纯线性传递函数。在这种情况下，可以将式 (5.29) 改写为

$$z = w_h(W_x X + B_h) + b_z = (w_h W_x) X + (w_h B_h + b_z) \tag{5.30}$$

这是一个单层网络模型，其中 $(w_h W_x)_{1 \times n_x}$ 为输入权值，$(w_h B_h + b_z)_{1 \times n_y}$ 为输出偏差。一般来说，对于任何具有纯线性传递函数的多层网络模型，都可以将其转化为单层网络模型。

当传递函数是非线性时,如正切的 s 形函数,这样的简化是不可能的。

在预测中,结构健康监测系统测量一个时间序列的损伤退化。考虑到有 $n_y + 3$ 组退化数据可用,其中数据 $\boldsymbol{y} = \{y_1, y_2, \cdots, y_{n_y}, y_{n_y+1}, y_{n_y+2}, y_{n_y+3}\}$ 是在时刻 $t = \{t_1, t_2, \cdots, t_{n_y}, t_{n_y+1}, t_{n_y+2}, t_{n_y+3}\}$ 所测。后面会展示用 n_y+3 数据产生 n_y 组训练数据。最简单的网络模型将时间作为输入,退化水平作为输出。然而,这可能不是一个很好的思路,因为不同的系统在不同的负载条件下,可能在同一时间有不同的退化水平。

由于损伤退化是按时间序列给出的,因此使用过去的退化数据估计 t_k 时刻的退化可能是一个好办法。例如,为了预测在 t_k 时刻的退化水平 z_k,可以使用前面三组已测量的退化数据 $\boldsymbol{x} = \{y_{k-1}, y_{k-2}, y_{k-3}\}^{\mathrm{T}}$ 作为输入($n_x = 3$)。也就是说,该网络模型使用之前测量的退化水平来预测下一次的退化水平。作为一个序列,z_{k+1} 可以用 $\boldsymbol{x} = \{y_k, y_{k-1}, y_{k-2}\}^{\mathrm{T}}$ 来预测。这个序列可以一直延续到 z_{n_y+3}。在这种情况下,可以将式(5.29)中的输入矩阵定义为

$$\boldsymbol{X} = \begin{bmatrix} y_1 & y_2 & \cdots & y_{n_y} \\ y_2 & y_3 & \cdots & y_{n_y+1} \\ y_3 & y_4 & \cdots & y_{n_y+2} \end{bmatrix}_{n_x \times n_y}$$

即使共有 $n_y + 3$ 个测量数据可用,也只能使用 n_y 列,因为之前的 n_x 数据不能用作预测。为了训练的目的,我们将 n_y 个预测数据 $\boldsymbol{z} = \{z_4, z_5, \cdots, z_{n_y+3}\}$ 与相同数量的实测数据 $\boldsymbol{y} = \{y_4, y_5, \cdots, y_{n_y+3}\}$ 之间的差异定义为误差,可以通过改变权值和偏差来使误差最小化。因此,在预测中,需要 $n_y + n_x$ 个序列数据得到 n_y 个训练集。

5.3.1.3　传递函数

传递函数描述了相邻两层之间的关系。传递函数有多种类型,如 s 形函数、逆函数和线性函数[28]。传递函数的选择主要取决于神经网络模型的复杂性和性能。在预测方面,退化行为通常并不复杂,在大多数情况下退化是单调递增或递减。尽管有不同类型传递函数的多层网络模型可用,但是拥有 s 形和线性函数的两层模型足以描述退化行为。通过这两个传递函数与输入变量的线性组合,可以用双层网络模型表示多种模型。

图 5.7 显示的是纯线性和正切 s 形函数,其公式如下:

$$z = x \tag{5.31}$$

$$z = \frac{1 - \mathrm{e}^{-2x}}{1 + \mathrm{e}^{-2x}} \tag{5.32}$$

为了展示使用简单的传递函数表示复杂行为的能力,我们考虑了一个具有一个输入节点、一个(或五个)隐藏节点和一个输出节点的双层网络模型。权值和偏差是由均匀分布 $U(-5,5)$ 随机产生的,当 $n_z = 1$ 时,通过式(5.28)用所产生的权值和偏差计算在任意输入下的网络模型输出。如图 5.8 所示,对于 $x \in [-1,1]$,通过重复该过程五次,利用随机产生的权值和偏差计算网络输出,图 5.8(a),(b)展示的是当隐藏节点的数量分别为 1 和 5 时的结果。模型的复杂度取决于隐藏节点的数量。考虑到退化行为通常是单调的,因此具有正切 s 形和纯线性函数的两层网络模型应该具有足够的通用性来对退化行为进行建模。因此,在本书中用于预测的神经网络模型并没有扩展到一个以上的隐含层,传递函数可以使用其他类型,但通常使用纯线性和正切 s 形函数。

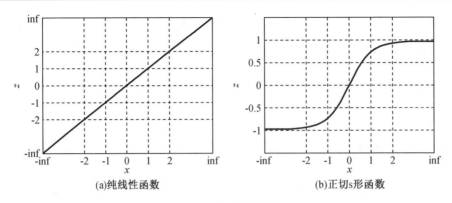

(a)纯线性函数　　　　　　　　　(b)正切s形函数

图 5.7　典型传递函数

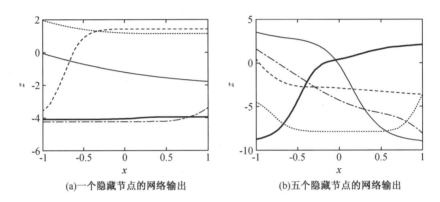

(a)一个隐藏节点的网络输出　　　　(b)五个隐藏节点的网络输出

图 5.8　不同网络输出结果图

5.3.1.4　反向传播过程

反向传播是一种学习/优化算法,通过在训练过程中将训练数据与网络输出之间的误差反向传播来确定权重和偏差。反向传播可以理解为逐层更新,它比同时更新所有参数的方法能更有效地找到参数的最优值。在训练过程中,用维度为 $n_x \times n_y$ 的矩阵 $\boldsymbol{x}$ 作为训练输入,用维度为 $1 \times n_y$ 的向量 $\boldsymbol{y}$ 作为训练输出数据,具体步骤如下:

步骤 1　设置参数的初始值(权值和偏差)。初始权值的选择很重要,因为它对神经网络能否找到全局最优值以及收敛速度有重要影响。初始权值太大可能会使网络落入饱和区域,使网络几乎无法学习,而权重太小则会导致学习效率降低。为了获得最佳结果,通常将初始权值设置为介于 −1 和 1 之间的随机数。

本书的损伤预测中,损伤是单调增加或减少,但始终为正。此外,前几次的损伤程度通常作为下一次的输入。因此,很难避免负的权重,这意味着下一时刻损伤的符号与之前的时刻不同。损伤增加时的权值 $w_x > 1$,伤害减少时的权值 $w_x < 1$。由于这个原因,将权值的初始估计值设置为1。

步骤 2　通过前馈过程(图5.6和式(5.29)),利用步骤1中的权值和偏差计算网络模拟输出 z。对所有维度为 $n_x \times n_y$ 的训练数据执行此步骤。z 的维数为 $1 \times n_y$。

步骤 3　计算训练输出数据 $\boldsymbol{y}$ 与模拟输出 z 之间的误差。可以使用不同的误差形式,如均方误差（MSE）、平均绝对误差和误差平方和。例如，可以使用以下 MSE：

$$\text{MSE} = \frac{1}{n_y} \sum_{i=1}^{n_y} \left[y_i - z_i(\boldsymbol{W}_x, \boldsymbol{B}_h, \boldsymbol{w}_h, \boldsymbol{b}_z) \right]^2 \tag{5.33}$$

步骤 4　计算输出层的权值和偏差的变化值 Δw_h 和 Δb_z。在反向传播阶段，首先更新输出层的权值和偏差。不同的优化算法计算 Δw_h 和 Δb_z 的方式不同。例如，梯度下降法和 Levenberg-Marquardt（LM）算法分别计算了 MSE 关于参数的梯度和雅可比矩阵（详见参考文献[29]）。梯度下降法是一种基本的反向传播学习算法，而 LM 算法由于收敛速度快、稳定性好而被广泛使用。

步骤 5　计算隐藏层的权值和偏差的变化值 Δw_x 和 $\Delta \boldsymbol{B}_h$。Δw_x 和 $\Delta \boldsymbol{B}_h$ 的计算取决于步骤 4 中的 Δw_h 和 Δb_z 以及步骤 3 中的 MSE。

步骤 6　通过添加步骤 4 和步骤 5 中的变化值来更新权重和偏差。

步骤 7　重复步骤 1~6，直到网络的性能满足停止条件。

5.3.1.5　前馈神经网络 MATLAB 函数简介

MATLAB 中有一系列的函数可用于定义网络模型、设置配置、训练网络模型（即确定权值和偏差），并预测未来的退化行为。下面是使用 FFNN 进行预测的四个步骤。

在下面的步骤中，斜体字母表示可以修改的选项，但是到目前为止，本书将主要采用已介绍的默认选项。更多有关的选项和理解神经网络过程，见 MATLAB 用户指南[30]。

（1）函数 feedforwardnet 创建了一个两层网络模型，其中隐藏节点数由用户定义。传输函数使用默认选项；隐藏层和输出层分别采用正切 s 形函数和纯线性函数。一旦创建了网络模型，将自动为其他所有必需信息分配默认选项，下面的步骤将对此进行说明。

（2）函数 configure 对输入和输出数据进行规范化，并将它们分配给每个节点。这一步是可选的，那么它将自动把输入和输出数据归一化到 -1 和 1 之间，并随机设置权值和偏差的初始值。当下一个步骤（训练）运行时，将自动完成配置，但是可以添加此步骤来分配参数的初始值，而不是随机选择。

（3）函数 train 训练网络模型时，训练方法使用 LM 反向传播法，error 函数选择 MSE（或性能评价函数）。对于 MATLAB，提前停止选项有几个标准。其中，误差验证是防止过拟合的最重要的依据之一。在该准则中，基于随机数据划分方法将训练数据分为三组，70% 用于训练，15% 用于验证，15% 用于测试。训练集用于根据网络输出的误差更新权重和偏差。训练集的误差在训练过程中不断减小，验证集的误差也在减小，这意味着训练过程进展顺利。另一方面，验证集中的误差在经过某个阶段的训练后开始增加，训练集性能良好，验证集（新输入点、预测输出点）性能较差，说明网络模型在训练数据上过拟合。因此，当验证误差开始增加时，训练过程就会停止。在训练过程中不使用测试数据集，而是测试已训练模型的预测精度。

（4）sim 函数根据训练过程中确定的权值和偏差，来模拟/预测网络在新输入时的输出。

例 5.5　前馈神经网络

考虑示例 5.2 中所给的相同问题。使用 MATLAB 函数 feedforwardnet 构建一个隐藏节点的前馈神经网络，并绘制 $x_{\text{new}} \in [-5, 25]$ 的预测结果图。

解答 下面的 MATLAB 脚本演示了如何使用 feedforwardnet MATLAB 工具箱执行 5.3.1 节介绍的 FFNN。

```
x = [0  5  10  15  20];  % [1 x 5] training input data
y = [1 0.99 0.99 0.94 0.95];  % [1 x 5] training output data
nh = 1;                        % num. of hidden node
net = feedforwardnet(nh);      % creat two - layer network model
net = configure(net,x,y);      % this is optional
[netModel, trainRecor] = train(net,x,y);% train the model 'net'
xNew = -5:0.1:25;              % new input points
z = sim(netModel, xNew);       % simulation results
```

这个过程本身很简单。首先,将测量时间(循环次数)和退化数据分别定义为训练输入数据 x 和输出数据 y。在定义隐藏层节点个数 $nh = 1$ 后,使用函数前馈网络 feedforwardnet 建立网络模型 net。下一个配置步骤 configure 是可选的,但是有了它,我们可以使用以下变量提取权值和偏差的初始值:net.iw 表示输入层权值,net.lw 表示隐藏层权值,net.b 表示偏差,可参考图 E5.5(上面一行的值)。注意,每次调用 configure 时,初始值可能不同,因为它们是随机生成的。

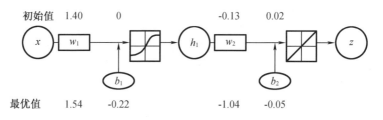

图 E5.5 具有初始和最优参数值的前馈网络模型

现在,使用 train 函数对网络模型进行训练,并将训练后的模型命名为 netModel。参数的最优值可以用相同的方式显示,如图 E5.5(下面一行的值)所示,但使用 netModel 代替 net。由于参数的初始值和训练集不同,每次的训练结果也可能不同。

在这个问题中,3 个训练数据太少了,甚至比要估计的参数数量还少。在这种情况下,估计网络模型是不精确的。一般要求训练数据的个数必须大于网络模型参数的个数。特别是,由于只有 70% 的训练数据用于训练,因此必须拥有足够的训练数据才能获得可靠的训练结果。

训练日志存储在 trainRecor 中。例如,训练集、验证集和测试集的索引可以分别用 trainRecor.trainInd,trainRecor.valInd 和 trainRecor.testInd 显示,索引结果分别为 2、3、4(训练集)、5(验证集)和 1(测试集)(同样,这些结果可能不同)。此外,训练集、验证集和测试集的性能(MSE)被重新编码,并用 plotperf(trainRecor)绘制了图 E5.6。可以用 trainRecor.num_epochs 查询总的训练次数;训练在第 2 次迭代时停止,可以用 trainRecor.best_epoch 查询。由于验证集的性能是在 trainRecor.vperf 中重新编码的,因此图 E5.6 中的圆可以用以下代码绘制:

```
bestE = trainRecor.best_epoch;
bestP = trainRecor.best_vperf;% or trainRecor.vperf(bestE +1)
hold on; plot(bestE, bestP, 'o');
```

注意,图中验证集的性能在圆圈处的最佳训练周期之后开始增加,而训练集的性能仍然下降。

一旦网络模型完成训练,用 sim 可以对 $x_{new} \in [-5, 25]$ 得到如图 E5.7 所示的模拟输出结果。

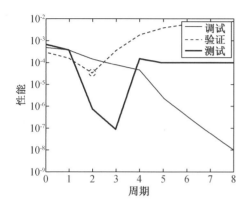

图 E5.6　训练集、验证集和测试集的性能图

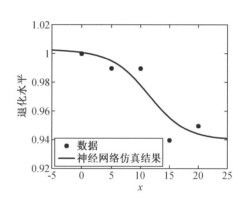

图 E5.7　FFNN 模拟结果

5.3.1.6　不确定性

如前所述,神经网络预测模型可能会由于随机确定权值和偏差的初始值,以及随机选择 70% 的训练数据集而变化。由于这些随机性,神经网络预测模型具有不确定性。在神经网络模拟结果中有几种考虑不确定性的方法,这将在 5.5.3 节中讨论。在本书中,预测结果中的不确定性是通过多次重复 NN 过程而得到的,具体过程见例 5.6。

例 5.6　NN 模拟中的不确定性

通过重复 5 次例 5.5 中的过程来绘制所有模拟结果。记录初始的和最佳的权值、偏差,以及训练集、验证集和测试集的索引。

解答　无论何时使用 net = init(net) 配置或初始化网络模型,参数分配的初始值都是不同的。此外,在重新启动训练时,训练集、验证集和测试集也会更改。这两者是神经网络过程中不确定性的来源,并产生不同的结果。通过重复例 5.5 中给出的求解过程可以得到图 E5.8,表 E5.2 列出了参数和数据集索引的初始/最优值。图中,除第五次模拟结果(点虚线)外,大部分结果都符合数据的趋势。这是因为训练过早停止,有时不能获得合适的最优结果。如图 E5.9 和表 E5.2 的最后一列所示,它实际上在初始阶段就停止了。这个问题可以通过修改优化算法来解决,例如修改与优化算法相关的参数或使用其他优化算法。然而,在本书中,规则的应用应遵循特性规则,即退化应随循环次数增加或减少,而不是修改优化算法。这将在 MATLAB 代码[NN]中进一步解释。

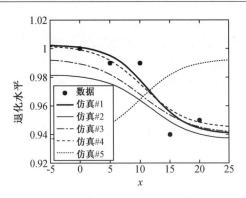

图 E5.8　重复五次 FFNN 的模拟结果

表 E5.2　NN 模拟预测区间

重复	1	2	3	4	5
$w_{1,\text{init}}$	1.400 0	− 1.400 0	1.400 0	− 1.400 0	1.400 0
$b_{1,\text{init}}$	0.000 0	0.000 0	0.000 0	0.000 0	0.000 0
$w_{2,\text{init}}$	− 0.133 2	0.669 7	0.741 7	− 0.383 1	0.943 8
$b_{2,\text{init}}$	0.017 9	− 0.926 6	− 0.899 4	0.676 7	− 0.182 7
$w_{1,\text{opti}}$	1.543 1	− 1.414 1	1.196 7	− 1.365 1	1.400 0
$b_{1,\text{opti}}$	− 0.217 3	0.220 5	− 0.046 7	0.067 4	0.000 0
$w_{2,\text{opti}}$	− 1.041 4	0.755 8	− 0.883 7	0.965 8	0.943 8
$b_{2,\text{opti}}$	0.048 0	− 0.363 2	− 0.103 8	0.114 0	− 0.182 7
训练集	2,3,4	1,3,5	1,4,5	3,4,5	1,2,3
验证集	5	4	3	2	1
测试集	1	2	2	2	5

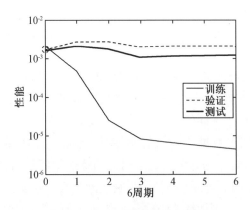

图 E5.9　第五种结果的性能图

5.3.2　利用 MATLAB 神经网络实现电池预测

在本节中,将使用 4.1.1 节中相同电池问题对 MATLAB 神经网络代码[NN]的实现进行讲解。问题定义和后处理部分与[NN]类似,只是做了一些细微的修改。因此,重点是代码的预测部分。

5.3.2.1　问题定义(第 5 ~ 15, 17, 30 ~ 33 行)

NN 所需的变量与 GP 相同。值得注意的是,尽管重复的 NN 过程代替了不确定性量化,但成千上万次的重复可能并不合适。因此,对于神经网络的样本数量 ns(第 15 行)取 30 ~ 50 的重复次数,这可能是合适重复次数来获取由不同的数据集、权值和偏差初值所得的不同模拟结果(本问题中 ns = 30)。由于 NN 可以自动标准化输入和输出矩阵至 [− 1,1],所以不需要像 GP 那样进行额外的处理。因此,输入训练矩阵(第 17 行)和新输入(第 31 行)的代码分别如下:

```
xTrain = time(1: length(y)); yTrain = y;
```

和

```
xNew = time(ny − 1 + k);
```

5.3.2.2　使用 NN 预测

例 5.5 中已经介绍了 NN 的 MATLAB 函数,但 MATLAB 代码[NN]中包含了一些修改。首先,下面的命令行用于运行电池预测问题(第 1 行)。

```
rul = NN({'purelin'; 'purelin'},1,2);
```

运行[NN]需要三个输入变量。对于这个问题,TransFunc 使用了两个线性函数,并包含了一个隐藏节点,nh = 1。outliCrite = 2 是处理异常值的标准,异常值是不理想的预测结果,如图 E5.8 中的点虚线。它的值表示删除预测值的标准偏差水平,即 outliCrite = 2 意味着超出 2σ 约束的结果将从最终结果中清除(稍后解释)。

传递函数是在创建网络模型之后分配的(第 24 ~ 25 行)。由于测试集不用于训练,而是用于不同模型的比较,所以不考虑它。相反,将验证数据的比例调整到 30%,将测试集添加到验证集(第 26 行)。这可以在训练数据较少的情况下提高预测结果。然后,使用第 17 行定义的输入和输出矩阵执行训练过程(第 28 行)。

虽然采用了提前停止的方法来防止过拟合,但是并不能很好地控制欠拟合,因为与过拟合相比,欠拟合的结果不能很好地跟随数据变化趋势。图 E5.8 和 5.9(a)中点虚线展示了欠拟合情况。加载保存的工作文件后,可以用 plot(time(ny:end),zHat)绘制所有样本的退化预测结果,包括图 5.9(a)中的点虚线和细实线表示的曲线。为了防止出现这些不合适的结果,在第 36 ~ 44 行中添加了规则。如果重复 ns 次的预测值不能满足规则,则将其从预测结果中删除。首先,根据最后一个预测步骤 z1(第 36 行)的结果来确定与大多数预测结果有偏差的异常值。样本位于 2σ 以内是选择标准,选择 outliCrite = 2 作为基准(37 行),它可以被视为 97.72% 的置信区间,那些超出 2σ 置信区间的预测将从预测样本中删除。此外,还增加了一条规则(第 38 ~ 44 行)来考虑模拟结果不是单调增加/减少的情况,如图 5.9(b)所示。根据第 38 ~ 44 行代码,在 loca2(第 43 行)中选择预测结果单调递增/递减的样本。

最终满足两个规则的预测结果会保存为 degraPredi(第 45 ~ 46 行)。通过显示最终样本的数量,来检查排除了多少异常值(第 47 ~ 48 行)。在这种情况下,30 个结果中的 3 个被排除为异常值（可以变）。剩下的流程与 GP 相同。

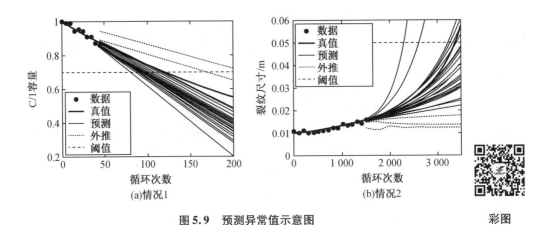

(a)情况1   (b)情况2

图 5.9   预测异常值示意图   彩图

5.3.2.3   后处理

图 5.10 展示了退化和 RUL 的预测结果，第 45 次循环 RUL 分布百分位数的结果为

```
Percentiles of RUL at 45 Cycles
5th: 38.0446, 50th(median): 50.8084, 95th: 89.8012
```

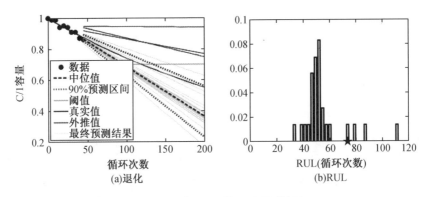

(a)退化   (b)RUL

图 5.10   电池问题的 NN 预测结果

图 5.10 绘制了所有 30 次重复的预测结果，以及中位数和 90% 的预测区间。图中三条实线代表异常值，通过排除它们来计算中位数和预测区间。使用以下代码加载保存的工作文件后，可以绘制最终的预测结果和排除结果（虚线）。

```
plot(time(ny:end),zHat,'m');
plot(time(ny:end),degraPredi,'color',[.5 .5 .5]);
```

从图 5.5 和图 5.10 可以看出，预测结果的不确定性要大于 GP，其主要原因是在神经网络中，用较少的训练数据估计的参数要比 GP 多。神经网络中有 4 个参数（一个输入权值、一个隐藏权值、一个隐藏偏差和一个输出偏差），训练集中有 7 个数据（占 10 个训练数据的70%），而 GP 中只有 3 个参数（一个尺度参数和两个系数）和 10 个训练数据。

[NN]: MATLAB Code for Neural Network

```
function rul = NN(TransFunc,nh,outliCrite)
clear global;
global DegraUnit TimeUnit time y thres signiLevel ns ny nt
% = = = PROBLEM DEFINITION 1 (Required Variables) = = = = = = = = = = = = = = = = =
WorkName = ' ';          % work results are saved by WorkName
DegraUnit = ' ';         % degradation unit
TimeUnit = ' ';          % time unit (Cycles, Weeks, etc.)
time = [ ]';             % [cv]: time at both measurement and prediction
y = [ ]';               % [ny x 1]: measured data
nT = ;                   % num. of training set including the current one
nt = [ ]';               % [nT x 1]: num. of training data in each training set
thres = ;                % threshold (critical value)
degraTrue = [ ]';        % [cv]: true values of degradation
signiLevel = ;           % significance level for c.I. and P.I.
ns = ;                   % number of repetition for NN process
% = = = PROBLEM DEFINITION 2 (Training Matrix) = = = = = = = = = = = = = = = = = = = =
xTrain = [ ]; yTrain = [ ];
= = = = = = = = = = = = = = = = = = = = = = = = = = = = = = = = = = = = = = = = = = = = =
% % % PROGNOSIS using NN
ny = length(y);
for i = 1:ns               % % NN Process
  disp(['repetition: ' num2str(i)'/' num2str(ns)]);
  % create FFNN
  net = feedforwardnet(nh);
  net.layers.transferfcn = TransFunc;
  net.divideParam.valRatio = 0.3;
  net.divideParam.testRatio = 0;
  % train FFNN
  [netModel, trainRecod] = train(net, xTrain', yTrain');
  % = = = PROBLEM DEFINITION 2 (Input Matrix for Prediction) = = =
  for k = 1:length(time(ny:end))    % % Degradation Prediction
    xNew = [ ];
    zHat(k,i) = sim(netModel, xNew');
  end;
% = = = = = = = = = = = = = = = = = = = = = = = = = = = = = = = = = = = = = = = = = = = =
end;
z1 = zHat(end, :);             % % Prediction Results Regulation
local = find(abs(z1 - mean(z1)) < outlicrite * std(z1));
i0 = 1;
for i = 1:ns
```

```
  if y(1) - y(nt(1)) >0;
    z2 - wrev (zHat (:,i));
  else z2 = ZHat(:,i);
  end
  if issorted(z2) = =1;
    loca2(i0) = i; i0 = i0 +1;
  end
end

loca = intersect(local, loca2);  % Final Result.
degraPredi = zHat(:, loca);
ns = size(degraPredi, 2);
disp( ['Final num. of samples:' num2str(ns)])
% % %     POST - PROCESSING
rul = POST([], deqraPredi, degraTrue);  % % RUL & Result Disp
Name = [WorkName 'at' num2str(time(ny))'.mat']; save(Name);
end
```

5.4　数据驱动方法的实际应用

在前面的高斯过程回归中,使用循环次数或时间作为输入变量,对于只有一个数据集的简单问题,这可能是有效的。但是,对于大多数复杂的实际情况,这是不合适的。当在不同的使用条件下获得训练数据集时,如果没有额外的输入信息,使用循环次数/时间作为输入是不合理的,因为不同的操作条件可能导致不同的退化率。因此,本节将介绍一种数据驱动的实用方法,即退化水平同时用作输入和输出。当前的退化状态(输出)可以用几个以前的退化状态(输入)来表示,这些输入可以利用来自不同数据集的不同退化率信息,神经网络模型相似。此外,与使用时间/循环次数作为输入相比,用以前的退化状态作为输入可以使用更简单的函数形式,有助于防止过拟合。因此,给定的信息可以使预测结果更加准确。详细描述将在下面的小节中进行说明。

5.4.1　问题定义

针对数据驱动方法的实际应用,再次使用4.5.1节中介绍的裂纹扩展问题,并用相同的方式生成退化数据,如表4.2中给出的数据,但这次没有添加高斯噪声。这些数据被视为预测集。对于训练集,使用相同的模型参数生成另外一个数据集,其中 $m_{\text{true}} = 3.8$,$C_{\text{true}} = 1.5 \times 10^{-10}$,初始裂纹尺寸 $a_{0,\text{true}} = 0.01$ m,但负载条件不同,$\Delta\sigma = 79$ MPa(对于预测集 $\Delta\sigma = 75$ MPa)。该集合包含26个每隔100次循环测得的数据,测量时间范围为0到2 500次循环。图5.11显示了包括预测集和训练集在内的训练数据,以及预测集的真实退化数据。

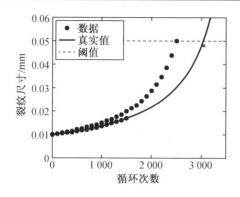

图 5.11　裂纹扩展问题的训练数据

文献[31]采用的方法是将过去的退化数据作为输入变量。当过去的三个数据作为输入时,第四个数据作为输出,并依次执行上述步骤来生成输入和输出矩阵,表 5.1 用一个数据集解释了该过程。表中,k 是当前时间索引,并且由于输入了前三个数据,因此存在 $k-3$ 个训练数据集,这些数据集构成了输入和输出训练矩阵。训练完成后,以相同的方式设置预测输入,在第 $k+1$ 次循环将使用三个最新的测量数据 $y_{k-2:k}$ 来预测模拟输出 z_{k+1}。

表 5.1　输入和输出数据

	训练				预测			
循环	4	5	…	k	$k+1$	$k+2$	$k+3$	…
输入	y_1 y_2 y_3	y_2 y_3 y_4	…	y_{k-3} y_{k-2} y_{k-1}	y_{k-2} y_{k-1} y_k	y_{k-1} y_k z_{k+1}	y_k z_{k+1} z_{k+2}	…
输出	y_4	y_5	…	y_k	z_{k+1}	z_{k+2}	z_{k+3}	…

预测可分为两种。第一种称为短期预测,用前一次循环测得的三个数据来预测当前循环的退化,又称提前一步预测。短期预测的困难在于,由于无法获得测量数据,因此无法预测未来时刻的退化。然而,短期预测是准确的,因为它使用真实的测量数据并且外推距离短。第二种称为长期预测,用于进一步预测未来的退化。在表 5.1 中,第 k 次循环之前的数据用作训练数据。从第 $k-2$ 次循环开始,没有 3 个测量数据可用。在这种情况下,将模拟输出(上一步的预测结果)用于长期预测(请参阅第 $k-2$ 和 $k-3$ 循环)。当然,由于将预测的退化用于输入,因此准确性会比短期预测差,但它允许预测未来很长一段时间的退化。本书只考虑长期预测。

5.4.2　裂纹扩展示例 MATLAB 代码

根据 5.4.1 节给出的信息,将[GP]和[NN]代码中的问题定义部分(第 5~15 行)更改如下:

```
WorkName = 'Crack_GP';% or 'Crack NN'
DegraUnit = 'Crack size (m)';
TimeUnit = 'Cycles';
time = [0:100:2500, 0:100:1600, 1700:100:4000]';
y = [0.01 0.0104 0.0107 0.0111 0.0116 0.0120 0.0125...
    0.0131 0.0137 0.0143 0.0150 0.0158 0.0166 0.0176...
    0.0186 0.0198 0.0211 0.0226 0.0243 0.0263 0.0287...
    0.0314 0.0347 0.0387 0.0437 0.0501...
    0.0100 0.0103 0.0106 0.0109 0.0112 0.0116 0.012 0.0124...
    0.0128 0.0133 0.0138 0.0143 0.0149 0.0155 0.0162 0.0169]';
nT = 2;nt = [26 16]';
thres = 0.05;
mTrue = 3.8; cTrue = 1.5e-10; aTrue = 0.01; dsig = 75; t = 0:100:3500;
degraTrue = (t'.* cTrue.*(1 - mTrue./2).*(dsig * sqrt(pi)).^mTrue...
    + aTrue.^(1 - mTrue./2)).^(2./(2 - mTrue)));
signiLevel = 5;
ns = 5e3;  % % 30 for NN
```

y 中有 42 个测量数据,其中 26 个来自训练集(前四行),16 个来自预测集(最后两行)。首先输入训练集的测量数据,然后输入预测集的数据。循环次数/时间也是如此,第一部分循环次数(0:100:2500)和第二部分循环次数(0:100:1600)分别对应于训练集和预测集。剩下的循环次数(1700:100:4000)用来预测退化,即从 1700 到 4000 次循环每隔 100 次循环预测一次。对于这个问题,数据集的总个数 nT = 2',每个数据集中输入训练数据的个数 nt = [26 16]'。

在数据驱动的方法中,建立正确的输入和输出矩阵来充分利用给定的信息是一项很重要的事情,这与修改第二个问题定义部分(代码[GP]中的第 17 和 27 ~ 31 行,代码[NN]中的第 17 和 30 ~ 33 行)有关。根据用户的用途和新想法,任何变化都是可能的,但是 5.4.1 节中介绍的方法已实施。表 5.1 中解释的训练输入和输出矩阵可以编程如下:

```
nx = 3;  % num. of previous data as the input
y0 = (y - min(y))/(max(y) - min(y));    % normalization of data
nm = size(y, 2); a = 0; b = 0;
for l = 1:nT
  for k = 1:nt(l) - nx
    xTrain(k + a, 1:nx * nm) = reshape(y0(k + b:(k - 1) + nx + b, :),1, nx * nm);
    yTrain(k + a, :) = y0(k + nx + b, :);
  end
  a = size(xTrain, 1);
  b = sum(nt(1:l));
end
```

它替换了[GP]代码中的第 17 行。在上面的代码中,可以使用 nx 修改输入的数量(过去的数据)。注意,即使 time 是在问题定义部分定义的,它也不用作输入。相反,过去的测量数据被用作输入。因此,当 nx 个过去的退化数据作为输入时,GP 可以预测退化水平。因此,GP 的函数形式可以写成

$$\hat{z}_k = \mathrm{GP}(y_{k-3}, y_{k-2}, y_{k-1})$$

对于预测部分的输入,[GP]中的第 27 - 31 行可以用下面的代码替换:

```
input = y0(end - nx:end, :);
for k = 1:length(time(ny:end));
  xNew = reshape(input(k:(k-1) + nx, :),1, nx * nm);
  [zMean(k, :), zSig(k, :)] = ...
    GPSIM(xNew, funcOrd, hH, R, thetaH, siqmaH);
  if k > 1
    input(k + nx, :) = zMean (k, :);
  end
end
```

NN 的代码修改方式与 GP 基本相同。对于输入和输出训练矩阵,在这种情况下不考虑归一化,在[NN]代码的第 17 行应用以下代码:

```
nx = 3;        % num. of previous data as the input
nm = size(y, 2); a = 0; b = 0;
for l = 1:nT
  for k = 1:nt(1) - nx
    xTrain(k + a, 1:nx * nm) = reshape(y(k + b:(k-1) + nx + b, :),1, nx * nm);
    yTrain(k + a, :) = y(k + nx + b, :);
  end
  a = size(xTrain, 1);
  b = sum(nt(1:1));
end
```

对于预测部分的输入,将[NN]中的第 30 ~ 33 行替换为以下代码:

```
input = y(end - nx:end, :);
for k = 1:length(time(ny:end))
  xNew = reshape(input(k:(k-1) + nx, :),1, nx * nm);
  zHat(k,i) = sim(netModel, xNew');
  if k > 1
    input(k + nx, :) = zHa(k,i);
  end
end
```

GP 中需要进行其他修改。在式(5.23)中,相关方程中指数值为 2 时,常常会导致相关矩阵的奇异性。因此,通常指数取值小于 2。这个问题中,指数调整至 1.9,并将[GP]中的第 66 行替换为以下代码:

```
R(k,1) = exp( -(norm(xTrain(k, :) - x0(1, :))/h)^1.9);
```

现在 [GP]和[NN]代码可以分别用以下命令运行:

```
rul = GP(1,0.1);
```

和

```
rul = NN({'purelin'; 'purelin'},1,2);
```

在[NN]中,隐藏层和输出层都使用线性函数。此外,在[GP]中使用线性全局函数。

5.4.3 结果

图 5.12 为 GP 和 NN 的退化预测结果。注意,GP 的全局函数和 NN 中的传递函数都使用线性函数,线性函数能较好地预测退化中的非线性行为。这是因为前三个退化数据与当前退化数据之间的关系可以用一个线性函数来表示。如图 5.12(a)所示,GP 能够在非常小的不确定度下准确地预测退化。然而,3 000 次循环后的预测下界并不符合实际的行为,这可能是因为输入的最大破裂尺寸为 0.05 m,超过这个尺寸,GP 模拟就变成了外推。在外推区域,相关性降低,GP 趋向于跟随全局函数。同时,式(5.23)中包含不同尺度参数和指数的相关函数,这对结果影响较大。NN 的退化结果如图 5.12(b)所示。在 30 次重复中(ns =30),有 19 次不满足两个规则:异常值和单调性。因此,图中 90% 的预测区间仅用 11 个退化结果来计算。

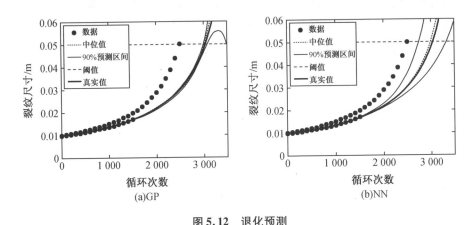

图 5.12 退化预测

GP 和 NN 的 RUL 预测结果如图 5.13 所示,由 GP 得到 1 500 次循环的 RUL 分布百分位数:

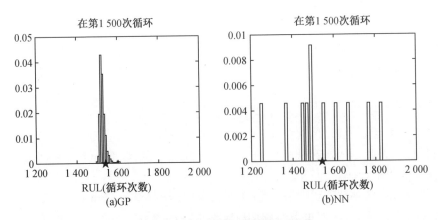

图 5.13 1 500 次循环的 RUL 预测

Percentiles of RUL at 1500 Cycles

5th: 1511.83, 50th (median): 1524.44, 95th: 1554.58

NN 的结果如下:

```
Percentiles of RUL at 1500 cycles.
5th: 1246.77, 50th (median): 1495.7, 95th: 1832.39
```

5.5　数据驱动预测中的若干问题

以下讨论三个基于 GP 和 NN 预测的重要问题,它们与基于物理过程预测的问题基本相同。对于数据驱动的算法,有许多选项是变化的,本书只介绍了一些基本内容。因此,为了正确地使用算法,用户必须意识到这些问题。

5.5.1　模型形式的充分性

5.5.1.1　GP:全局函数和协方差函数

在基于 GP 的预测中,性能在很大程度上取决于对全局函数和协方差函数的选择。由于 GP 通常用于插值,因此全局函数通常采用常数的形式,并被认为不如协方差函数重要。在与外推等同的预测中,GP 中的全局函数与协方差函数同样重要。然而,关于选择或更新全局函数以提高外推区域预测能力的文献并不多。

另一方面,协方差函数决定了整个区域的 GP 模拟质量,协方差函数的影响和改进协方差函数相关的研究很多。文献[32]比较了径向基函数(Radial Basis Function,RBF)和基于 NN 的协方差函数对变幅载荷下裂纹长度的预测结果,发现在应用中基于 RBF 的 GP 模型优于基于 NN 模型。一些文章还介绍了非平稳协方差函数,该函数通过添加或乘以简单协方差函数来适应变量的平滑性。文献[33]表明非平稳协方差函数的结果要优于平稳 GP 的结果,但同时也指出了算法的简单性缺陷,因为非平稳 GP 需要更多的参数。文献[34]使用非平稳 GP 来预测呼吸信号,并将其与指数协方差函数预测的信号进行比较。文献[35]使用三个协方差函数的组合来预测锂电池的退化。

5.5.1.2　NN:网络模型的定义

网络模型的定义包括设置隐藏节点数、隐藏层数和输入节点数。尽管对于隐藏节点数没有通用的选择规则,文献[36]研究了使用均方误差来寻找隐藏节点的最佳数量。文献[37]采用测量函数复杂度的思想来确定节点数,结果显示能得到最优近似值。文献[38]总结了更多关于隐藏节点数量的研究。文献[39]提出了利用模式识别方法来确定隐藏层数。

在数据驱动方法中,确定输入节点数的问题始终存在,因为所有的可用信息,例如时间、负载条件和退化数据都可以作为输入。通常会使用退化数据作为输入,但是文献[1]得出结论,不清楚应该使用多少个过去值作为输入。文献[40]使用粒子群优化方法探索了输入节点的最优数量。综上所述,目前还没有一个通用的方法来建立一个合适的神经网络模型,这对于经验不足的新用户来说可能比较艰难。近年来,人们努力为每个应用寻找合适的模型/方法,而不是研究确定节点数和层数[41-43]。

5.5.2　最优参数估计

5.5.2.1　GP:尺度参数

确定协方差函数中的尺度参数(或超参数)也很重要,因为它们决定了 GP 函数的平滑度。例如,在式(5.23)中,随着 h 的增加,函数变得更加平滑,但是如果相关矩阵过高,则会出现奇异性。一般来说,常用优化算法通过最小化似然函数对应的全局函数和数据之间的误差来确定参数,然而这并不能保证找到最优参数,即使找到了,也不一定是最佳选择[44]。由于尺度参数受到输入值和输出值的大小影响严重,因此通常的做法是对输入和输出变量进行归一化。文献[32]使用三种不同类型的尺度研究了裂纹扩展预测性能:对数尺度、归一化尺度和对数归一化尺度。文献[45]将尺度参数视为分布而非确定性值,文献[44]发现使用分布的结果比确定性值的结果要好。

当前的参数估计方案是为了代理建模而开发的,代理建模的主要目标是准确地预测插值区域。目前尚无文献估计外推的尺度因子,这也是预测的主要挑战所在。例如,如果许多健康监测数据在一个较小的时间间隔内可用,则尺度参数可能会变成一个较小的值,因为在较小的距离上有足够的数据可用。然而,当小尺度参数用于外推时,由于相关性迅速下降,预测结果很快收敛到全局模型。因此,外推区域的预测很可能是不准确的。

5.5.2.2　NN:权值与偏差

一旦定义了一个网络模型,下一个问题是使用学习/优化算法找到与该模型相关的权值和偏差。在 NN 中,无论输入层和输出层之间的关系多么复杂,都可以通过增加隐藏层和隐藏节点的数量来表示。然而,神经网络模型越复杂,产生的未知参数越多,这就需要有更多的训练数据。特别是在使用反向传播算法时,会出现以下问题:(1)在参数较多的情况下,全局最优极难找到;(2)收敛速度很低,依赖于初始估计。由于这些原因,研究人员进行了许多努力来改善该算法的缺点,例如动态自适应算法[46]、模拟退火算法[47]、遗传算法与微分进化算法结合[48]、共轭梯度优化算法与反向传播算法相结合的技术[49]。还有许多集成技术可以提高算法的性能[50-55],以及其他做出贡献的参考文献[46,49,56]。

虽然上述方法是在确定性意义上寻找参数,但也有基于贝叶斯学习技术的概率方法[57-58],其中,参数的不确定性采用分析方法或抽样方法处理。虽然概率方法可以覆盖局部最优问题,但分析方法仅限于特殊情况,且采样误差随权值参数个数的增加而增大。因此,寻找最优权值和最优偏差仍然是一个充满挑战的问题,并且使用局部最优权值参数会使神经网络算法的性能迅速下降。

5.5.3　退化数据的质量

最后,无论采用何种预测方法,由数据中的偏差和噪声引起的不确定性都是一个重要的问题,这对预测结果有重要的影响。不幸的是,由于没有与之相关的参数,因此无法使用数据驱动方法来处理偏差,这是数据驱动方法的缺点之一。有关噪声数据的质量问题将在第 6 章中讨论。这里讨论了与数据质量相关的几个问题。

5.5.3.1　GP:数据数量与数据不确定性

虽然大量的训练数据通常有利于提高预测结果的准确性,但对于 GP 来说并不总是如此,因为计算协方差矩阵的逆也会增加计算成本,并可能导致奇异性。当数据量大于 1 000 时,直接对矩阵求逆可能在计算上存在困难[59],为了解决这个问题,只能使用整个数据集的一部分[60,61]。文献[62]也提出了一种基于余弦函数的新协方差函数,该函数本质上提供了一个稀疏协方差矩阵。文献[63]提出了一种基于约简齿条协方差对大量和少量训练数据的协方差函数近似方法。

尽管典型的 GP 假设数据是准确的,有时也会通过考虑在协方差矩阵的对角线项上添加一个大于零的值来表示噪声的块效应,这样模拟输出就不会通过有噪声的数据点[64,65]。虽然通过对尺度参数的优化,找到了块效应的值,但由于与尺度参数的相关性,无法唯一确定该值。另外,在少量数据的情况下,很难确定数据中存在多少噪声。考虑到大多数健康监测数据都包括噪声(通常是很高的水平),GP 从本质上能预计到补偿噪声影响的难度。

5.5.3.2 NN:预测结果的不确定性

基于非线性回归和/或 NN 的输出与训练数据之间的误差来提供置信范围是很常见的[66-68]。然而,由于测量噪声、数据量少(相对于参数数量),以及损伤增长的复杂性,很难找到参数的全局最优解,这可能会导致预测结果产生较大的误差。也可以使用自举法[69,70],MATLAB 使用训练数据的不同子集来获取权值和偏差,因此可以通过多次运行 MATLAB NN 工具箱轻松实现自举。此外,该过程可以自动选择不同的初始参数,从而减轻初始权值参数的选择问题。例如,文献[71]使用该方法进行了 50 次不确定性的电池寿命预测。实际上,一种处理 NN 不确定性的系统方法是使用 Parzen 估计器[72]的概率神经网络(Probabilistic Neural Network,PNN)[73]。然而,大多数论文使用 PNN 进行分类或风险诊断[74,75],除文献[76]的研究外,很少发现 PNN 用于预测。他们提出了一种基于 PNN 的行星齿轮裂纹预测方法,该方法不仅可以得到置信区间,而且可以得到置信分布。文献[77]综述了上述方法,并考虑了这些方法的组合区间。另一方面,文献[57,58]提出用贝叶斯 NN 去解决局部最优问题,该方法提供了由测量误差和参数不确定性引起的预测结果分布,根据贝叶斯定理,预测结果被确定为分布而不是确定性值。

5.6 习　　题

P5.1 重复使用径向基网络代理拟合 5.2.1 节中的函数 $y(x) = x + 0.5\sin(5x)$,拟合点为区间 $[1,9]$ 内的 21 个等间隔点,目标均方误差取 0.1,将 $[0,10]$ 范围内的预测结果与图 5.2 进行对比。

P5.2 在 $[0,10]$ 中生成 10 个随机数 x,将它们按 0.1 定义 $x_{near} = x + 0.1$,按 1.0 定义 $x_{far} = x + 1.0$。计算三个集合的正弦函数:$y = \sin(x)$,$y_{near} = \sin(x_{near})$,$y_{far} = \sin(x_{far})$。比较 y 和 y_{near} 之间的相关性,以及 y 和 y_{far} 之间的相关性。

P5.3 获得例 5.2 中与 E5.2 相同的结果

P5.4 对于 $h = 140$ 重复例 5.2,并讨论结果。

P5.5 对于线性全局函数,$\theta_1 = \theta_2 x$,重复例 5.2。

P5.6 给定真实函数:$z(x) = x^2 + 5x - 10$,$x \in [-8,8]$,在不同尺度参数 $h = 1,10$ 和不同的常数全局函数 $\xi\theta = 0,10$ 下,使用在 $x = \{8,4,0,4,8\}$ 处的五个数据拟合 GP 模拟。将它们绘制在一起并进行比较。

P5.7 参照 GP 案例,推导出如下线性回归模型的不确定性方程,并将其与第 2 章介绍的抽样方法结果进行比较:

$$\text{std}(\hat{z}) = \sigma \sqrt{\frac{1}{n_y} + \frac{(x - \bar{x})^2}{S_{xx}}}$$

P5.8　对于第 5 题的每种情况,将预测区间和实际误差绘制在一张图中。

P5.9　对 5.2.4 节中的相同问题使用 GP,但用不同的全局函数,(a)常数和(b)二阶函数。比较和讨论包括图 5.5(a)在内的三种结果。

P5.10　给定真实的电池退化方程,$d = \exp(-0.003t)$,利用该方程对 20 个时刻 $t = \{0, 5, 10, \cdots, 50\}$ 计算相应的退化数据,并加上服从正态分布 $N(0, \sigma^2)$ 的随机噪声。将这些数据作为训练数据,使用高斯过程回归预测剩余使用寿命的中位数和 90% 的置信区间。分别给定 $\sigma = 0.01, 0.02, 0.05$,退化阈值为 0.7。

P5.11　与图 5.8 给出的过程一样,通过重复该过程,并更改隐藏节点的数量来获得不同函数。注意,由于随机权值和偏差参数的原因,结果与图中的结果并不完全相同。

P5.12　考虑一个只有一个节点的输入层(没有隐藏层),输入和输出数据分别为 $x = \{0\ 1\ 2\ 3\ 4\}^T, y = \{1.27\ 3.92\ 3.87\ 7.43\ 9.16\}^T$。用网络函数 newlind 查找权重和偏差参数,该函数设计了线性模型并将结果与最小二乘法进行比较。

P5.13　用表 E5.2 给出的权值和偏差的最优结果进行人工计算,得到例 5.5 中的图 E5.7。注意,最优结果基于 -1 和 1 之间的输入和输出。

P5.14　不使用测试集重复例 5.6 内容,而是使用 70% 的训练集和 30% 的验证集。将结果与图 E5.8 和表 E5.2 进行比较。

P5.15　比较下列两种情况的退化预测结果:(a)使用时间信息作为输入;(b)使用前 n 个数据作为输入。利用图 5.11 中的预测集数据,分别使用 GP 和 NN 求解。

P5.16　即使不使用噪声数据,图 5.12(b)中 NN 的预测结果也存在相对较大的不确定性。讨论这种情况下不确定性的来源。

参 考 文 献

[1]　Chakraborty K, Mehrotra K, Mohan CK, et al . Forecasting the behavior of multivariate time series using neural networks. Neural Networks, 1992, 5 : 961 – 970.

[2]　Ahmadzadeh F, Lundberg J. Remaining useful life prediction of grinding mill liners using an artificial neural network. Miner. Eng. 2013, 53 : 1 – 8.

[3]　Li D, Wang W, Ismail F. Enhanced fuzzy-filtered neural networks for material fatigue prognosis. Appl. Soft. Comput. 2013, 13(1) : 283 – 291.

[4]　Zio E, Maio F D. A Data-driven fuzzy approach for predicting the remaining useful life in dynamic failure scenarios of a nuclear system. Reliab. Eng. Syst. Saf. 2010, 95 : 49 – 57.

[5]　Silva R E, Gouriveau R, Jemeï S, et al. Proton exchange membrane fuel cell degradation prediction based on adaptive neuro-fuzzy inference systems. Int. J. Hydrogen Energy, 2014, 39 (21) : 11128 – 11144.

[6]　Mackay D J C . Introduction to Gaussian processes. NATO. ASI. Ser. F. Comput. Syst. Sci. , 1998, 168 : 133 – 166.

[7]　Seeger M . Gaussian processes for machine learning. Int. J. Neural Syst. , 2004, 14(2) : 69 – 106.

[8]　Tipping M E. Sparse Bayesian learning and the relevance vector machine. J Mach. Learn.

Res. ,2001,1:211 −244.

［10］ Benkedjouh T, Medjaher K, Zerhouni N,et al. Health assessment and life prediction of cutting tools based on support vector regression. J. Intell. Manuf. ,2015,26（2）:213 −223.

［10］ Bretscher O. Linear algebra with applications. Prentice Hall, New Jersey,1995.

［11］ Chakraborty K, Mehrotra K, Mohan C K,et al. Forecasting the behavior of multivar,1992.

［12］ Coppe A, Haftka R T, Kim NH. Uncertainty identification of damage growth parameters using nonlinear regression. AIAA Journal,2011,49（12）:2818 −2821.

［13］ Pandey M D, Noortwijk JMV. Gamma process model for time-dependent structural reliability analysis. In: Paper presented at the second international conference on bridge maintenance, safety and management, Kyoto, Japan, 18 −22 Oct 2004.

［14］ Si X S, Wang W, Hu C H,et al. A Wiener process-based degradation model with a recursive filter algorithm for remaining useful life estimation. Mech. Syst. Signal Process, 2013,35（1 −2）:219 −237.

［15］ Liu A, Dong M, Peng Y. A novel method for online health prognosis of equipment based on hidden semi-Markov model using sequential Monte Carlo methods. Mech. Syst. Signal Process,2012,32:331 −348.

［16］ Si X S, Wang W, Hu CH,et al. Remaining useful life estimation—A review on the statistical data driven approaches. Eur. J. Oper. Res. ,2011,213:1 −14.

［17］ Xiong Y, Chen W, Apley D, Ding X,et al. A non-stationary covariance-based Kriging method for metamodelling in engineering design. Int. J. Numer Meth. Eng. ,2007,71（6）: 733 −756.

［18］ Rasmussen C E, Williams CKI. Gaussian processes for machine learning. The MIT Press, Massachusetts,2006.

［19］ Toal DJJ, Bressloff N W, Keane A J . Kriging hyperparameter tuning strategies. AIAA J. ,2008,46（5）:1240 −1252.

［20］ Svozil D, Kvasnička V, Pospíchal J. Introduction to multi-layer feed-forward neural networks. Chemometr Intell. Lab. Syst. ,1197,39:43 −62.

［21］ Orr MJL. Introduction to radial basis function networks. http://www. cc. gatech. edu/ ∗ isbell/ tutorials/rbf-intro. pdf. Accessed 29 May 2016.

［22］ Bodén M. A guide to recurrent neural networks and backpropagation. http://citeseerx. ist. psu. edu/viewdoc/download? doi =10. 1. 1. 16. 6652&rep =rep1&type =pdf. Accessed 29 May 2016.

［23］ Liu P, Li H. Fuzzy neural network theory and application. World Scientific, Singapore,2004.

［24］ He Y, Tan Y, Sun Y. Wavelet neural network approach for fault diagnosis of analogue circuits. IEE Proc. Circuits Devices Syst. ,2004,151（4）:379 −384.

［25］ Bicciato S, Pandin M, Didonè G,et al. Analysis of an associative memory neural network for pattern identification in gene expression data. In: Biokdd01, workshop on data mining in bioinformatics,2001:22 −30.

[26] Happel B L M, Murre J M J. The design and evolution of modular neural network architectures. Neural Networks,1994,7:985 – 1004.

[27] Zhang G, Yuen K K F. Toward a hybrid approach of primitive cognitive network process and particle swarm optimization neural network for forecasting. Procedia Comput. Sci. , 2013,17:441 – 448.

[28] Rovithakis G A, Maniadakis M, Zervakis M. A hybrid neural network/genetic algorithm approach to optimizing feature extraction for signal classification. IEEE Trans on Syst Man Cybernetics—Part B: Cybernet,2004,34(1):695 – 702.

[29] Duch W, Jankowski N. Survey of neural transfer functions. Neural Comput Surveys, 2011,2:163 – 212.

[30] Yu H, Wilamowski B M. Levenberg-marquardt training. Industrial Electron. Handb. , 2011,5(12): 1 – 16.

[31] Beale M H, Hagan M T, Demuth H B. Neural Network Toolbox 8. 4. User's Guide. The MathWorks, Inc. , Natick,2015.

[32] Chakraborty K, Mehrotra K, Mohan C K,et al . Forecasting the behavior of multivariate time series using neural networks. Neural Networks,1992,5:961 – 970

[33] Mohanty S, Das D, Chattopadhyay A,et al. Gaussian process time series model for life prognosis of metallic structures. J. Intell. Mater. Syst. Struct. ,2009,20:887 – 896.

[34] Paciorek C J, Schervish M J. Nonstationary covariance functions for Gaussian process regression. Adv. Neural Informa. Process Syst. ,2004,16:273 – 280.

[35] Brahim-Belhouari S, Bermak A. Gaussian process for nonstationary time series prediction. Comput. Stat. Data Anal. ,2004,47:705 – 712.

[36] Liu D, Pang J, Zhou J,et al. Data-driven prognostics for Lithium-ion battery based on Gaussian process regression. In: Paper presented at the 2012 prognostics and system health management conference, Beijing, China, 23 – 25 May 2012.

[37] Lawrence S, Giles C L, Tsoi A C. What size neural network gives optimal generalization? convergence properties of backpropagation. In: Technical report UMIACS – TR – 96 – 22 and CS – TR – 3617. Institute for Advanced Computer Studies. https://clgiles. ist. psu. edu/papers/UMD – CS – TR – 3617. what. size. neural. net. to. use. pdf. Accessed 29 May 2016.

[38] Gómez I, Franco L, Jérez J M. Neural network architecture selection: Can function complexity help? Neural Process Lett. ,2009,30:71 – 87.

[39] Sheela K G, Deepa S N. Review on methods to fix number of hidden neurons in neural networks. Math. Probl. Eng. 2013:1 – 11.

[40] Ostafe D. Neural network hidden layer number determination using pattern recognition techniques. In: Paper presented at the 2nd Romanian-Hungarian joint symposium on applied computational intelligence, Timisoara, Romania, 12 – 14 May 2005.

[41] Chang J F, Hsieh P Y. Particle swarm optimization based on back propagation network forecasting exchange rates. Int. J. Innov. Comput. Inf. Control, 2011, 7 (12): 6837

−6847.

［42］　Guo Z, Zhao W, Lu H, et al. Multi-step forecasting for wind speed using a modified EMD-based artificial neural network model. Renewable Energy, 2012, 37(1): 241 −249.

［43］　Hodhod O A, Ahmed H I. Developing an artificial neural network model to evaluate chloride diffusivity in high performance concrete. HBRC J., 2013, 9(1): 15 −21.

［44］　Kang L W, Zhao X, Ma J. A new neural network model for the state-of-charge estimation in the battery degradation process. Appl. Energy, 2014, 121: 20 −27.

［45］　An D, Choi J H. Efficient reliability analysis based on Bayesian framework under input variable and metamodel uncertainties. Struct. Multidiscip. Optim., 2012, 46: 533 −547.

［46］　Neal R M. Regression and classification using Gaussian process priors. In: Bernardo J M, Berger J O, Dawid A P, et al. Bayesian statistics, vol 6. Oxford University Press, New York, 1998, 475 −501.

［47］　Salomon R, Hemmen J L V. Accelerating Backpropagation through dynamic self-adaptation. Neural Networks, 1996, 9(4): 589 −601.

［48］　Chen S C, Lin S W, Tseng T Y, et al. Optimization of back-propagation network using simulated annealing approach. In: Paper presented at the IEEE international conference on systems, man, and cybernetics, Taipei, Taiwan, 8 −11 October 2006.

［49］　Subudhi B, Jena D, Gupta M M. Memetic differential evolution trained neural networks for nonlinear system identification. In: Paper presented at the IEEE region 10 colloquium and the third international conference on industrial and information systems, Kharagpur, India, 8 −10 Dec 2008.

［50］　Nawi N M, Ransing R S, Ransing M R. An improved conjugate gradient based learning algorithm for back propagation neural networks. Int. J. Comput. Intell., 2008, 4(1): 46 −55.

［51］　Soares S, Antunes C H, Araújo R. Comparison of a genetic algorithm and simulated annealing for automatic neural network ensemble development. Neurocomputing, 2013, 121: 498 −511.

［52］　Jacobs R A. Methods for combining experts' probability assessments. Neural Comput., 1995, 7(5): 867 −888.

［53］　Drucker H, Cortes C, Jackel L D, et al. Boosting and other ensemble methods. Neural Comput., 1994, 6(6): 1289 −1301.

［54］　Krogh A, Vedelsby J. Neural network ensembles, cross validation, and active learning. In: Tesauro G, Touretzky D, Leen T. Advances in neural information processing systems, vol 7. The MIT Press, Massachusetts, 1995.

［55］　Chao M, Zhi S, Liu X, et al. Neural network ensembles based on copula methods and distributed multiobjective central force optimization algorithm. Eng. Appl. Artif. Intell., 2014, 32: 203 −212.

［56］　Naftaly U, Intrator N, Horn D. Optimal ensemble averaging of neural networks. Network: Comput. Neural Syst., 1997, 8(3): 283 −296.

[57] Wilamowski B M, Iplikci S, Kaynak O, et al. An algorithm for fast convergence in training neural networks. Proc. Int. Joint Conf. Neural Netw. ,2001,3:1778 – 1782.

[58] Hernández-Lobato J M, Adams R P. Probabilistic backpropagation for scalable learning of bayesian neural networks. arXiv preprint arXiv:,2015,1502. 05336

[59] de Freitas J F G. Bayesian methods for neural networks. In: Dissertation, University of Cambridge,2003.

[60] MacKay D J C. Gaussian processes—A replacement for supervised neural networks? http://www. inference. eng. cam. ac. uk/mackay/gp. pdf. Accessed 29 May 2016.

[61] Lawrence N, Seeger M, Herbrich R. Fast sparse Gaussian process methods: The information vector machine. In: Becker S, Thrun S, Obermayer K Advances in neural information processing systems, vol 15. MIT Press, Massachusetts,2003.

[62] Foster L, Waagen A, Aijaz N, et al. Stable and efficient Gaussian process calculations. J. Mach. Learn. Res. ,2009,10:857 – 882.

[63] Melkumyan A, Ramos F. A sparse covariance function for exact Gaussian process inference in large datasets. In: Paper presented at the 21st international joint conference on artificial intelligence, Pasadena, California, USA,11 – 17 July 2009.

[64] Sang H, Huang J Z. A full scale approximation of covariance functions for large spatial data sets. J. R. Stat. Soc. : Ser. B. (Statistical Methodology),2012,74(1):111 – 132.

[65] Gramacy R B, Lee H K. Cases for the nugget in modeling computer experiments. Stat. Comput. ,2012,22(3):713 – 722.

[66] Andrianakis I, Challenor P G. The effect of the nugget on Gaussian process emulators of computer models. Comput. Stat. Data. Anal. ,2012,56:4215 – 4228.

[67] Chryssoloiuris G, Lee M, Ramsey A. Confidence interval prediction for neural network models. IEEE Trans. Neural Networks,1966,7(1):229 – 232.

[68] Veaux R D, Schumi J, Schweinsberg J, et al. Prediction intervals for neural networks via nonlinear regression. Technometrics,1998,40(4):273 – 282.

[69] Rivals I, Personnaz L. Construction of confidence intervals for neural networks based on least squares estimation. Neural Networks,2000,13(4 – 5):463 – 484.

[70] Efron B, Tibshirani R J. An introduction to the bootstrap. Chapman & Hall/CRC, Florida,1994.

[71] Khosravi A, Nahavandi S, Creighton D. Quantifying uncertainties of neural network-based electricity price forecasts. Appl. Energy,2013,112:120 – 129.

[72] Liu J, Saxena A, Goebel K, et al. An adaptive recurrent neural network for remaining useful life prediction of Lithium-ion batteries. In: Paper presented at the annual conference of the prognostics and health management society, Portland, Oregon, USA, 10 – 16 Oct 2010.

[73] Parzen E. On estimation of a probability density function and mode. Ann. Math. Stat. , 1962,33 (3):1065 – 1076.

[74] Specht D F. Probabilistic neural networks. Neural Networks,1990,3:109 – 118.

［75］　Giurgiutiu V Current issues in vibration-based fault diagnostics and prognostics. In：Paper presented at the SPIE's 9th annual international symposium on smart structures and materials and 7th annual international symposium on NDE for health monitoring and diagnostics, San Diego, California, USA, 17 – 21 Mar 2002.

［76］　Mao K Z, Tan K – C, Ser W. Probabilistic neural-network structure determination for pattern classification. IEEE Trans. Neural Networks,2000,11(4):1009 – 1016.

［77］　Khawaja T, Vachtsevanos G, Wu B. Reasoning about uncertainty in prognosis：a confidence prediction neural network approach. In：Paper presented at the annual meeting of the north American fuzzy information processing society, Ann. Arbor. , Michigan, USA, 22 – 25 June 2005.

［78］　Khosravi A, Nahavandi S, Creighton D,et al. Comprehensive review of neural network-based prediction intervals and new advances. IEEE Trans. Neural Networks,2011,22 (9)：1341 – 1356.

第6章 寿命预测方法的属性研究

6.1 引　言

本章主要针对第 4 章和第 5 章介绍的预测方法进行属性研究。具体而言,本章主要研究了以下 5 种预测方法:3 种基于物理模型的方法,包括最小二乘法(nonlinear least squares, NLS)、贝叶斯方法(Bayesian method, BM)、粒子滤波算法(particle filter, PF);2 种基于数据驱动的预测方法,包括高斯过程(Gaussian process, GP)回归和神经网络(neural network, NN)。本章旨在为读者提供指导性建议,以便读者能够选择最适合其研究和应用领域的预测方法。

由于每种预测方法都存在多种优化算法,在本章的研究中只对最基本和最常用的算法进行属性研究。因此本章基于第 4 章和第 5 章的 5 段 MATLAB 代码研究预测方法的属性。每种预测方法都对裂纹扩展(包括简单和复杂的老化行为)问题进行仿真测试,详细的测试步骤和结果在 6.2 节中介绍。从预测方法的逻辑层面出发探讨各种算法的属性和优缺点。选择裂纹扩展问题是因为可以得到损伤增长模型,用于比较所有预测算法。算法的预测效果由算法固有属性决定,因此对于算法的讨论不仅局限于裂纹扩展问题,同时也可以推广到一般情况。

即使所有预测算法的目的都是预测老化行为,但是不同预测算法具有不同的特征。例如,某些基于物理模型的预测算法利用模型参数加载工作条件与时间/周期的显示函数表示老化行为。此外,某些预测算法利用老化模型的微分方程,通过求解微分方程的积分获得研究对象的老化程度。前者称为全局型预测算法,后者则称为增量型预测算法。第 4 章式(4.2)展示的电池老化模型属于全局型预测算法,而式(4.16)属于增量型预测算法,尽管两种预测算法在数学上是等效的,但是它们的数值实现是不同的。特别是增量型预测算法在求时间积分时容易出现误差。因此在对研究对象进行健康监测时,时间间隔必须足够小,使得微分方程积分结果的误差在合理可信的范围内。此外增量型预测算法的物理模型时间步长不得与健康监测的时间步长相同。

老化模型不准确是基于物理模型预测方法最重要的问题,即如何处理模型形式误差。例如,在裂纹扩展 Paris 模型的案例中,原始模型是 I 型疲劳载荷条件下的无限大平板,然而实际不存在无限大平板,平板的尺寸均是有限的,并且在飞机上大多数的面板都不是平板形状。而且,大多数的模型参数都不是固有材料特性,参数值取决于边界条件和载荷条件。这就是实验条件下模型参数与实际系统应用的模型参数取值不同的原因。因此,基于物理模型的预测算法如何纠正或补偿模型形式误差十分重要。在基于物理模型的预测算法中,了解不同算法如何识别模型参数非常重要,特别是模型参数的不确定性和相关性。某些算法以样本的形式表现参数的不确定性,而某些算法则假设具有估计方差的高斯分布。此外,模型参数的先验知识对预测算法的性能起着重要的作用。基于贝叶斯推理算法有系统的先验知识,而基于回归的算法没有可行的可以考虑先验知识的方法。即使基于贝叶斯推理的算法有相同的理论基础,数值实现的不同也会产生截然不同的预测结果。例如,贝叶斯方法与粒子滤波方法都是基于贝叶斯推理,但是两者的预测过程和预测结果均不同。基于物理模型预测方法的属性将在 6.3 节中讨论。

　　乍一看,基于数据驱动的预测方法似乎比基于物理模型的预测方法更具吸引力,因为它们不需要精确的物理模型,且对于很多复杂系统而言没有适合的物理模型能够描述他们的老化行为。然而,基于数据驱动的预测方法存在其自身的局限性。基于数据驱动的预测方法看似不需要模型支持,但实际上数据驱动方法也是通过数学模型来表征对象的老化行为。不同之处在于数学模型不具备任何物理含义。既然利用数学模型来表示老化行为,那么基于数据驱动的预测方法同基于物理模型的预测方法就具有相似的问题:老化行为的数学模型足够准确吗? 针对这一问题最直接的解决办法就是使用较为复杂的数学模型,以便于模拟任何种类的老化行为。但复杂的数学模型通常有许多参数,需要大量的测量数据进行验证。除线性模型外,多参数的数学模型会带来更多的难题,因为模型需要更多的数据,并且数据识别十分困难和麻烦。此外,当可用数据量不足时,通常会产生过拟合现象。在回归理论中,建议采用的数据量要多于待求解参数个数的 2 ~ 3 倍。例如,如果模型由 10 个系数的多项式函数组成,且只有 10 个可用数据,则算法能够拟合出 10 个系数,且模型正好通过 10 个数据点,但不能保证模型在预测点处的准确性。因此,局域数据驱动预测方法的模型形式由使用者决定。为了在数据驱动方法中找到适当的数学模型形式,需要深入了解老化行为以及数据驱动的预测算法。基于数据驱动预测算法的属性将在 6.4 节中讨论。

　　在 6.5 节中,采用复杂的裂纹扩展问题比较了基于物理模型和基于数据驱动的预测算法。通常情况下,如果存在精确的物理模型,则基于物理模型的预测方法效果更佳。这是因为基于物理模型的预测算法需要更少的数据量来确定模型参数。然而,估计基于数据驱动的预测方法需要多少数据能与基于物理模型的预测方法达到相似的准确度对于用户估计所需数据量是有益的。

6.2　问 题 定 义

　　基于物理模型的预测方法假定描述老化行为的物理模型可用于加载信息等条件。疲劳裂纹扩展问题是预测方法中最常见的例子,因为与其他故障机制相比,疲劳裂纹扩展的物理模型相对完善。本节采用 Paris 模型[1]描述恒定和变振幅载荷条件下的裂纹扩展行为。

6.2.1　疲劳裂纹扩展的 Paris 模型

　　在 2.1 节和 4.5 节中利用 Paris 模型描述了无限大平板在恒定振幅 I 型循环载荷条件下的裂纹扩展速率。常见的应用是飞机机身面板的疲劳裂纹扩展。由于在起飞和着陆过程中反复加压,机身面板会经历疲劳负载。当压差引起的应力变化为 $\Delta\sigma$ 时,根据 Paris 模型裂纹的增长速度可表述为

$$\frac{\mathrm{d}a}{\mathrm{d}N} = C(\Delta\sigma\sqrt{\pi a})^m \tag{6.1}$$

式中,a 代表裂纹半径,如图 6.1 中所示;m 和 C 为模型参数;N 代表载荷循环次数;$\Delta K =$

$\Delta\sigma\sqrt{\pi a}$ 代表应力强度因子的变化量。尽管循环次数 N 是离散的,但是仍将其视为连续数。式(6.1)是微分方程,通过积分求得裂纹尺寸与载荷循环次数之间的关系。为了求解式(6.1)的积分,需要知道初始条件,初始裂纹尺寸 a_0。若初始裂纹尺寸未知,需要将其作为未知参数,因此在式(6.1)描述的 Paris 模型中存在 3 个未知参量 m,C,a_0。

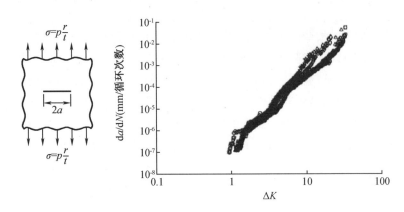

图 6.1   Ⅰ 型载荷条件下的疲劳裂纹扩展

图 6.1 中的斜率对应指数 m,而 C 则对应了 $\Delta K=1$ 时的 y 轴截距,需要注意的是,图 6.1 展示的数值为取对数后的值。众所周知,应力强度因子是疲劳裂纹扩展的重要因素。在飞机上,将机身近似地看作圆柱体,并通过压差来计算机身的环向应力,公式为 $\Delta\sigma = \Delta p \cdot r/t$,其中 r 和 t 分别代表了机身的半径和厚度。

注意,上面的物理模型是以速率的形式给出的。对式(6.1)积分求解 a,得到物理模型的总形式,a 的计算公式如下:

$$a(N) = \left[NC\left(1 - \frac{m}{2}\right)\left(\Delta\sigma\sqrt{\pi}\right)^m + a_0^{1-\frac{m}{2}} \right]^{\frac{2}{2-m}} \tag{6.2}$$

式中,a_0 为裂纹初始半径,$a(N)$ 为第 N 个载荷周期时的裂纹尺寸。在金属铝中,指数 m 的取值范围为 $3.0 \sim 4.0$,因此式(6.2)中的指数为负,此外括号中的第一项值为负,而第二项为正。为了使裂纹尺寸为实数,括号中的取值必为正。随着载荷周期 N 的增加,括号中的项变为负值,而裂纹尺寸变为复数,这在物理学上是不可能存在的。产生这一现象的原因是随着载荷周期 N 的增加,裂纹尺寸的增长速率变快,因此裂纹扩展变得不稳定,裂纹尺寸趋近无限大。因此,式(6.2)的适用范围在括号内取正值的 $N_{\max}$ 以内。

在实际应用中,当裂纹尺寸达到临界时,裂纹的发展是不稳定的。当应力强度因子达到断裂韧性时,定义临界裂纹尺寸 K_{IC} 用于描述含有裂纹的材料抵抗断裂能力,是许多材料设计最重要的特性之一。在 Ⅰ 型荷载的情况下,临界裂纹尺寸定义为

$$a_c = \left(\frac{K_{\mathrm{IC}}}{\Delta\sigma\sqrt{\pi}} \right)^2 \tag{6.3}$$

模型通过参数控制裂纹扩展行为,即根据给出的加载信息 $\Delta\sigma$ 识别不同载荷周期的实测裂纹尺寸。如图 6.1 所示,测试结果显示了一定程度的变异性。因此,期望已经确定的模型参数服从统计分布。将识别出的参数代入 Paris 模型中并预测未来载荷条件,进而预测未

来载荷周期的裂纹尺寸。因此可将基于物理模型的预测方法视为参数估计方法。

为了简化模型,在上述的 Paris 模型中忽略了有限板的尺寸和曲率的影响。而这可能是模型形式误差的主要来源,也是基于物理模型预测方法的一个重要问题。

6.2.2　疲劳裂纹扩展的 Huang 模型

Paris 模型的基本假定是载荷的振幅是恒定的,因此应力变化 $\Delta\sigma$ 或应力强度因子变化 ΔK 可以描述载荷加载条件。然而,实际上通常将不同振幅的载荷加载到系统上,使得裂纹扩展模式要比 Paris 模型复杂得多。Huang 等人[2]提出了基于等效应力强度因子红外改进的在可变振幅条件下 Wheeler 疲劳裂纹扩展模型。该方法得到的疲劳寿命预测模型主要取决于应力比和裂纹尖端前的塑性区域大小。该模型的重要功能是可以描述由于过载引起的延迟和停滞现象,以及由于过载导致的欠载状态引起的加速度。本节将 Huang 的疲劳模型用于较为复杂的物理模型。在 Huang 模型中裂纹扩展的控制微分方程定义为

$$\frac{\mathrm{d}a}{\mathrm{d}N} = C\left[\left(\Delta K_{\mathrm{eq}}\right)^m - \left(\Delta K_{\mathrm{th}}\right)^m\right] \tag{6.4}$$

式中,C 和 m 为模型参数;ΔK_{th} 是应力强度因子变化阈值。在实际应用中,由于裂纹的大小无法确定,式(6.4)右侧值必为正,因此当 $\Delta K_{\mathrm{eq}} < \Delta K_{\mathrm{th}}$ 时,可以认为 $\frac{\mathrm{d}a}{\mathrm{d}N} = 0$。在式(6.4)中,等效应力强度因子的取值受裂纹尖端塑性和过载后裂纹闭合的影响,其定义式为

$$\Delta K_{\mathrm{eq}} = M_R M_P \Delta K, \quad \Delta K = Y\Delta\sigma\sqrt{\pi a} \tag{6.5}$$

式中,Y 为几何因子,它与样品的几何形状有关;M_R 和 M_P 分别为载荷比和加载顺序相互作用的标度系数和修正系数,系数的定义式为

$$M_R = \begin{cases} (1-R)^{-\beta_1}, & -5 \leqslant R < 0 \\ (1-R)^{-\beta}, & 0 \leqslant R < 0.5 \\ (1.05 - 1.4R + 0.6R^2)^{-\beta}, & 0.5 \leqslant R < 1 \end{cases} \tag{6.6}$$

$$M_P = \begin{cases} \left(\dfrac{r_y}{a_{\mathrm{OL}} + r_{\mathrm{OL}} - a - r_\Delta}\right)^n, & (a + r_y < a_{\mathrm{OL}} + r_{\mathrm{OL}} - r_\Delta) \\ 1, & (a + r_y \geqslant a_{\mathrm{OL}} + r_{\mathrm{OL}} - r_\Delta) \end{cases} \tag{6.7}$$

$$r_y = \alpha\left(\frac{K_{\max}}{\sigma_y}\right), \quad r_{\mathrm{OL}} = \alpha\left(\frac{K_{\max}^{\mathrm{OL}}}{\sigma_y}\right)^2$$

$$\alpha = 0.35 - \frac{0.29}{1 + \left[1.08 K_{\max}^2 / (t\sigma_y^2)\right]^{2.15}} \tag{6.8}$$

式中,$R = \dfrac{\sigma_{\max}}{\sigma_{\min}}$ 为载荷比;$\sigma_{\max}$ 和 $\sigma_{\min}$ 分别为每一载荷周期中的最大应力和最小应力;β 和 β_1 为形状指数;r_y 为裂纹尖端前的塑性区尺寸;r_Δ 为欠载引起裂纹尖端塑性区域尺寸的增加,由于本例中不存在欠载情况,故此处忽略 r_Δ;n 为本模型的形状指数;α 为塑性区域因子;$K_{\max}$ 为最大应力强度因子;σ_y 为拉伸屈服应力;OL 作为上标或下标代表发生过载。

需要注意的是,由于式(6.4)的分析积分不适用于一般可变载荷,因此没有与 Huang 模型的总体形式相对应。式(6.4)中的物理模型比例可通过不同的积分方法计算。在本节中,我们采用简单的欧拉积分方法计算给定循环载荷下的裂纹尺寸。下面给出的 MATLAB

代码[Huang]可用于计算给定模型参数的裂纹尺寸。在[Huang]代码中,已填充问题定义从而生成6.2.3节集合1中的数据。假定平板厚度为4 mm,宽度为150 mm(第12行),并采用有限大平板的几何系数(第30~31行)。此外,代码[Huang]可通过式(6.4)和(6.8)进行理解。

[Huang]:Huang 模型的 MATLAB 代码

```
1   % = = = PROBLEM DEFINITION (Loading and Model Parameters) = = = = = = = = = =
2   dN = 1; % transition cycle interval
3   dtMeasu = 1000; % measurement cycle interval
4   dSmin = 5; % min. load
5   sNomin = 65; % nominal load
6   sOverl = [125 100 100 125 125]; % overload
7   cNomin = [5 5 5 5 45]; % num. of cycle in a block: nominal load
8   cOverl = [45 45 95 95 5]; % num. of cycle in a block: overload
9   cBlock = [5000 10000 15000 20000 25000];% cycles for each block
10  a0 = 0.01; % true model param including initi crack, a0
11  m = 3.1; C = log(5.5e-11); dKth = 5.2; beta = 0.2; n = 2.8; sY = 580;
12  thick = 4e-3; width = 150e-3/2; % geometry dimension
13  % = = = = = = = = = = = = = = = = = = = = = = = = = = = = = = = = = = = = = = = =
14  cycle = [0:dtMeasu:cBlock(end)]';
15  % % % LOAD RATIO, R
16  nb = length(cBlock);
17  cInter(1) = cBlock(1);
18  if nb > 1; for i = 2:nb; cInter(i) = cBlock(i) - cBlock(i - 1); end;end
19  dSmax = [];
20  for i = 1:nb;
21  B = [sNomin * ones(cNomin(i),1); sOverl(i) * ones(cOverl(i),1)];
22  dSmax(length(dSmax) + 1:cBlock(i),1) = ...
23  repmat(B,cInter(i)/(cNomin(i) + cOverl(i)),1);
24  end;
25  dSmax = dSmax(1:dN:end); R = dSmin./dSmax;
26  % % % HUANG's MODEL
27  aCurre(1) = a0; akOL(1) = a0; rOL(1) = 0;
28  for k = 1:max(cycle)/dN;
29  ak = aCurre(k);
30  Y = (1 - ak./(2 * width) + 0.326. * (ak./width).^2)...% geometry factor
31  ./sqrt(1 - ak./width); loca = ak./width > 1; Y(loca) = 0;
32  Kmax = Y. * dSmax(k). * sqrt(pi * ak); % SIF from Eq.6.5
33  Kmin = Y. * dSmin. * sqrt(pi * ak);
34  % Scaling factor, Mr (Eq.6.6)
35  Mr = (1 - R(k)).^( - beta);
36  % Correction factor, Mp (Eqs.6.7 and 6.8)
37  alpha = 0.35 - 0.29./(1 + (1.08. * Kmax.^2./(thick. * sY.^2)).^2.15);
```

```
38  ry = alpha. * (Kmax./sY).^2;
39  if R(k) ~ = dSmin/sNomin;
40  loca = ry > rOL; rOL(loca) = ry(loca); akOL(loca) = ak(loca);
41  end
42  Mp = (ry./(akOL + rOL - ak)).^n; loca = ak + ry > = akOL + rOL; Mp(loca) = 1;
43  % Calculate crack size
44  dKeq = Mr. * Mp. * (Kmax - Kmin); % Eq. 6.5
45  rate = exp(C). * (dKeq.^m - dKth.^m); % Eq. 6.4
46  loca = dKeq < = dKth; rate(loca) = 0;
47  aCurre(k + 1) = aCurre(k) + rate. * dN;
48  end;
49  crackHuang = aCurre(1:dtMeasu/dN:max(cycle)/dN + 1);
50  % % % DATA PLOT
51  plot(cycle,crackHuang);
```

在接下来的例子中,载荷比 R 在 0 到 0.5 之间,式(6.6)中的形状指数 β_1 忽略不计。同时也忽略了载荷、板厚和板宽的不确定性,因此, m 、 C 、 ΔK_{th} 、 β 、 n 和 σ_Y 在本例中作为模型参数。如同预期,Huang 模型可以描述变振幅载荷下裂纹扩展的复杂行为。然而,与 Paris 模型中的两个参数相比,Huang 模型参数的数量增加到了六个。因此,Huang 模型中参数识别更为困难,参数间的相关结构比 Paris 模型更为复杂。

6.2.3　健康监测数据和载荷条件

本章使用综合数据代替健康监测系统的测量数据,合成综合数据主要分为以下三个步骤:

(1)假定模型参数和加载条件为真值;

(2)在不同的时间将真实参数和载荷条件替换到物理模型中以生成真实的老化数据;

(3)随机噪声和确定性偏差添加到真实的老化数据中。

综合数据有几个优点。首先,可以将数据中识别出的参数与真实参数进行比较;其次,由于给出了真实的老化数据,因此可以评估预测的剩余使用寿命(remaining useful life,RUL)的准确性;最后,可以控制噪声和偏差的水平,以便研究其影响。

以下真实参数用于生成综合数据:

Paris 模型参数: $m = 3.8, C = 1.5e - 10$ 。

Huang 模型参数: $m = 3.1, C = 5.5e - 11, \Delta K_{th} = 5.2, \beta = 0.2, n = 2.8, \sigma_Y = 580$ 。

对于 Paris 模型(简单模型),可利用上述参数在 10 种不同载荷条件下以 100 个载荷周期为间隔生成 10 组真实的裂纹扩展数据。10 组数据的应力由 65 MPa 增加到 83 MPa,每次增加 2 MPa。结果如图 6.2(a)所示,共包含 2 500 个循环,每组循环包含 26 个数据点,并且有 10 个集合可用,集合 ID 用圆圈中的数字表示。假设集合 1 对应 $\Delta\sigma$ 等于 65 MPa,集合 10 对应 $\Delta\sigma$ 等于 83 MPa。临界裂纹尺寸 a_c 等于 0.05 m 适用于所有情况。

对于 Huang 模型(复杂模型),10 个数据集如图 6.2(b)所示,图 6.3 显示由于复杂的载荷而导致裂纹延迟和加速。如图所示,一个载荷块由恒定在 5 MPa 以下的最小载荷和两个呈周期变化的最大载荷组成,分别称之为负载和过载。

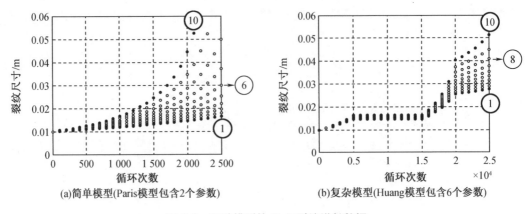

(a)简单模型(Paris模型包含2个参数)　　　(b)复杂模型(Huang模型包含6个参数)

图6.2　两种模型的10组裂纹增长数据

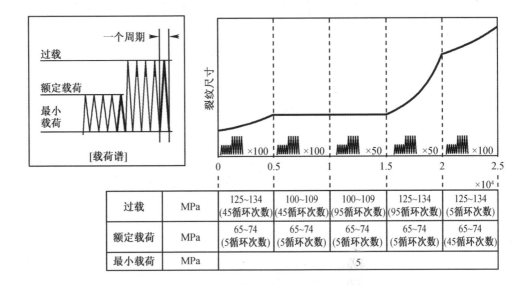

过载	MPa	125~134 (45循环次数)	100~109 (45循环次数)	100~109 (95循环次数)	125~134 (95循环次数)	125~134 (5循环次数)
额定载荷	MPa	65~74 (5循环次数)	65~74 (5循环次数)	65~74 (5循环次数)	65~74 (5循环次数)	65~74 (45循环次数)
最小载荷	MPa			5		

图6.3　Huang 模型的可变载荷振幅频谱图

将载荷谱应用于5种不同的工况,每个载荷谱延续5 000个周期。给出了每种工况的载荷范围,载荷阈值宽度为10 MPa,即表示以1.0 MPa为增量的10个载荷工况值。例如,第一个载荷工况由一个额定载荷65 MPa和过载125 MPa的载荷谱组成,分别在0~5 000个周期内持续5和45个周期。在剩余时间段以相同的方式应用该值,直到达到25 000个周期。在每种情况下,通过以1.0 MPa的增量增加载荷大小来产生其他载荷情况,这将产生10组载荷,并产生如图6.2(b)所示的裂纹扩展结果。

图6.2(b)显示了裂纹扩展的复杂行为。在不同的载荷块下,裂纹的扩展速率是不同的,在5 000至15 000个循环之间,裂纹不增长。由于高达5 000个循环的过载幅度很高,因此在5 000和15 000个循环之间会出现延迟(裂纹停止),裂纹不会扩展。在15 000次循环之后,由于欠载紧随其后,裂纹快速增长。裂纹在20 000次循环后缓慢增长,因为减少了过载循环次数。这些数据可在配套网站上找到[1]。在配套网站中,CrackData.m文件存储这些数据的矩阵。在CrackData.m文件中,数组CrackSimple是10×26数组,用于存储来自

Paris 模型的 10 组裂纹尺寸数据,而数组 CrackHuang 是来自 Huang 模型的 10×26 数组。注意这些阵列存储精确的裂纹尺寸数据。

为了模拟测得的裂纹尺寸数据,将不同程度的噪声和偏差添加到根据真实参数模型计算得到的裂纹尺寸中。首先添加确定性偏差 -3 mm,然后添加随机噪声,随机噪声均匀分布在 $-v$ mm 至 v mm 的区间内,其中 v 的值可取 0、1、5 mm。对于数据驱动的方法,Paris 模型和 Huang 模型分别将集合 6 和集合 8 作为预测集,而其他集合作为训练集。以下 MATLAB 命令添加了上述噪声和偏差:

```
b = −0.003; v = 0.001;
crackSimpleMeas = crackSimple + v * (2 * rand(10,26) − 1) + b;
crackHuangMeas = crackHuang + v * (2 * rand(10,26) − 1) + b;
```

6.3 基于物理模型的预测算法

本节我们比较基于物理模型的预测算法在参数估计和预测方面的准确性,重点在于模型参数及模型形式误差的不确定性和相关性。对于基于物理模型预测算法的 BM 和 PF,似然函数采用正态分布,并且假定位置参数(模型参数和噪声)的先验分布如表 6.1 所示。

表 6.1 模型参数和噪声的先验分布

Paris 模型	$f(m) = U(3.3, 4.3)$ (真实值:3.8)	$f(\ln C) = U(\ln(5 \times 10^{-11}), \ln(5 \times 10^{-10}))$ (真实值:1.5e−10)
Huang 模型	$f(m) = U(2.8, 3.4)$ (真实值:3.1)	$f(\ln C) = U(\ln(3 \times 10^{-11}), \ln(8 \times 10^{-11}))$ (真实值:5.5e−11)
	$f(\Delta K_{th}) = U(2, 8)$ (真实值:5.2)	$f(\beta) = U(0.1, 0.4)$ (真实值:0.2)
	$f(n) = U(1.5, 4)$ (真实值:2.8)	$f(\sigma_Y) = U(400, 600)$ (真实值:580)
噪声	$f(\sigma) = U(0, 0.02)$	
初始裂纹尺寸	$f(a_0) = U(0.008, 0.012)$ (真实值:0.01)	

采用 NLS、BM、PF 三种方法和 5 000 个样本表示参数的分布,通过将各个样本应用于物理模型中来预测裂纹增长和 RUL。对于 NLS 方法,可以从优化中确定参数的确定值及其协方差矩阵。从学生 t 分布中生成 5 000 个样本,该分布乘以标准差即协方差矩阵中对角项的平方根值,并由标识的参数作为平均值进行添加。对于 BM,基于后验 PDF 生成 6 250 个 MCMC 样本,然后将前 1 250 个样本作为老化样本移除。在 PF 中,从每个参数的初始分布中生成 5 000 个粒子作为先验 PDF。似然函数评估作为先验 PDF 的样本,并将权重值分配给样本。联合 PDF 是在重采样后根据评估的权重获得的。

6.3.1 模型参数相关性

由于一种物理模型描述了物理方法中的老化行为,不同算法的性能可以根据其确定模型参数的能力进行评估。这是合理的,因为基于物理方法的 RUL 预测只是简单地用物理模型中参数的样本来获得 RUL。因此,基于物理的预测研究主要集中在如何用较少的测量数据准确地识别模型参数。

确定参数间的相关性是模型参数识别中最具挑战性的内容。通常,由于模型的不确定性和数据中的噪声,模型参数被视为概率分布。可以估计各个参数的概率分布,但是这还不够。不仅应该确定概率分布,还应该确定不同参数之间的相关性。如果不能正确识别相关性,则预测的 RUL 可能与实际的 RUL 差别较大。

具有相关参数的一个重要观察结果是,即使存在无法识别每个参数的准确值的可能,当相关参数的所有组合都产生相同的预测结果时,老化和 RUL 的预测结果也是可靠的。在我们比较三种基于物理模型的算法之前,相关属性已通过 Paris 模型解决。

6.3.1.1 模型参数间的相关性

如图 6.4(a)所示,众所周知,Paris 模型中的参数 m 和 C 具有强相关性,且可以通过其相关性而不是单个值来识别参数。在图 6.4(a)中的对数比例图中,指数 m 为斜率,C 为 $\Delta K = 1$ 时 y 轴的截距。因此,当在给定的 ΔK 下测量裂纹扩展速率时,可能会产生多条穿过测量点的线,如图 6.4(a)所示,这是相关参数的基本属性。如果可以在参数之间找到函数关系,即如果它们的相关性在给定的使用条件下是唯一的,这将很有趣。在本书中,使用条件和负载条件是指施加的负载。在裂纹扩展的情况下,它表示应力强度因子 ΔK 的范围,或应力范围 $\Delta \sigma$。如果相关性在周期内发生变化,则基于当前相关性的预测结果可能会受影响。为对这一猜想进行验证,考虑了 m 和 $\ln(C)$ 之间的相关性,通过式(6.1)的对数方程得到:

$$\ln(C) + m\ln(\Delta\sigma\sqrt{\pi a}) = \ln(\mathrm{d}a/\mathrm{d}N) \tag{6.9}$$

因为一个周期的裂纹扩展速率可以用 m 和 $\ln(C)$ 的组合表示(见图6.4(a)),所以等式中的裂纹扩展速率相同。式(6.9)也可以用真实的模型参数表示为

$$\ln(C_{\mathrm{true}}) + m_{\mathrm{true}}\ln(\Delta\sigma\sqrt{\pi a}) = \ln(\mathrm{d}a/\mathrm{d}N) \tag{6.10}$$

式(6.10)减式(6.9)得到以下等式:

$$\ln(C) = \ln(C_{\mathrm{true}}) + (m_{\mathrm{true}} - m)\ln(\Delta\sigma\sqrt{\pi a}) \tag{6.11}$$

对于给定的周期,上述方程式可以视为 m 和 $\ln(C)$ 之间的线性关系。注意:$m_{\mathrm{true}} = 3.8$,$C_{\mathrm{true}} = 1.5 \times 10^{-10}$,$\Delta\sigma = 83\ \mathrm{MPa}$,可被视为常数,但裂纹尺寸 a 会随周期 N 增加,并且可根据式(6.2)由 m_{true} 和 C_{true} 计算得到。因此式(6.11)中的相关性会随着裂纹的增长发生变化。也就是说,对于给定的 $\Delta K, m$ 和 $\ln(C)$ 之间的相关性是确定的,但随着裂纹的增长相关性会发生变化。

m 和 $\ln(C)$ 之间的相关性可根据循环周期,通过改变裂纹尺寸来绘制。结果如图 6.4

所示,正方形标记为真实参数,六条线表示式(6.11)中 m 和 $\ln(C)$ 在 0 到 2 500 个周期上的相关性,周期间隔为500,虚线为第 2 500 个周期。从图中可以看出,m 和 $\ln(C)$ 之间的相关性随着载荷周期的增加发生变化。因此,参数之间没有确定的关系,该关系随着裂纹尺寸的增加而变化。

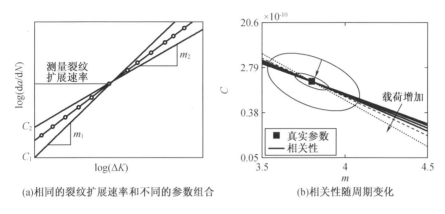

(a)相同的裂纹扩展速率和不同的参数组合　　(b)相关性随周期变化

图 6.4　m 和 C 之间的相关属性说明

随着周期的增加,相关性随中心真实值逐渐发生变化,最终相关性被识别为窄带椭圆,如图 6.4(b)所示。由于在更新过程中随着数据增加而使多条相关线相交,相关性收敛到真实值,最终识别出真实参数。

由于强大的线性相关性,仅使用三组精确的老化数据即可获得两个模型参数 m 和 C 的真实值(零周期裂纹的大小与 m 和 C 无关,因此需要三组数据来估计两个模型参数)。集合 6 中的 3 个数据可以由式(6.2)计算得到,$N = \{0,100,200\}$,$a = \{0.010000000000000,$ $0.010286799119103,\ 0.010589640425939\}$。请注意,确切的裂纹大小数据具有 15 位精度数字,这是不切实际的,但就目前而言,假定此类精确数据可用。在这种情况下,即使这三个数据处于老化的早期阶段,也能预测精确的参数和 RUL。模型参数分别为 $\hat{m} = 3.8$,$\ln(\hat{C}) = -22.6204$,协方差矩阵的极小值为

$$\Sigma_{\hat{\theta}} = \begin{bmatrix} 0.182\ 5 & -0.474\ 6 \\ -0.474\ 6 & 1.233\ 9 \end{bmatrix} \times 10^{-18}$$

这使得老化预测非常准确,如图 6.5 所示。

然而,实际上大多数测量数据均含有噪声,当老化数据含有噪声时,式(6.11)的线性关系无法获得。为了解释噪声对参数识别的影响,我们考虑在两个不同周期内测得的裂纹尺寸数据。由于裂纹尺寸不同,相关方程式(6.11)的斜率略有不同。图 6.6(a)显示了在测量裂纹尺寸中不含噪声的情况。在这种情况下,两个相关方程具有不同的斜率,因此可以找到两条线之间的交点,这是两个参数的真实值。此时,无不确定性,并且可以确定两个参数。

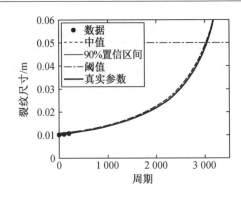

图 6.5　来自 NLS 的老化预测结果(含三个精确数据)

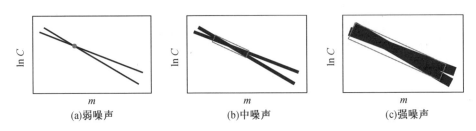

图 6.6　参数识别及噪声水平

另一方面,当测量数据中含有噪声时式(6.11)中的相关性具有不确定性,可用较粗的线表示。线的粗细程度与噪声水平成正比。如图 6.6 的(b)和(c)所示,当数据含有测量噪声时两条相关线的交点不再是一个点而是一个区域。可以在区域内的任何位置识别模型参数。因此,在确定的模型参数中存在不确定性,可以使用概率分布或样本来表示。注意,当噪声水平较大且两个斜率相差不大时,所识别的模型参数中不确定性会增加。当两个测得的裂纹尺寸相差不大时,就会发生后一种情况。

为了用少量数据显示参数识别的敏感性,图 6.5 中的三个精确数据保留小数点后四位,即 $a = \{0.0100, 0.0103, 0.0106\}$。因此,噪声水平约为 10^{-4} m,小于现代结构健康监测系统的能力,可以认为数据中的误差非常小。使用 MATLAB 代码 NLS,图 6.7 显示了已识别模型参数的样本和带有置信区间的预测 RUL。即使测量数据有很小的误差,所识别的参数也会分布在很宽的范围内。

基于模型参数的不确定性,出现指数 m 的负值,这意味着裂纹几乎没有增长。发生这种情况是因为仅使用了三个数据,并且相关线的斜率非常接近,也就是说,在三个周期内裂纹扩展不大。

由于已识别参数的范围很广,图 6.7(b)中的预测显示了毫无意义的结果;90% 的置信区间太宽,中值未能遵循真实老化的趋势。随着噪声水平的提高,很难找到很好的相关性。实际上,由于测量误差始终包含在数据中,因此需要更多数据才能很好地识别相关性,这可能取决于噪声水平。另外,重要的是要获得具有明显不同的裂纹尺寸数据,因为式(6.11)中相关方程的斜率与裂纹尺寸成正比。由于裂纹在早期缓慢增长,不确定性较强。随着裂纹的快速增长,斜率会发生显著变化,可以更好地识别参数。

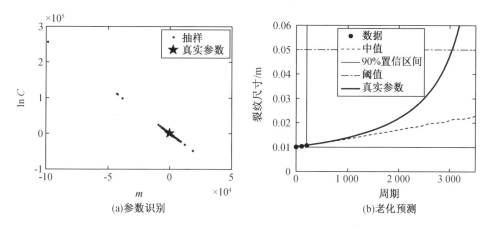

图 6.7　保留四位小数精确数据的老化预测

6.3.1.2　模型参数与加载条件之间的相关性

在基于物理模型的预测方法中,模型参数与加载条件之间也存在关联。图 6.8 中使用了正确的模型参数和加载条件,用粗实线显示了裂纹扩展的真实行为。注意,Paris 模型的两个参数分别代表直线在 $\Delta K = 1$ 处的斜率 m 和 y 轴截距 C。在这种情况下,加载条件意味着应力强度因子 ΔK 的范围。如果使用的 ΔK 比正确的 ΔK 小,并且从测量数据中观察到相同的裂纹扩展,则粗实线将向左移动,如图中虚线所示,这可以通过增加参数 C 来实现。也就是说,为了预测相同的裂纹扩展速率,可以使用 ΔK 和 C 的不同组合,这意味着这两者是相关的。更具体地说,ΔK 和 $\ln C$ 呈负相关。

这种相关性的概念与参数 m 和 C 之间的相关性有所不同。在参数之间相关的情况下,很难确定参数的真实值。前已述及,即使可能无法识别出参数的真实值,也可以预测出准确的 RUL。然而,在模型参数与加载条件相关的情况下,加载条件通常是输入的,而不是需要识别的。因此,在预测中使用不正确的加载条件时,会发生此问题。如果使用的应力强度因子小于正确的应力强度因子,则两个方形标记将移动到图中的两个圆形标记位置。因此,在不正确的载荷下,使一条线通过两个圆标记的 m 和 C_1 视为等效参数。只要载荷恒定,这与识别模型参数之间的相关性相同(等效)。因此,即使在不正确的载荷下,基于物理模型的预测结果也可以是准确的,因为模型参数被更新为与不正确的载荷(较小的)条件等效的参数。为了显示预测算法如何识别给定的模型参数,并在给定不正确的加载条件时准确预测 RUL,此处采用 6.2.3 小节中给出的 Paris 模型(简单模型)中的数据集 10。在 83 MPa 的载荷条件下获得数据集 10,并假定使用了数据集 1 的载荷条件 65 MPa 作为错误加载条件。根据图 6.8 中对 Paris 模型的讨论,

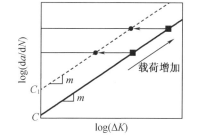

图 6.8　不同载荷的等效参数说明

可以预期 y 轴截距 C 的识别值将高于真实值,而 m 保持不变。

图 6.9 显示了使用 NLS 识别模型参数的预测结果以及 RUL。在图 6.9(a)中,真实参数值在星形标记位置,而圆点是来自具有相关性估计的模型参数样本。即使样本基于相关性分布,m 的中值为 3.8020,接近真实值 3.8,而 C 的结果高于真实值。由于等效参数是在不

正确的加载条件下识别的,因此预测结果如图6.9(b)所示仍然可以是准确的。

等效模型参数的方面可以使用Paris模型的以下两个对数进一步讨论:

$$\ln(C) + m\ln(\Delta\sigma\sqrt{\pi a}) = \ln(da/dN)$$

$$\ln(C') + m'\ln(\Delta\sigma'\sqrt{\pi a}) = \ln(da/dN)$$

第一个方程具有正确的载荷条件$\Delta\sigma = 83$ MPa,而第二个方程的载荷条件$\Delta\sigma' = 65$ MPa是错误的。当使用相同的测量数据时,两个方程右侧的裂纹扩展速率相同。如前所述,我们假设参数斜率保持不变,即$m = m'$,通过计算,上述两个方程化为

$$\ln(C') = \ln(C) + m\ln\left(\frac{\Delta\sigma}{\Delta\sigma'}\right) \tag{6.12}$$

利用真实值$m = 3.8$和加载条件之间的比例,y轴等效截距增量为$\ln(C') = \ln(C) + 0.93$。在图6.9(a)中,如果参数的真实值(星形标记)在垂直方向上偏移了0.93,则它将与识别出的等效参数样本完全匹配。

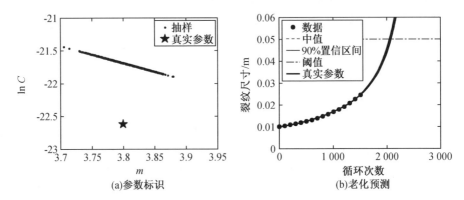

图6.9　通过数据集1给出错误加载条件后针对数据集10的预测结果

从实际的角度来看,这种相关性有利于基于物理模型的预测。如前所述,基于物理模型的预测方法中最重要的问题是模型形式误差。也就是说,由于在开发物理模型时进行的简化和假设,老化的实际行为与物理模型不同。模型形式的错误通常可以转换为加载条件误差。例如,在裂纹扩展的情况下,将模式Ⅰ疲劳载荷应用于无限大小的平板时,Paris模型被认为是准确的。实际上,没有无限大的平板,Paris模型的精度取决于几何效应、边界条件、裂纹形状和裂纹位置。

应力强度因子范围的更一般表达可以写成:

$$\Delta K' = Y\Delta K$$

式中,Y为校正因子,通过应力强度因子真实值和预测值$\Delta K = \Delta\sigma\sqrt{\pi a}$得到。修正系数取决于裂纹和板的几何形状以及加载条件,因此表观应力强度因子ΔK与正确应力强度因子$\Delta K'$取值不同。识别模型参数的过程可以通过识别产生相同RUL的等效模型参数来补偿此误差。

通过识别等效模型参数来补偿载荷条件下误差的能力仅限于修正因子保持恒定的情况。而实际上,修正因子是裂纹尺寸的函数,并且会随着裂纹的增长而变化,如图6.10所示。虽然功能受到限制,但仍有助于减小误差。

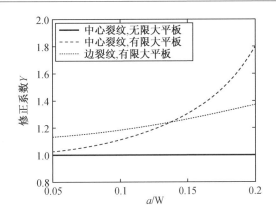

图 6.10　板宽 200 mm 时板几何形状和裂缝尺寸的修正系数

6.3.1.3　初始裂纹尺寸与数据偏差的相关性

由于各种原因(例如传感器信号中的校准误差),测量数据会存在偏差。在结构健康监测中,当裂纹的位置未知时,通常会发生偏移误差。在基于执行器/传感器的健康监测系统中,执行器以波的形式发送信号,而传感器则接收来自裂缝的反射信号。在这样的系统中,信号的幅值通常用于确定裂纹的大小。但是,信号的幅值会随着裂纹到传感器的距离而迅速减小。因此,在用裂纹尺寸校准信号强度时必须考虑该距离。如果实际距离短于所使用的距离,则结构健康监测系统估计裂纹尺寸可能会大于实际裂纹尺寸,反之亦然。另一个例子是裂纹的方向。当裂纹方向垂直于传感器/执行器时,来自反射波的信号最强。具有不同方向的相同大小的裂纹可能具有不同的信号强度,因此可能因裂纹方向而产生偏差。

可以使用基于物理模型的方法来处理测量数据中的偏差,但不能以数据驱动的方法来处理。数据驱动方法中的数学模型没有任何物理意义,因此实际损坏和偏差之间没有区别。从理论上讲,可以在数据驱动的方法中包含偏差,但是实际上这并没有多大意义,因为数据驱动的方法侧重于发现数据趋势。例如,如果所有测量数据都偏移一个常数,则数据驱动的方法可能会产生相同的预测结果,因为数据趋势是相同的。唯一的区别是阈值,但是在数据驱动的方法中,阈值也会发生变化,因为阈值也是通过使用同一系统的实验计算得出的。

在基于物理学的方法中,偏差可以起重要作用。例如,在裂纹扩展的情况下,我们假设测得的裂纹尺寸存在正偏差。该正偏差的作用最终高估了应力强度因子的范围,$\Delta K = \Delta \sigma \sqrt{\pi a}$。即使高估了裂纹尺寸,裂纹扩展也可能保持不变。因此,根据式(6.9),指数 m 可能会被低估。同样,如果施加负偏差,则指数将被高估。

为了系统地识别偏差,有必要在物理模型中添加确定性偏差。式(6.1)以速率形式给出物理模型,测得的裂纹尺寸和实际裂纹尺寸具有以下关系式:

$$a_N^{\text{meas}} = a_N + b$$

式中,b 为确定性偏差,a_N 为载荷周期 N 处对应的实际裂纹尺寸。当测得的裂纹尺寸有偏差时,必须在计算应力强度因子的范围时使用实际的裂纹尺寸,也就是说,必须使用 $a_N = a_N^{\text{meas}} - b$。通常,偏差的大小是未知的,必须将其包含在未知参数中。因此,参数总数为 4 个 (m, C, a_0, b)。

在以整体形式给出物理模型的情况下,可以通过将等式(6.2)中的裂纹尺寸添加确定偏差来表示测得的裂纹尺寸：

$$a_k^{\text{meas}} = a_k + b = \left[N_k C \left(1 - \frac{m}{2} \right) (\Delta\sigma \sqrt{\pi})^m + a_0^{1-\frac{m}{2}} \right]^{\frac{2}{2-m}} + b \qquad (6.13)$$

在参数估计阶段有趣的发现是，偏差与物理模型中的初始裂纹尺寸相关，而裂纹尺寸对老化行为有影响。假设最初检测到的裂纹尺寸为 a，并且测量数据没有噪声，测量的大小是初始损坏大小与偏差之和，如下式：

$$a_0^{\text{meas}} = a_0 + b \qquad (6.14)$$

对于给定的测量裂纹尺寸，初始裂纹尺寸和偏差存在无限种可能的组合，它们可以产生相同的测量裂纹尺寸。因此，二者之间存在线性关系。

当两个 Paris 模型参数已知时，可以使用两个精确的测量数据找到初始裂纹尺寸和偏差的真实值。在图 6.11 中，两个测量数据偏置了 -3 mm，即测量的裂纹尺寸始终小于真实尺寸。NLS 通过采用两个精确的老化参数，设定初始值 $a_{0,\text{initial}} = 0.02$ m，$b_{\text{initial}} = 0.0$ m 来获得。经优化，这两个参数的估计值为 $\hat{a}_0 = 0.01$ m，$\hat{b} = -0.003$ m，与实际值相同。如果在预测老化中包括偏差，则结果将遵循如图 6.11(a) 所示的偏差数据。因此，一旦确定了偏差，就必须在预测中减去偏差项，如图 6.11(b) 所示，该预测曲线与测量数据的偏差为 $-b = 0.003$ m。

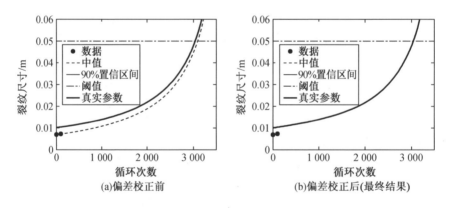

图 6.11　有偏差数据的老化预测

如前所述，数据中的噪声阻碍了参数的识别。同时，模型参数、初始裂纹尺寸、偏压、加载条件等多组相关参数同时被视为未知参数时，参数识别具有挑战性。在以下内容中，将基于 Paris 模型中的模型参数识别来比较三种基于物理模型的预测算法。在 7.3 节中将对噪声和偏差条件下相关参数识别做进一步研究。

6.3.2　NLS、BM 和 PF 的比较

在上一节中显示了相关性是基于物理模型预测算法的内在本质。但是，不同的算法在识别相关性方面表现出不同的性能。在本节中，将比较三种基于物理模型的预测算法 NLS、

BM 和 PF 在识别相关性以及预测样品老化方面的能力。

6.3.2.1 先验信息和抽样误差

基于回归的方法(例如 NLS)和基于贝叶斯的方法(例如 BM 和 PF)之间的重要区别是先验信息的使用。先验信息是未知参数的预先存在知识,包括专家意见、历史经验或类似系统的知识。例如,在初始裂纹尺寸的情况下,传统的无损检测技术可以提供飞机面板中初始裂纹尺寸的大致范围。对于偏差的情况,可以在已知的裂纹尺寸下通过测量设备来估计偏差的大致范围。对于 Paris 模型参数 C 和 m,可以使用来自不同制造商的不同批次实验室测试来估计大概范围。实际上,Paris 模型参数的范围可在材料手册中找到。

利用先验信息是基于贝叶斯方法的特征,因为在基于回归的方法中没有类似的概念。从这种意义上讲,基于回归的方法类似于第 3 章中的频域方法,仅使用客观信息(即测量数据)来估算参数。另一方面,基于贝叶斯的方法使用主观信息,即先验信息。在基于贝叶斯的方法中,该先验信息以先验分布的形式表示。表 6.1 显示了本章中使用的先验分布。在没有先验分布的情况下,使用贝叶斯方法的参数估计与最大似然估计相同,当测量数据的可变性具有高斯分布时,则与回归参数估计相同。

贝叶斯推理的性能取决于先验信息的不确定性和测量数据的可变性。如果先验信息中的不确定性很小,则测量数据可能不会有助于改善后验分布中的不确定性。在这种情况下,先验分布对后验分布的贡献最大。如果测量数据的变异性很小,那么先验就没有太大用处。在这种情况下,后验分布主要由测量数据决定。

先验分布可以正向和负向影响后验分布。如果先验中的不确定性很小并且覆盖了参数的真实值,则先验可以帮助加速后验分布的收敛。如果先验分布的不确定性太大,将无助于减少后验分布的不确定性。实际上,当先验中的不确定性为无穷大时,称为无先验信息。也就是说,没有必要考虑贝叶斯更新中的先验分布。在这种情况下,仅似然函数对后验起作用,这就是估计结果与最大似然估计相同的原因。

当先验信息有误或与测量数据不一致时,会减缓准确识别参数或减慢参数估计过程。例如,在 Paris 模型指数为 m 的情况下,我们假定先验分布为均匀分布 $m \sim U(3.0, 3.5)$,而真实值应为 $m_{true} = 3.8$。在这种情况下,无论使用多少测量数据,后验分布都无法包含真实值,因为先验分布的值在真实值处为零。这是一个极端的情况,但是通常错误的先验会导致后验分布缓慢收敛或收敛到错误的值。第 7.2 节将对这一现象展开详细讨论。

为了比较先验分布的影响,在图 6.2(a)中,使用噪声水平为 $v = 1$ mm 的数据集 6,使用 NLS、BM 和 PF 来预测 Paris 模型的老化行为。假定当前为 1 500 个循环,并使用图 6.12 中的三种不同方法预测裂纹扩展。结果表明,BM 和 PF 的预测结果相似,但是 NLS 的预测结果显示出明显的不同,不确定性更广,并且中值距离真实的退化曲线还很远。NLS 的这种劣质性能可以用其无法利用先验信息来解释。为了清楚地解释先验信息的影响,图 6.13 显示了从三种方法中识别出的参数。图中,矩形框表示表 6.1 中给出的均匀先验分布范围。由于先验是均匀分布,后验分布不能超出此框。这种有界的先验分布,可以在框内为 BM 和

PF 识别参数,因此预测结果可以准确无误。

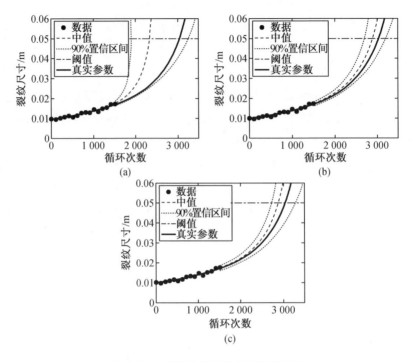

图 6.12　1 500 次循环的老化预测结果

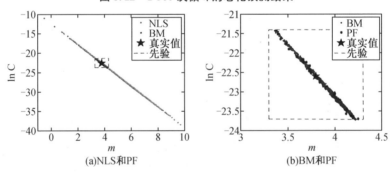

图 6.13　1 500 次循环中比较从 NLS,BM 和 PF 确定的参数　　　彩图

　　但是,随着使用更多数据,先验分布的影响逐渐减小。例如,当使用高达 2 500 个周期的测量数据时,来自 NLS 和 BM 或 PF 的预测结果变得彼此相似,如图 6.14 所示。如图 6.15(a)所示,NLS 和 BM 之间更新参数分布的差异显著减小,随着使用更多数据,该差异将进一步减小。

　　另一方面,当先验信息不可用并且可用数据较少时,NLS 实际上可以比 BM 和 PF 更好。这是因为 BM 和 PF 中有限数量的样本无法覆盖如图 6.13(a)所示的 NLS 结果那样宽泛的相关性,并且将存在巨大的采样误差。

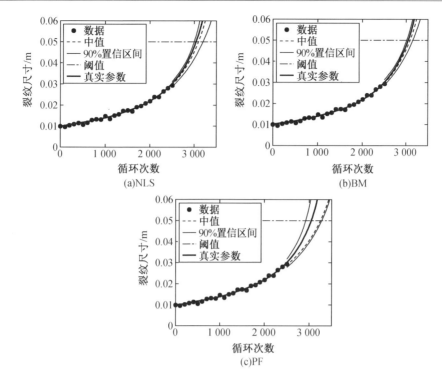

图 6.14　2 500 次循环的老化预测

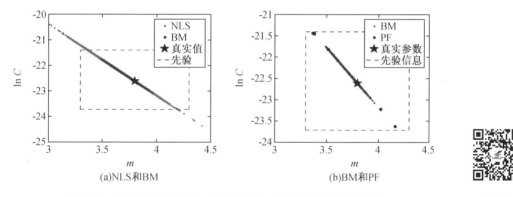

图 6.15　在 2 500 次循环中比较从 NLS,BM 和 PF 确定的参数　　彩图

从图 6.14(c)中可以观察到,PF 的预测结果比其他两个结果差。这是由于在更新过程中累积了采样误差,即第 4 章介绍的粒子耗尽现象。如图 6.15(b)所示,在 PF 的 25 个更新过程之后,仅剩下几个样本。实际上,当将预测结果放置在接近真实值的相关线上时,即使使用很少的不同样本,预测结果也可以是准确的。但是,不能确保几个样本的位置,并且无论何时执行 PF,预测结果都容易改变。

粒子耗尽现象一直是 PF 的主要缺点。避免粒子耗尽的一种常见做法是在预测步骤中从任意分布中添加随机样本,以免产生重复的粒子[3-5]。然而,该方法可能改变参数的概率特性并且增加参数的方差。Gilks 和 Berzuini[6] 提出了一种基于 PF 和 Markov 链蒙特卡罗(MCMC)方法的重采样移动算法。Kim 和 Park[7]引入了最大熵粒子滤波器,并通过将其应用于高度非线性的动力学系统来证明其有效性。

即使没有像粒子耗尽现象那样的累积采样误差,由于 MCMC 采样中的随机漫步过程,与 NLS 相比,在 BM 中存在更多的采样误差。初始样本的位置、抽取新样本的建议分布以及对旧样本的接受率都会影响抽样结果;设置不当或选择不当可能会导致收敛失败或显示固定链,并不断选择旧样本。Rubin[8]、An 和 Choi[9] 使用边界密度函数进行建议分布,以减小这些影响。Gelfand 和 Sahu[10] 提出了两种不同的自适应策略来加速 MCMC 算法的收敛。可以在 Andrieu 等人的参考文献中找到更多信息[11]。

6.3.2.2 不确定性表示和更新过程

不同物理模型方法之间的重要比较是表示已确定参数不确定性的方法。在这方面,NLS 处理不确定性的方式与 BM 和 PF 不同。在 BM 和 PF 中,未知参数的不确定性考虑了联合后验分布,因此可以立即识别参数之间的相关性以及每个参数的分布。另一方面,在 NLS 中,通过优化过程确定性地估计每个参数,然后基于协方差矩阵将线性相关性添加到确定性结果中。确定性参数被视为分布的均值。由于样本是直接根据学生 t 分布生成的,因此该过程中的抽样误差可忽略不计。因此,当未知参数之间存在很强的线性相关性时,NLS 可以成为一种有效的预测方法。但是,相关性可能不是线性的(请参阅习题 P6.4),并且当老化模型中存在许多未知参数时,要找到准确的相关性并不容易。

同样,来自 BM 和 PF 参数的后验分布不限于标准分布类型,例如正态分布或指数分布。它们可能没有任何特定类型的分布。实际上,后验分布是使用样本或粒子表示的,但是在 NLS 的情况下,假设参数的后验分布,尤其是正态分布,实际上采用 t 分布来估计方差。但是,分布类型的问题不如准确识别参数之间的相关性重要,因为预测精度比不确定性类型对相关性更敏感。而且,随着使用数据增多,参数中的不确定性减小,并且误差分布接近正态分布,这使得在 NLS 中进行参数分布的假设成立。

在预测结果方面,BM 和 PF 之间的差异通常可以忽略不计,因为这两种方法在相同的物理模型上具有相同的理论基础。BM 和 PF 之间的主要区别在于更新分布的方式。当像 Paris 模型一样以封闭形式(即整体形式)给出老化模型时,由于后验分布是单个表达式,因此 BM 比 PF 更快。但是,当以速率形式给出老化模型(如 Huang 的模型)时,BM 可能是不切实际的,因为将每一个周期的损伤分别与数千个样本进行积分会产生巨大的计算成本。这也适用于 NLS。因此,基于顺序更新过程的 PF 只是老化模型速率形式的一种实用方法。

在更新 Paris 模型参数或偏差时,PF 中的顺序更新过程非常简单。然而,当初始损伤大小是未知参数时,会较为困难,因为当考虑初始损伤的新分布时,必须从头开始传递样本。由于退化率取决于初始损伤,因此应基于零周期的测量数据适当假定初始损伤的分布。

6.3.2.3 小结

基于前几节的讨论,可以为基于物理模型的预测算法得出以下结论。当参数线性相关时,NLS 可以是一种简单而准确的预测方法。由于它假定参数的不确定性是高斯分布,因此当数据中的噪声分布为高斯分布且物理模型中的非线性相对较小时,此方法很好。因为在线性系统中输入分布为高斯分布时,输出分布也为高斯分布。

当将老化模型作为整体方程的形式给出时,BM 是一种有效的方法,因为老化模型用于计算各个测量数据的似然性。由于此可能性是在 MCMC 模拟的每个样本处乘以数据数量计算得出的,因此老化模型必须在计算上简洁。如果参数数量少(例如两个或三个),则可以使用 3.7.3 节中的网格近似方法。但是,由于简单的 Paris 模型可以具有五个参数 m, C, a_0, b, σ,因此几乎所有实际模型都使用 MCMC 采样方法。当参数数量过多时,联合后验分布会变成高维,并且众多的 MCMC 样本需要具有良好的收敛性。

出于实际目的,BM 中的真正挑战是为 MCMC 采样过程做出恰当的选择,例如未知参数的初始值和建议分布的宽度。如果参数的初始值与真实参数相距甚远,则 MCMC 需要多次迭代(样本)才能收敛到目标分布。分布的宽度过小可能会由于无法完全覆盖目标分布而导致采样结果不稳定,宽度过大会由于不接受新样本而导致采样结果出现重复。经验法则是将建议分布的宽度选择为参数初始值的 1%,然后添加一个因素来考虑数据的可变性以及数量。也就是说,建议分布的宽度取决于未知参数中的预期不确定性。因此,BM 需要对参数的估计值以对测量数据中的噪声水平有足够的了解。

PF 与 NLS 一样被认为易于使用,因为它不需要像 BM 那样选择很多选项。PF 使用状态转移函数作为物理模型,以微分方程的形式(即速率形式)给出。但是,这不是一个限制,因为如果以整体形式给出老化模型,通常可以将整体形式转换为速率形式。当可获得许多测量数据时,PF 的唯一困难是粒子耗尽问题。因此,PF 是实际应用中最常见的方法。表6.2 列出了三种方法之间的差异。

表 6.2　总结三种方法的区别

	NLS	BM	PF
似然(噪声分布)	否	是	是
先验信息	否	是	是
相关参数辨识能力	限于线性相关高斯分布	无限制	无限制
执行难度	低(需要从良好的初始参数开始)	高(难以找到初始参数和权重)	中/低(需要从良好的初始分布开始)
计算成本(费率表模型)	高(函数调用数量×循环数量)	很高(样本数量×循环数量)	低(循环次数)
正确使用	全模型线性相关	全模型一般相关	速率模型一般相关

6.4　基于数据驱动的预测方法

在本节中,将就老化预测中的准确性和不确定性方面比较数据驱动的预测算法——高斯过程(GP)和神经网络(NN)。重点在于模型形式的选择、噪声下的性能以及训练数据的数量。对于 GP,将一阶多项式用于全局函数。之所以做出此选择,是因为 GP 在预测中的主要目的是推断未来的退化,其中随着推断距离的增加,数据点之间的相关性会迅速减小,并且预测将返回到全局函数。知道退化表现出单调增加或减少的行为,最好选择具有这种特性的基函数。在本书中,建议使用线性多项式或二次多项式,当输入变量为正数时,该多项式显示出单调行为。使用学生 t 分布的 5 000 个样本来计算退化的分布和预测间隔。

对于 NN,纯线性函数用于隐藏层和输出层。之所以选择该选项,是因为裂纹尺寸的减小显示出单调增加的行为。对于网络模型,仅考虑一个隐藏节点,该隐藏节点具有来自前三个时间增量的退化信息(测量数据或预测值),可用作 GP 和 NN 的输入。为了筛选异常值,使用了 outliCrite = 2,这意味着从最终结果中消除了超出 2σ 范围的结果。通过重复 30 次 NN 处理,计算出退化的分布和预测间隔。

6.4.1　GP 和 NN 的比较

为了比较 GP 和 NN 对简单裂纹扩展的预测能力,使用了图 6.2(a)中的数据集 6。由于数据驱动方法不需要加载条件,因此不使用应力范围信息。在这种情况下,假设没有训练数据集,仅使用了最多 1 500 个周期的预测数据。为了观察小噪声水平的影响,使用以下 MATLAB 命令将均匀分布的随机噪声 $U(-0.001,0.001)$ 添加到精确的损伤增长数据中:

```
v = 0.001;
crackSimpleMeas = crackSimple(6,1:16) + v * (2 * rand(1,16) - 1);
```

图 6.16 显示了在小噪声水平下,使用高达 1 500 个周期的测量数据的 GP 和 NN 比较。GP 的预测结果比 NN 的预测区间小得多。这是没有任何训练数据的外推法,因此预测结果认为两种方法都很好。这是因为以前的三个老化数据被用作输入而不是循环(比较 P6.19 和 P6.20 中运动问题的差异)。与 GP 相比,NN 性能较低的原因是 NN 的数据与参数比较低。对于 GP,有两个全局函数参数和一个比例参数。因此,需要使用 16 个数据来识别这三个参数,这使得数据与参数的比大于 5。另一方面,NN 具有六个参数(三个输入权重,一个隐层权重,一个隐层偏差和一个输出偏差)。此外,NN 使用 70% 的数据进行训练,即仅使用 11 个数据,这使得数据与参数的比小于 2。在这种情况下,训练过程很有可能达到局部最小值,而不是全局最小值。因此,当数据数量少且噪声水平低时,GP 比 NN 更好。

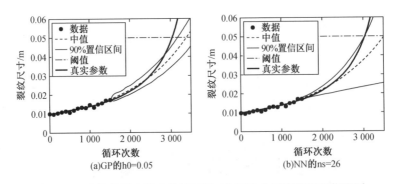

图 6.16　在数据噪声较小的情况下,以 1500 个周期进行老化预测

图 6.17 是使用训练集 5 和 7 在零噪声(四舍五入到小数点后四位)下使用数据集 6 的多达 500 个周期数据的预测结果。由于预测集(数据集 6)在训练集(数据集 5 和 7)之间,并且预测点的输入值级别在训练输入点之内,因此插值最多 2 500 个周期。基本上数据驱动的方法可以在插值区域中产生良好的预测结果。特别是,GP 的预测结果在插值区域中非常准确,数据中的噪声水平很低,因此可以很好地定义相关性,如图 6.17(a)所示。在图中,GP 预测的中值常接近真实的老化,且预测间隔很小。但是,最多为 2 500 个循环,这是训练

集的最后一个循环。在循环之后,用于外推区域和相关性的预测输入点减少,因此结果的质量下降了。当应用单调性的规则达到 4 000 个周期时,没有任何预测结果满足该规则。因此,GP 无法改善超过 2 500 个周期的结果。另一方面,由于 NN 的结果取决于函数形式,因此不会恶化,但准确性(中值)比 GP 差。该结果表明,就预测精度和预测间隔而言,GP 有利于插值,而 NN 在插值区域中表现更好。

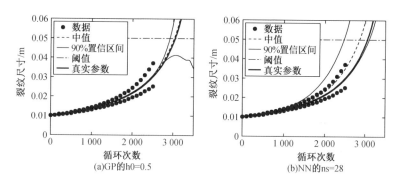

图 6.17　用训练集 5 和 7 预测零噪声下数据集 6 的 500 个周期的老化行为

当如图 6.18 所示存在大量噪声时,无法获得如图 6.17 所示的良好结果,其中将均匀分布的随机噪声 $U(-0.005,0.005)$ 应用于所有训练和预测数据集。特别是,如图 6.18(a)所示,输入变量由于噪声水平高而无法表现出一致的行为,GP 的预测性能将大大降低,不能清楚地识别相关性。在这种情况下,NN 的性能优于 GP,如图 6.18(b)所示。

当比例参数的初始值更改为 GP 中的较低值 0.001 时,预测结果可以得到改善,如图 6.18(c)所示。但是,由于比例参数非常低(比例参数的最佳值与初始值相同),因此该结果来自零相关矩阵,预测结果完全取决于线性全局函数(将结果与习题 P6.21 中全局模型的不同点进行比较)。当数据中存在大量噪声时,训练集可能对提高预测精度没有过多帮助。但是,当噪声水平很高时,可以使用时间/周期作为 NN 中的输入,而不是如图 6.18(d)所示使用先验数据作为输入,后者的预测结果比图 6.18(b)中的预测结果好得多。图 6.18(d)的传递函数是正切 s 形曲线和具有一个隐层节点的纯线性函数。该结果表明,当噪声水平较大时,带有时间输入的 NN 优于 GP。

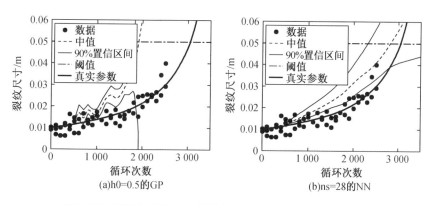

图 6.18　训练集 5 和 7 在大噪声下 500 个循环下的老化预测

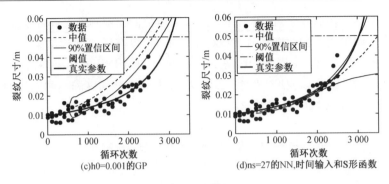

(c)h0=0.001的GP　　　　(d)ns=27的NN,时间输入和S形函数

图6.18(续)

6.4.1.1　小结

基于本节中的数值测试可以得出以下结论：当以少量噪声给出少量数据时,GP 是一种有效而准确的预测方法。当预测点在训练点的范围内且具有明确的相关矩阵时,这将为预测奠定坚实的基础。然而,建立合适的相关矩阵并不是一件容易的事,因为不仅噪声水平高,而且大量数据也不利于处理相关矩阵。另一方面,由于 NN 中的传递函数是基于数据的趋势而不是用每个数据点的波动来拟合老化行为的,因此 NN 在噪声水平上的敏感性比 GP 弱,大量的数据增加了预测结果的准确性。最后,重要的是在数据驱动的预测中考虑输入变量的类型和全局/传递函数。表6.3 总结了 GP 和 NN 之间的差异,以预测老化。

表6.3　GP 与 NN 的区别

	GP	NN
执行难度	中等(不容易找到适当的标度参数值)	低
计算成本	低	中等(取决于重复次数)
使用条件	小噪音 少量数据 简单老化行为	大噪声 大量数据 复合老化行为 (但不限于)

6.5　基于物理模型和数据驱动的预测方法比较

在本节中,将使用图6.2(b)中 Huang 模型(复杂模型)的损伤增长数据集8 比较基于物理模型和数据驱动方法的性能和属性。如前所述,由于物理模型是以比例形式给出的,因此预期 NLS 和 BM 在计算上没有吸引力。因此,将 PF 视为基于物理模型的方法。对于数据驱动的方法,选择 NN 是因为 GP 在外推循环时与全局函数(多项式函数)相同,而 NN 传递函数的不同组合比多项式函数可以更好地预测。

图6.19(a)给出了使用多达16 000 个周期数据的 PF 预测结果。用17 个数据确定了七个参数,包括六个模型参数和标准偏差。因此,数据与模型参数之间的比约为2.5。总共5 000 个粒子用于表示七个参数的相关联合 PDF。

　　显然,数据驱动方法的性能可能不如基于物理模型的方法,因为后者可以利用重要的物理模型信息。因此,为数据驱动的方法提供更多的测量数据是很自然的。问题是还需要多少其他数据,以便数据驱动方法的预测准确性可以与基于物理方法的预测准确性相媲美。基于反复试验的方法发现三个训练数据集可以提供与基于物理的方法相当的预测准确性。因此,在本节中,将 NN 与三个训练数据集一起使用。

　　另一个问题是训练数据与预测数据的接近性,这对于预测准确性起着至关重要的作用。例如,当数据集 8 是预测集时,如果将数据集 7 和 9 作为训练集提供,则由于数据集 8 是数据集 7 和 9 之间的近似插值,因此预测精度会很好。另外,如果提供数据集 1 和 2,则预测精度可能不如数据集 7 和 9 作为训练集。因此,从可用的十个数据集中随机选择三个训练集。基于这个过程,图 6.19(b)显示了使用 NN 预测 Huang 模型的老化预测。对于此预测,切线 s 形和纯线性函数与五个隐藏层节点一起使用。结果是 NN 的结果更好,但是由于剩余的 22 个案例不符合规定,因此基于 30 个重复中的八个样本获得了该结果。在这种情况下,应该使用退化的单调性规则来选择有效的预测。图 6.19(a)和(b)中的结果可以进一步改善。如果将 PF 中的初始损伤大小分布更新为接近真实的初始损伤,则中值将接近真实曲线,因为物理模型很大程度上取决于初始损伤大小。但是,更新 PF 中的初始损伤是一个耗时的过程。因此,图 6.19(c)显示了使用初始损伤真实值的结果。对于 NN,如果将载荷条件添加到 NN 的训练中,则预测行为可以得到改善,如图 6.19(d)所示。在物理模型和载荷条件均可用的情况下,基于物理模型的方法无疑比数据驱动的方法好,但是具有更多训练数据(在这种情况下为三个训练集)和附加信息(在这种情况下为加载条件)的数据驱动方法性能优于基于物理模型的方法,如图 6.19(d)所示。

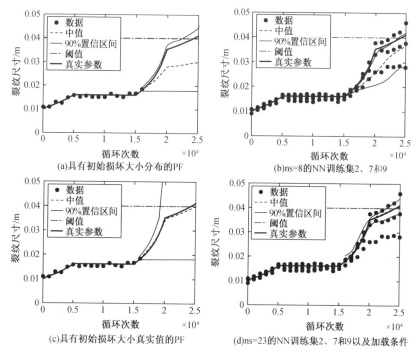

图 6.19　PF 和 NN 在小噪声下以 16 000 个循环进行复合老化生长的比较

6.6 本章小结

就算法而言,案例研究的结果可做如下总结。基于物理模型的方法受噪声水平和模型复杂性的影响较小,但是只有在可用物理模型和载荷条件的情况下,才可以使用它们。NLS在识别相关性过程中与 BM 和 PF 不同。在 BM 和 PF 的比较中,两种方法的结果相差不大,但是 PF 具有广泛的应用范围,并且当明确提供后验分布的表达式时 BM 计算速度很快。

当协方差函数定义正确时,例如数据中的低噪声和损伤增长的简单行为,GP 计算效果更好。但是,在这种良性情况下所有其他算法也都适用。如果可以在给定信息下考虑插值条件,则 GP 可以胜过其他算法。GP 易于实施且计算速度快,可提供 2σ 左右间隔的预测结果。但是,这仅限于寻找最佳比例参数的过程运行良好的情况。即使计算成本取决于每个训练案例(一次训练的时间从几秒到几分钟)和重复次数来考虑预测不确定性,NN 也不要求选择各种调整参数。对于噪声水平高和具有许多训练数据集的复杂模型,NN 是有利的。

最后,这里是有关预测方法的说明。当加载条件和物理模型不可用时,可以通过使用至少三个数据集的数据驱动方法来进行预测,并且加载条件可以改善预测结果。但是,要获得许多训练数据集将具有挑战性,而且物理老化模型在实践中很少见。可以考虑将两种方法或预测结果相结合的混合方法或融合方法来改善预测性能,有关详细说明,请参见文献[12]。但是,目前仍然没有有效的方法来处理没有物理模型且数据量有限的情况。

6.7 习　　题

P6.1　使用第 6.2.3 节中给出的真实模型参数,为 Paris 模型生成 10 组裂纹扩展数据,如图 6.2(a)所示。

P6.2　使用第 6.2.3 节中给出的真实模型参数,为 Huang 模型生成 10 组裂纹扩展数据,如图 6.2(b)所示。

P6.3　物理模型为 $z = \theta_1 + \theta_2$,测量数据 $y = 5$。当 $\theta_1 \sim N(0, 2^2)$ 时,找到 θ_1 与 θ_2 之间的相关性,(a)通过生成 θ_1 和 θ_2 的 20 个样本并将其绘制成二维图像;(b)计算相关系数。

P6.4　将电池老化模型定义为 $z(t) = a\exp(-bt)$,其中 a 和 b 为两个模型参数,请在给的循环/时间 t_k 处确定两个模型参数之间的相关性。使用表 4.1 中给出的数据,确定两个模型参数。并讨论为什么在这种情况下可以识别出准确的模型参数。

P6.5　Sinclair 和 Pierie[13]表明,当应力和裂纹尺寸的单位分别为 MPa 和 m 时,Paris 模型的两个参数关系式为 $\ln(C) = -3.2m - 12.47$。因此,可以将 Paris 模型参数的数量从两个减少到一个。使用 NLS 和图 6.2 中的数据集 6,比较估计参数和一参数,二参数 Paris 模型的 RUL。

P6.6　图 6.7 显示了当 $N = \{0, 100, 200\}$ 时三个测量数据 $a = \{0.0100, 0.0103, 0.0106\}$ 可用时,识别模型参数和 RUL 的困难性。对 $N = \{0, 500, 1000\}$ 的三个数据 $a = \{0.0100, 0.0116, 0.0138\}$ 重复相同的过程,并解释为什么估计的参数和剩余使用寿命显著提高。

P6.7　使用 NLS 和图 6.2(a)中的数据集 6(最多 1 500 个循环),确定两个 Paris 模型参数和协方差矩阵。

（a）假设两个参数是独立的，请计算 RUL 的中值和 90% 置信区间。

（b）使用协方差矩阵，计算 RUL 的中值和 90% 置信区间，并将其与（a）中的结果进行比较。

P6.8　使用 NLS 和图 6.2（a）中的数据集 10，当使用不正确的加载条件 $\Delta\sigma = 65$ MPa 时，确定等效模型参数 C'，并将识别出的参数值与式（6.12）中的值进行比较。

P6.9　宽度有限的板中心裂纹的修正系数可以表示为

$$Y = \sqrt{\sec\left(\frac{\pi\lambda}{2}\right)\left(1 - \frac{\lambda^2}{40} + \frac{3\lambda^4}{50}\right)}$$

式中，$\lambda = a/W$ 是裂纹尺寸和板宽的比。当板宽为 0.1 m 时，初始裂纹尺寸为 0.01 m，精确的模型参数为 $m_{true} = 3.8$，$C_{true} = 1.5 \times 10^{-10}$，（a）在 $N = 0:100:2\,500$ 时生成真实的裂纹扩展数据，并使用 Paris 模型确定等效的模型参数；（b）将裂纹扩展曲线与估计参数、精确参数进行比较。

P6.10　在图 6.2（a）中，添加随机正态分布噪声 $N(0,0.005^2)$ 和确定性正偏差 $b = 0.01$ m。使用贝叶斯方法，确定 Paris 模型的指数 m。使用先验分布 $U(3.3,4.3)$，$C = C_{true} = 1.5 \times 10^{-10}$，$a_0 = 0.01$ m。将已识别参数 m 的模式与其真实值 $m_{true} = 3.8$ 进行比较。

P6.11　以 $b = 0.01$ m 的确定性负偏差重复 P6.10。

P6.12　在图 6.2（a）的数据集 6 中，添加正态分布随机噪声 $N(0,0.005^2)$ 和确定性正偏差 $b = 0.01$ m。使用贝叶斯方法，确定初始裂纹尺寸和与它们的相关性偏差。使用贝叶斯方法，确定初始裂纹尺寸和与它们的相关性偏差，即 $m = m_{true} = 3.8$，$C = C_{true} = 1.5 \times 10^{-10}$。将识别出的结果与其真实值进行比较。

P6.13　对于图 6.2（a）中的数据集 6，当先验分布为 $U(3.0,3.5)$ 时，添加正态分布的随机噪声 $N(0,0.005^2)$，并使用贝叶斯方法估计 Paris 模型指数 m 的后验分布。假设其他参数的真实值。

P6.14　对 $U(3.7,4.2)$ 的先验分配重复 P6.13。比较均值、中位数和估计参数分布方式的两个结果。

P6.15　使用 BM 和 PF 时，无须事先以之前的三个劣化数据作为输入来预测简单裂纹扩展的劣化。使用图 6.2（a）中数据集 6 的最多 1 500 个周期，并具有均匀分布的随机噪声 $U(-0.001,0.001)$。将预测结果与图 6.12（a）中的 NLS 进行比较。

P6.16　使用 NLS 识别四个未知参数，即初始裂纹尺寸、偏差和 Paris 模型中的两个模型参数。使用图 6.2（a）中数据集 6 的最多 1 500 个周期，并具有均匀分布的随机噪声 $U(-0.001,0.001)$，并在需要时训练数据集。

P6.17　使用 BM 重复 P6.16。

P6.18　在不更新初始裂纹尺寸的情况下，使用 PF 重复 P6.16。将结果与 P6.16 和 P6.17 中 NLS 和 BM 的结果进行比较。

P6.19　输入周期数后，使用 GP 预测简单裂纹扩展的退化。使用图 6.2（a）中的数据集 6 最多 1 500 个周期，并具有均匀分布的随机噪声 $U(-0.001,0.001)$。当使用三个先前的退化作为输入时，将预测结果与图 6.16（a）中的预测结果进行比较。

P6.20　使用 NN 重复 P6.19。

P6.21　考虑图 6.18（c）中的相同问题。使用具有二次全局函数的 GP 预测性能下降。

P6.22　根据第 2 章中介绍的预测指标，比较性能优化算法，即 NLS、BM、PF、GP 和 NN。使用图 6.2(a)中的数据集 6,最多 1 500 个周期并具有均匀分布的随机噪声 $U(-0.001,0.001)$。

P6.23 根据表 6.2 和 6.3 中列出的每种算法差异,根据给定的信息(例如物理模型、负载条件、噪声水平等),制作一个选择树以正确使用不同的算法。

参 考 文 献

[1] Paris P C, Erdogan F. A critical analysis of crack propagation laws. ASME J Basic Eng 85:528−534). Huang model(Huang X, Torgeir M, Cui W,2008). An Engineering model of fatigue crack growth under variable amplitude loading. Int. J. Fatigue,1963, 30(1): 2−10.

[2] Huang X, Torgeir M, Cui W. An Engineering model of fatigue crack growth under variable amplitude loading. Int. J. Fatigue,2008, 30(1):2−10.

[3] Kitagawa G. Non-Gaussian state space modeling of nonstationary time series (with discussion). J. Am. Stat. Assoc. ,1987, 82(400):1032−1063.

[4] Higuchi T. Monte Carlo filter using the genetic algorithm operators. J. Stat. Comput. Simul. ,1997, 59 (1):1−23.

[5] Wang WP, Liao S, Xing TW. Particle filter for state and parameter estimation in passive ranging. In: Paper presented at the IEEE international conference on intelligent computing and intelligent systems, Shanghai, China, 20−22 November 2009.

[6] Gilks W R, Berzuini C. Following a moving target—Monte Carlo inference for dynamic Bayesian models. Roy. Stat. Soc. B. ,2001, 63(Part 1):127−146.

[7] Kim S, Park J S. Sequential Monte Carlo filters for abruptly changing state estimation. Probab. Eng. Mech. ,2001, 26:194−201.

[8] Rubin D B. Using the SIR algorithm to simulate posterior distributions. Bayesian Stat. , 1988, 3 (1):395−402.

[9] An D, Choi J H. Improved MCMC method for parameter estimation based on marginal probability density function. J. Mech. Sci. Technol. ,2013, 27(6):1771−1779.

[10] Gelfand A E, Sahu S K. On Markov chain Monte Carlo acceleration. J. Comput. Graph Stat. ,1994, 3:261−276.

[11] Andrieu C, Freitas D N, Doucet A,et al. An introduction to MCMC for machine learning. Mach. Learn. ,2003, 50(1):5−43.

[12] Liao L, Köttig F. Review of hybrid prognostics approaches for remaining useful life prediction of engineered systems, and an application to battery life prediction. IEEE Trans. Reliab. ,2014, 63(1):191−207.

[13] Sinclair G B, Pierie R V. On obtaining fatigue crack growth parameters from the literature, International Journal of Fatigue, 1990,1(12):57−42.

第7章 寿命预测的应用

7.1 引　　言

本章介绍了几种基于真实数据或模拟数据生成的寿命预测应用。在本章中,我们解决了寿命预测方法中的三个主要挑战,并使其变得更加实用。

(1)在基于物理过程的方法中,退化行为取决于模型参数。然而,由于这些参数与数据中的大量噪声和偏差之间存在相关性,因此很难准确识别它们。一个有趣的试验结果是,即使个别参数的准确值可能无法找到,剩余使用寿命(RUL)的预测仍然可以是准确的。此外,当物理模型存在形式误差时,寿命预测算法可以识别出能够补偿模型形式误差的等值参数。大多数基于物理过程的算法使用贝叶斯方法来估计模型参数。贝叶斯方法的一个重要优点同时也可能是缺点,就是它能够利用先验信息。良好的先验信息有助于降低估计参数的不确定性,而不准确的先验信息不利于准确估计值的收敛。

(2)数据驱动方法也会受到噪声水平的影响,但是由于时间和成本的原因,获取大量的训练数据是一个主要挑战。在当前系统设计过程中,可以利用加速寿命试验获得数据,而不是从相同或类似的系统中获得数据。由于加速寿命试验是在非常苛刻的工作条件下进行的,因此有必要将它们转换成与名义工作条件相对应的数据,以便用作训练数据。

(3)第三个挑战是使用与损伤间接相关的数据进行寿命预测。在许多情况下,不能直接测量损伤数据,而是测量退化过程中的系统响应。例如,振动数据通常用来监测轴承和齿轮上的裂纹,从而预测轴承的损坏程度,这时从间接测量数据中提取退化特征是一项困难的工作。在这种情况下,重要的是把信号与噪声分开,因此信噪比成为一个重要的问题。

本章结构如下:7.2 节利用 Archard 磨损模型,基于贝叶斯方法对转动接头的磨损量进行预测;在 7.3 节中,识别了不同噪声和偏差水平下的裂纹扩展参数;在第 7.4 节中,通过使用加速试验数据进行了寿命预测;而第 7.5 节基于从振动信号中提取的特征数据进行轴承预测;最后,第 7.6 节介绍了其他应用。

7.2　现场监测和预测接头的磨损

在本节中,使用基于物理过程的方法即贝叶斯方法来预测转动接头的磨损量。本节设计了专门的现场测量装置来测量磨损过程和加载条件,然后利用贝叶斯推理技术更新磨损系数的分布,结合现场实测数据得到磨损系数的后验分布。利用马尔可夫链蒙特卡罗(MCMC)技术从给定的分布中生成样本。结果表明,这种方法可以缩小磨损系数的分布,合理地预测出磨损量。通过与无信息下情形的比较,讨论了先验分布对磨损系数的影响。

7.2.1 动机和背景

大多数机械系统以运动为特征。为了实现其设计功能,系统的各个部件必须要进行相对移动,这就不可避免地产生沿接合面滑动而导致的磨损。磨损是材料以相对运动的方式从接触面上逐渐去除,最终导致系统失效的过程。由于大多数系统在运动过程中都会发生机械磨损,因此在系统失效前预测其影响并估计系统的 RUL 是非常重要的。

通常用于预测磨损量的方法有(a)从摩擦计试验中估计磨损系数,(b)计算接触压力和滑动距离,(c)使用磨损模型计算磨损深度和磨损量。虽然这一过程是普遍适用的,但磨损预测的基本限制是它只适用于实际接触压力条件与摩擦计测试(恒压)压力条件相匹配的情况。然而,在实践中接触压力通常是随时间变化的。此外,它还经常在接触面上不断变化。磨损系数不是材料的固有特性,它取决于工作条件,因此在所有可能的操作条件下计算磨损系数需要进行大量的磨损试验,这是非常耗时的。此外,即使不同的部件是由相同的材料制成,磨损系数也有显著的变异性(Schmitz et al. ,2004)。因此,直接从机械部件中测量磨损量是这个问题的首选方法。由于计算磨损系数需要运动学信息(磨损量和滑动距离)和动力学信息(接触力和压力),因此设计现场测量装置来测量这两个因素是很重要的。在本研究中,我们使用了一种仪器化的曲柄滑块机构(Mauntler et al. ,2007)来测量这些因素。由于现场测量本身就含有不确定性,所以磨损系数的统计分布是基于贝叶斯方法来更新的,未来的磨损是基于更新后的磨损系数预测而得到的。

本节组织如下,7.2.2 节总结了本节所使用的简单磨损模型。虽然使用了线性模型,但本研究的主要概念可以扩展到更复杂的非线性磨损模型。在 7.2.3 节中,给出了接合力和磨损量的现场测量。第 7.2.4 节描述了贝叶斯推断技术和 MCMC 抽样方法。随后,7.2.5 节对磨损系数进行了统计识别和验证。最后,第 7.2.6 节主要介绍结果的讨论和结论。

7.2.2 磨损模型和磨损系数

磨损是两个或多个机械部件在接触压力作用下,在界面上相对运动(滑动)的一种常见物理现象。当塑性变形是材料磨损的主导机制时,如 Lim 和 Ashby(1990)、Cantizano 等人(2002)所讨论的 Archard 磨损模型(Archard,1953)可以适用。Archard 磨损模型假设被磨损的材料体积与滑动距离和正常载荷的乘积呈线性关系。传统的磨损系数计算方法是基于绘制的磨损体积与滑动距离的关系,如图 7.1 所示。在该模型中,磨损体积与正常载荷成正比。该模型的数学表达式为

$$\frac{V}{l} = K \frac{F_n}{H} \tag{7.1}$$

式中,V 为磨损体积,l 为滑动距离,K 为无因次磨损系数,H 为较软材料的 Brinell 硬度,F_n 为施加的接触力。由于磨损系数是我们感兴趣的量,所以式(7.1)通常写成如下形式:

$$\kappa = \frac{V}{F_n l} \tag{7.2}$$

式中,无量纲的磨损系数 K 和硬度被整合为无量纲的磨损系数 κ。因此,磨损分析的主要目的是确定给定正常载荷和滑动距离下的磨损系数。由于磨损体积相对较小,常用 mm^3 计量,因此,κ 的单位为 $mm^3/(N \cdot m)$。

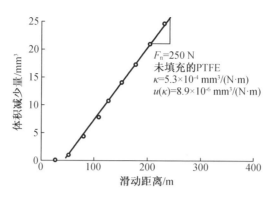

图 7.1　来自未填充 PTFE 聚合物系统的磨损系数数据示例(Schmitz et al. , 2004)

在计算磨损系数时,法向力和接触面积在整个过程中保持恒定。若法向力在滑移距离内发生变化,则式(7.2)中磨损系数的定义必须修改为

$$\kappa = \frac{V}{\int_0^l F_n(l)\,\mathrm{d}l} \tag{7.3}$$

在这个定义中,假设磨损系数与法向力无关,但需要注意的是一般情况下这是不成立的。但是,式(7.3)中的磨损系数 κ 可以解释为给定载荷剖面的平均磨损系数。磨损系数不是材料的固有特性,而是取决于工作条件,包括法向力和滑移速度等。对于特定的操作条件和给定的材料,κ 的值可以通过实验得到(Kim et al. , 2005)。然而,实验往往不能代表机器的真实情况,特别是当加载条件因磨损的进展而变化时。因此,摩擦计试验测量的磨损系数可能与实际设备的磨损系数存在一定差异。

摩擦计试验的磨损系数是可靠的,因为它是在控制良好的环境下进行的,但它可能并不能反映真实的工作条件。另一方面,从实际设备上观察到的磨损系数反映了实际的工作条件,但由于不是在实验室条件下进行,故而现场测量的不确定性较大。本研究的主要目的是使用统计工具来更准确地识别磨损系数,减少不确定度对现场测量的影响。确定的磨损系数可以用来预测未来的磨损量,从而确定维修间隔。

7.2.3　曲柄滑块机构接头磨损的现场测量

本研究使用的曲柄滑块试验装置如图 7.2 所示。为了使机构中其他部件的动态贡献最小化,在从动件连杆与滑台之间的转动接头采用多孔碳空气轴承,直线滑台采用移动接头。

本节所研究的转动接头由直径为 19.0 mm 的钢销和聚合物套管组成。钢销夹在一端的曲柄连杆上,并在夹在从动件连杆上的衬套内受滑动摩擦而旋转。钢销是由淬火钢制成的,假定其硬度足够大,因此其表面不会发生明显的磨损。另一方面,套管是由聚四氟乙烯(PTFE)制成的,它很软因此容易磨损。为了使磨损碎片能够脱离接触区域,并防止其影响磨损过程,在衬套上加工了凹槽。

附加的质量和弹簧会影响接头力从而加速磨损。在实践中,机构通常是在附加的质量和约束力下运行的。磨损模式或过程取决于三个因素:磨损系数、接合力、界面的相对运动。因为不同的关节可能有不同的关节力和相对运动,所以需要测量它们。

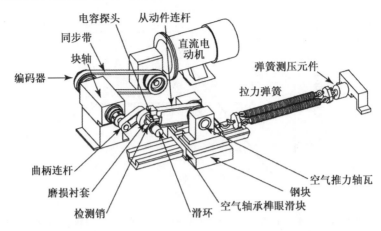

图7.2　实验中曲柄滑块机构的布置(源自 Dawn An, Joo – Ho Choi, Tony L. Schmitz and Nam H. Kim, "应用贝叶斯统计方法对渐进式接头磨损进行现场监测和预测," 828 – 838, ⓒ(2011), 经过 Elsevier 的同意)

　　应力在接头中传递过程的测量通过植入钢钉中的弹簧测压元件进行,两个全桥应变式阵列安装在监测钢销横向载荷的收缩部分中。钢销的收缩部分以及空心截面也可用于将应变定位到所连接的区域。滑环安装在钢销的自由端从而允许电力和其他信号从应变式阵列中传输。弹簧测压元件的自重经过了校准并且其全比例尺容量为 400 N,分辨率为 2 N。

　　同时,两个垂直安装的电容探头用来监测引脚相对于套管的位置。这些探头被夹在随动臂上,并由聚合物套管进行电绝缘。这些探针的范围为 1 250 lm,分辨率为 40 nm。此外,需要说明的是引脚和目标是接地的。通过安装在主轴上的空心轴增量编码器测量曲轴的角位置。

　　如图 7.3 所示为在第 1 周期和第 20 500 周期时,接合力作为曲柄角度的函数,测得的接合力与耦合演化磨损模型(CEWM)的多体动态模拟结果吻合良好(Mukras et al. , 2010)。滑块改变速度方向时出现高频振荡;然而,在不同周期之间没有明显的接合力变化。因此,在所有的周期中接合力的剖面是固定的。

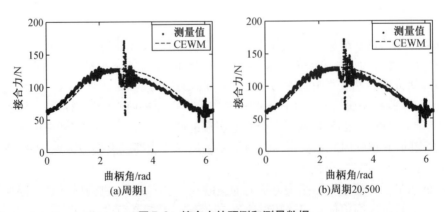

图7.3　接合力的预测和测量数据

众所周知,作用载荷的不确定性是影响寿命预测结果的最重要因素。在不知道未来负荷的情况下,预测的不确定性可能会非常大,以至于预测可能没有意义。这个问题可以通过两种方式来解决。首先,虽然加载条件是可变的,但如果有足够的证据表明未来的载荷将与过去的载荷相似,那么就可以使用收集到的历史数据来预测未来的载荷。在这种情况下,可以使用统计方法表示未来的载荷。当然,由于不确定性的增加,预测寿命的不确定性也会增加。其次,磨损参数只能用过去的载荷历史来表征。注意,此方法也适用于可变的载荷历史记录。但是在这种情况下,计算将比当前示例花费更高的代价。

图 7.4 显示了使用电容探头测量的引脚中心位移,其中磨损量的计算基于 dx 和 dy 的值。由于弹簧的预紧作用,接触点仅位于套管的一侧。但是,钢销中心的位置根据曲柄角度的不同而不同,这可以用圆角销面和由于弹簧力随曲柄角度变化而产生的弹性变形量的不同来解释。表 7.1 和表 7.2 分别给出了曲柄角为 0 和 π 弧度下 6 周期下的测量力,以及从测量位移、滑动距离和磨损系数计算出的磨损体积。虽然两种情况下磨损系数收敛,但收敛的结果不一致。这是因为接合力随角度的变化不是恒定的,因此所测得的磨损体积包含不确定性。在下一节中,我们将介绍一种统计方法来改进磨损系数的估计。其思想是根据前 5 组测量数据估计包含不确定性的磨损系数,然后利用这些信息预测第 6 个周期的磨损量。由于对这一周期的实际数据也进行了测量,我们可以通过比较测量结果和预测结果来评估该方法的准确性。

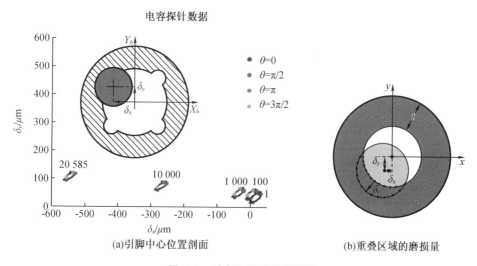

(a)引脚中心位置剖面　　　　　　　(b)重叠区域的磨损量

图 7.4　引脚位移的现场测量

表 7.1　销钉位置在 0 rad 处计算磨损系数

周期	应力/N	体积/mm³	滑动距离/m	$\kappa \times 10^4$/(mm³/Nm)
1	64.41	1.59	0.06	4134.80
100	62.80	2.57	5.99	68.25
1 000	63.17	8.10	59.85	21.44
5 000	64.77	24.48	299.24	12.63

表 7.1（续）

周期	应力/N	体积/mm³	滑动距离/m	$\kappa \times 10^4 / (mm^3/Nm)$
10 000	62.65	46.21	598.47	12.32
20 585	59.96	93.90	1232.00	12.71

表 7.2　销钉位置在 π 弧度处计算磨损系数

周期	应力/N	体积/mm³	滑动距离/m	$\kappa \times 10^4 / (mm^3/Nm)$
1	103.87	7.29	0.06	11731.00
100	106.90	7.64	5.99	119.43
1 000	114.04	9.55	59.85	13.99
5 000	138.77	23.87	299.24	5.75
10 000	143.50	44.41	598.47	5.17
20 585	147.85	91.56	1232.00	5.03

7.2.4　用于预测渐进性接头磨损的贝叶斯推理

7.2.4.1　可能性和先验

本节使用第 3 章中介绍的贝叶斯技术,通过磨损体积测量来识别磨损系数 κ;其中磨损量与观测数据相对应,磨损系数与模型参数相对应。得到后验分布的过程包括对似然分布和先验分布的正确定义;其中似然的选择会影响分析结果。在此背景下,Martin 和 Perez (2009)研究了广义对数正态分布,为许多类型的实验或观测数据提供了灵活的拟合。此外,还有许多方法来选择合适的分布类型的可能性。此外,有许多方法来选择似然函数的合适分布类型。例如,Walker 和 Gutierrez – Pena(1999)提出了一个简单的方法,以便在没有关于实验数据可变性信息时选择模型。

在这项研究中,为了简单起见,假设了两种可能性:正态分布和对数正态分布。除了考虑磨损系数外,还将实测磨损体积的标准差作为一个未知的模型参数。在似然计算中,给定循环的实际磨损量是通过取 0 和 p 弧度的平均值来计算的(见表 7.1 和 7.2)。我们定义在特定周期内测量到的磨损量为 V,则给定磨损系数与标准偏差数据的概率可以定义为

$$f(V \mid \kappa, \sigma) \sim N(\mu, \sigma^2) \tag{7.4}$$

$$f(V \mid \kappa, \sigma) \sim LN(\eta, \xi^2) \tag{7.5}$$

式中 μ, σ 是为磨损量的均值和标准差,η, ξ 为对数正态分布的两个参数。注意,$N(\mu, \sigma^2)$ 表示正态分布,而 $LN(\eta, \xi^2)$ 表示对数正态分布。在式(7.4)中,似然定义为均值和标准差。在实际应用中,单个磨损量的测量采用的是现场电容探头,但测量数据存在误差。在似然定义中,测量的体积被用作平均值,但误差是未知的。因此,似然的标准差被认为是未知的,需要通过贝叶斯推理来更新。因此,标准差的分布代表了数据中的误差。

根据式(7.3),平均磨损体积表示为接触力和滑移的积分再乘以 κ。在实践中,这个积分是通过将周期分割成 q 等间隔来离散计算的:

$$\mu = \kappa N \left(\sum_{k=1}^{q} F_{n,k} \Delta l_k \right) \tag{7.6}$$

式中,$F_{n,k}$ 和 Δl_k 分别为第 k 段的接触力和增量滑移,N 为循环次数。为了简化上述表达式,假设接触力和滑动距离之和可以用平均法向接触力乘以累积滑动距离来表示,可以表示为

$$\mu = \kappa F_n l \tag{7.7}$$

式中,F_n 为平均接触力,$l = \sum \Delta l_k$ 为累积滑动距离。由于力型曲线在一个周期与下一个周期之间是一致的,因此根据实验数据将式(7.6)中的和作为常数,取值为 5.966（Nm）。在式(7.5)中,η, ξ 表示为

$$\eta = \ln \mu - \frac{1}{2} \xi^2, \xi = \sqrt{\ln \left(1 + \frac{\sigma^2}{\mu^2} \right)} \tag{7.8}$$

注意,均值只是 κ 的函数,因为所有其他项都在式(7.6)中给出或已经固化。在此基础上,κ 和 σ 是未知参数而且需要根据观测数据 V 进行估计。

对于 κ 的先验分布,采用文献（Schmitz et al.，2004）中的磨损系数:

$$f(\kappa) \sim N(5.05, 0.74) \times 10^{-4} \tag{7.9}$$

这一先验分布是通过恒接触压力下的摩擦计试验得到的,目的是确定与当前材料相同的 κ。在贝叶斯技术中,κ 的后验分布是将式(7.4)或(7.5)与式(7.9)中的先验分布 $f(\kappa)$ 相乘得到的。由于贝叶斯技术对先验很敏感,因此也可以考虑无先验知识的情况（非信息性先验）来研究先验信息的影响。此外,因为没有可用的知识,非信息性先验被认为是可能性的标准偏差 σ。非信息先验等价于覆盖整个范围的均匀分布先验。然而,在实践中可以将第一种可能性视为先验分布。

7.2.4.2　蒙特卡罗马尔科夫链仿真（MCMC）

利用 MCMC 仿真实现后验分布,第 4 章已经对此进行了介绍。由于 MCMC 方法是一种基于采样的方法,它必须包含足够的样本,以便能够很好地捕获分布的统计特征。有一些方法可以确定收敛条件,如 Adlouni 等和 Plummer 等所述。在本研究中,以图解法确定了最简单的收敛条件,它包括迭代初始阶段的丢弃值,并监测后续迭代的跟踪和直方图,从这些图中可以对是否收敛到一个固定链做出主观的判断。作为 MCMC 仿真的一个例子,我们考虑一个后验分布:

$$p(\kappa, \sigma) \propto \left(\frac{1}{\sqrt{2\pi}\sigma} \right)^5 \exp \left[-\frac{1}{2} \sum_{k=1}^{5} \frac{(V_k - \kappa F_n l_k)^2}{\sigma^2} \right] \tag{7.10}$$

当获得的数据（现场测量的磨损量,Vol_k）与磨损量方程（$\kappa F_n l_k$）估计值之间的误差 ε 为正态分布,其均值为 0,标准差为 σ 时,式(7.10)为非信息性先验的后验分布。因此,测量的磨损量可以表示为

$$\text{Vol}_k = \kappa F_n l_k + \varepsilon, \quad \varepsilon \sim N(0, \sigma^2) \tag{7.11}$$

使用 n_y 实测数据时,式(7.10)的一般形式为

$$p(\kappa, \sigma) \propto \left(\frac{1}{\sqrt{2\pi}\sigma} \right)^{n_y} \exp \left[-\frac{1}{2} \sum_{k=1}^{n_y} \frac{(V_k - \kappa F_n l_k)^2}{\sigma^2} \right] \tag{7.12}$$

如果 n_y 是 1,这个方程和正态分布就完全一样。而方程(7.10)则是 n_y 等于 5 的情况。图 7.5 和表 7.3 显示了式(7.10)中 $[\kappa, \sigma]$ 的采样结果;图 7.5(a)表示 10 000 次迭代的

跟踪结果。如前所述,因为它们不是聚合的而在初始阶段被丢弃(老化),丢弃值可以选择为任意值,在这种情况下我们选择 4 000 作为丢弃值(占总样本的40%)。图7.5(b)给出了从4001 次迭代开始的6000 个样本的估计概率密度分布,图7.5(c)给出了从式(7.10)开始的解析概率密度分布。可以看出,MCMC 采样结果与解析分布吻合较好。表7.3 显示第一个统计矩的误差小于1%。

一旦从后验分布$[\kappa,\sigma]$中得到样本, t 通过式(7.3)或式(7.6)可以得到磨损量的样品。在式(7.6)中,μ 表示由于未知参数 κ 的不确定性而得到的磨损量分布,同时90% 区间定义为置信区间(CI)。通过将测量误差 σ 加入式(7.6)的磨损量中,也可以计算出预测区间(PI)的水平。

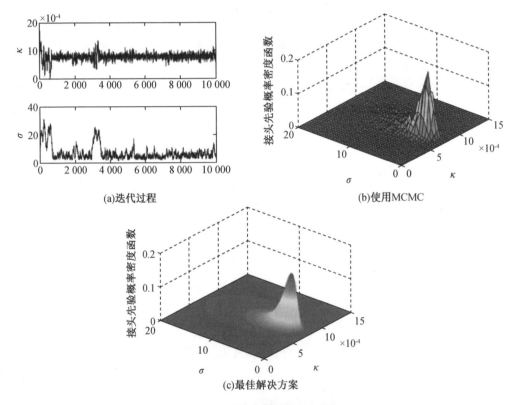

(a)迭代过程   (b)使用MCMC

(c)最佳解决方案

图7.5　接头先验概率密度函数

表7.3　统计分析

	μ_k	μ_σ	σ_k	σ_σ	$\mathrm{Cov}(\kappa,\sigma)$
MCMC	7.82×10^{-4}	5.61	0.93×10^{-4}	2.59	0
精确解	7.82×10^{-4}	5.63	0.92×10^{-4}	2.51	0
误差/%	0.79	0.47	1.09	3.13	0

7.2.5　磨损系数的确定和磨损量的预测

7.2.5.1　磨损系数的后验分布

κ 和 σ 的后验分布是使用 MCMC 技术对表 7.1 和 7.2 中的前五组数据进行五次更新后得到的结果。最后一个数据集用于预测验证。在 MCMC 的流程中,迭代次数固定为 10 000 次,得到的概率密度函数如图 7.6 所示。图中,正态分布和对数正态分布都是似然的,非信息性分布和正态分布都是先验的。在无先验信息的情况下,图 7.6(c) 的对数正态似然比图 7.6(a) 的正态似然更窄。如表 7.4 中第五组所示,对数正态似然 $(0.51 \times 10^{-4} \text{mm}^3/\text{Nm})$ 的标准差比正态似然 $(0.9 \times 10^{-4} \text{ mm}^3/\text{Nm})$ 的标准差小 43%,而均值几乎相等,即分别为 7.89 和 7.88。这些结果表明,对数正态似然比正态似然具出更高的准确性。前者优于后者的原因可能是对数正态分布的非负性,即磨损系数。

通过比较两个先验的结果,即图 7.6(a) 对比 7.6(b) 和图 7.6(c) 对比 7.6(d),可以看出正态先验分布导致了对平均值 κ 的低估。需要指出的是,这意味着在最后数据集中实际 κ 值在 $5.03 \times 10^{-4} \sim 12.71 \times 10^{-4}$ 之间波动(见表 7.1 和 7.2),平均是 8.5×10^{-4}。其原因是有先验的结果比无信息的结果更差,这可能是由先验分布不准确造成的;如前所述,摩擦计磨损试验是在均匀压力条件下进行的,而套管中的接触压力不是恒定的。此外,磨损系数不是材料的固有特性,而是取决于接触压力和接触面积。我们还观察到,图 7.6(a) 和 (c) 中 κ 的后验分布与 Laplacian 分布较为接近,且尾部较重。虽然对数正态似然分布较窄,但后验分布形态相近。另一方面,图 7.6(b) 和 (d) 中、图 7.6(a) 和 (c) 中与正态先验相关的后验分布形态存在较大差异,因此可以得出结论,先验对后验分布的贡献较大。这主要是与先验信息或观测数据不一致有关。

表 7.4　κ 的均值和标准差 $(10^{-4} \text{ mm}^3/\text{Nm})$

似然函数	先验信息	数据集编号	3	4	5	6
正态	无先验	平均值	17.49	8.28	7.89	7.57
		标准差	10.02	2.32	0.90	0.40
	先验	平均值	5.11	5.42	5.93	6.89
		标准差	0.73	0.73	0.76	0.57
对数	无先验	平均值	20.81	8.89	7.88	7.64
		标准差	5.82	1.17	0.51	0.25
	先验	平均值	5.46	5.67	6.29	7.41
		标准差	0.72	0.75	0.77	0.25

为了更详细地分析先验的影响,κ 的后验分布在每个数据集上进行了更新,给出的平均值和标准偏差值在表 7.4 所示,同时 5% ~95% 置信区间以及最大似然值绘制在图 7.7 中。在图 7.7 中,星形标志表示最后一次更新后的分布均值即使用第六个数据集更新后,这个结果作为早期正确预测的目标值。在图 7.7(a) 和 (b) 中,具有正态分布先验的 CIs 远低于不具有先验(无信息)的 CIs,且不包含目标值。值得注意的是,尽管通常建议使用先验知识来减少不确定性和加速收敛,但应该谨慎使用。在本研究中,磨损系数并不是材料的固有特

性,而是随着工作条件的变化而变化的。这是造成错误预测的原因,因此应该避免。然而,应该指出的是,情况并不总是如此。与目前的情况不同,如果只有有限的数据可用,用户可能不得不更多地依赖于先验知识,而不是数据的似然函数。

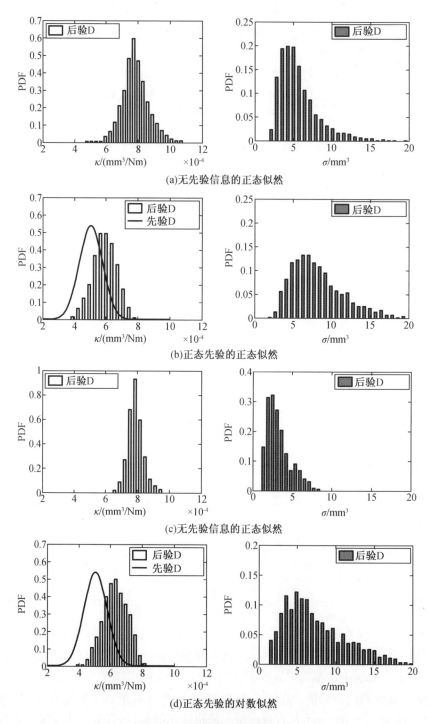

图7.6 前五组数据的后验分布

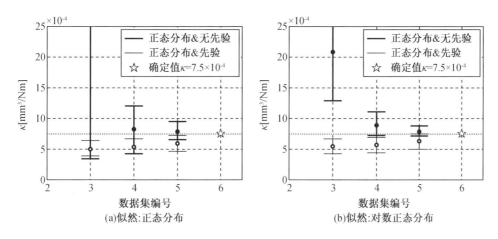

图 7.7　磨损系数在数据集上的置信区间

7.2.5.2　磨损量的预测

一旦得到 κ 和 σ 的后验分布,就可以利用这些信息预测下一阶段的磨损量。为此目的,使用以前数据集中磨损系数的后验分布预测第六个数据集(20 585 个周期)的磨损量。由于 κ 和 σ 的不确定性,预测的磨损量是一个概率分布。图 7.8 显示了磨损体积分布的 5% ~95% 置信区间和极大似然值。在图中,以第 6 个数据集(92.73 mm^3)的磨损量实测值作为目标值。如前所述,使用所选的先验不能很好地预测磨损量。甚至置信上限也低于目标值,如果在设计决策中不小心使用该值,可能会导致意外的失败。

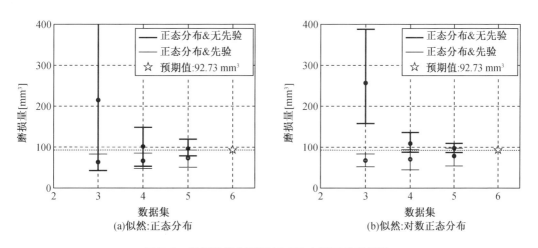

图 7.8　根据数据集预测 20 585 个循环的磨损量

将正态似然与对数正态似然的结果进行比较,在正态似然的情况下数据在第三阶段的区间相当大。但是,随着数据集数量的增加,间隔的大小会迅速减小。总的来说,对数正态似然区间小于正态似然区间的大小。

在图 7.9 中,利用第五阶段的后验分布给出了第六阶段磨损量的预测分布,并给出了概率和先验的不同组合,其中垂直线表示测量值。可以看出,无信息先验的结果要优于正态分布先验的结果。由于正态分布先验对磨损系数的估计不足,预测的磨损量小于实际的磨损量。

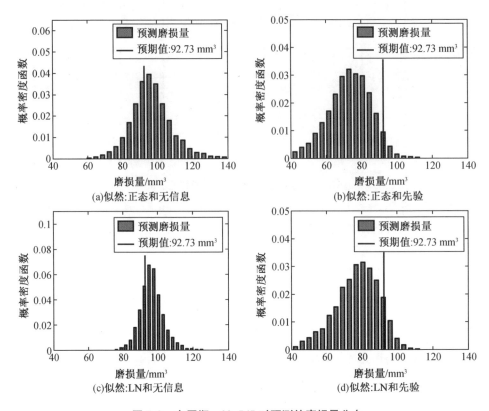

图 7.9　在周期 =20,565 时预测的磨损量分布

图 7.10 根据各阶段的后验分布,结合实测数据给出了各阶段磨损量的置信区间(C.I.)和预测区间(P.I.),用点来表示。在这两种情况下,C.I. 和 P.I. 都有一个趋势,即随着周期的增加从第 1 000 个周期开始逐渐减少。第一阶段的结果为 1 个周期,第二阶段的结果为 100 个周期,即使是数据量较少的结果,其间隔也比其他高周期的结果小。其原因是各参数的方差较大,但低周比高周磨损量本身更小。虽然这些早期阶段对寿命预测没有兴趣,但估计结果却是相当准确的。表7.5 中给出了 C.I. 和 P.I. 的数值。对数正态分布情况下的 CIs 和 PI 比正常情况下小,这表明准确性得到了提高。

7.2.6　讨论和结论

在本研究中,我们使用贝叶斯推理技术来估计磨损系数的概率分布。前五组数据(最高 10 000 个循环)用于减少磨损系数的不确定性,最后一组数据(最高 20 585 个循环)用于预测验证。数值结果表明,无信息先验的后验分布比文献中的先验分布更准确。这个结果是由于收敛后验分布与先验分布有很大的不同。最后,为了预测机械部件的磨损系数,建议同时测量磨损体积、滑移距离和外加载荷。

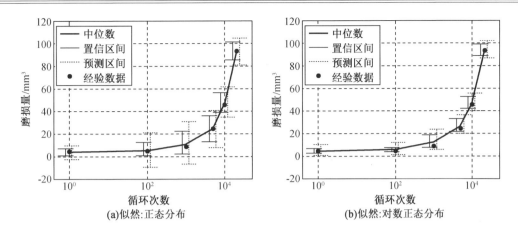

图 7.10 磨损量的置信度和预测区间

表 7.5 磨损量的置信区间和预测区间

数据集			1	2	3	4	5	6
测量的磨损量 V			4.44	5.105	8.825	24.175	45.31	92.73
置信区间	N	95%	6.61	12.13	22.14	35.75	56.25	100.38
		5%	0.75	0.35	2.03	12.78	38.87	85.09
		内部	5.86	11.77	20.11	22.97	17.38	15.28
	LN	95%	6.61	7.06	18.73	32.88	52.27	99.04
		5%	2.50	3.60	7.66	21.52	42.31	88.78
		内部	4.11	3.46	11.07	11.36	9.96	10.26
预测区间	N	95%	9.19	20.32	30.96	40.34	60.64	104.04
		5%	-2.84	-9.18	-7.01	7.56	33.78	81.22
		内部	12.03	29.50	37.97	32.78	26.87	22.82
	LN	95%	9.90	12.22	23.72	36.06	55.18	101.86
		5%	0.24	1.23	5.18	19.36	39.87	86.70
		内部	9.66	10.99	18.53	16.70	15.30	15.15

7.3 利用贝叶斯推理识别噪声和偏差下的相关损伤参数

7.3.1 动机和背景

在第 4 章和第 6 章中,我们讨论了基于物理过程的寿命预测中最重要的一步是识别模型参数。在本节中,当参数相关且观测数据存在噪声和偏差时,我们提出了基于贝叶斯方法来进行模型参数辨识。对于 Paris 裂纹扩展模型:(a)Paris 模型的两个参数之间存在很强的相关性;(b)初始测量的裂纹尺寸与偏差之间存在很强的相关性。随着噪声水平的提高,贝叶斯推理无法识别相关参数。然而,RUL 预测是相对准确的。当噪声水平较高时,贝叶斯辨识过程收敛速度较慢。

由于损伤增长缓慢以及控制其行为是众所周知的,本书将基于物理过程的结构退化模型应用于寿命预测,主要目的是介绍贝叶斯推理在确定模型参数和预测维修前剩余使用周期等方面的应用。本书主要研究了在反复加压载荷作用下机身面板裂纹扩展的规律。在这类应用中,应用载荷的不确定度与其他不确定度相比很小。因此,可以根据识别出的模型参数,在裂纹变得危险之前预测裂纹的扩展行为和 RUL。随着这些模型参数的精度提高,模型可以更准确地预测结构构件的 RUL。

然而,由于 SHM 系统数据的噪声和偏差以及参数之间的相关性,确定模型参数和预测损伤增长并不是一项简单的任务,这在实际问题中是普遍存在的。噪声来自随机环境的变化,而偏差来自测量系统,如校准误差。然而,在没有相关参数的情况下,识别噪声和偏差下模型参数的研究是十分受限的。

本研究的主要目的是说明如何使用贝叶斯推理来识别模型参数和预测 RUL,特别是当模型参数相关时,为了找出噪声和偏差对识别参数的影响,本研究利用综合数据,包括来自假设的噪声和偏差模型的数据。本研究的关键问题是贝叶斯推理是如何识别数据中存在噪声和偏差等相关参数的。

本节组织如下:在 7.3.2 节中,除了噪声和偏差的不确定性模型外还提出了基于 Paris 模型的简单损伤增长模型;7.3.3 节给出了不同噪声和偏差水平下贝叶斯方法的参数识别和 RUL 预测;结论部分见 7.3.4 节。

7.3.2 损伤增长和测量不确定度模型

7.3.2.1 损伤增长模型

一个简单的损伤增长模型被用来演示如何表征损伤增长参数。假设在 I 型加载条件下,无限长平板中存在中心裂纹。7075 – T651 铝合金的加载条件及断裂参数如表 7.6 所示。在表 7.6 中,假设两个模型参数是均匀分布的,其下界和上界是由实验数据的散点得到的(Newman et al.,1999)。它们可以作为 Al 7075 – T651 材料的损伤生长参数。一般来说,这两个 Paris 参数具有很强的相关性(Sinclair et al.,1990),但是最初我们假设它们是不相关的,因为在相关性水平上没有先验知识。利用裂纹尺寸的实测数据,贝叶斯推理将显示出两个参数之间的相关结构。由于散射面很宽,用参数的初始分布来预测 RUL 是没有意义的。使用 SHM 系统监测特定面板可能得到更窄的参数分布,甚至是确定值。

7.3.2.2 测量不确定性模型

在基于结构健康监测系统的检测中,安装在面板上的传感器用于检测损坏的位置和大小。在这种情况下,机身面板上的裂缝会随着施加的压力而增大。通常,SHM 系统无法检测到太小的裂纹,许多 SHM 系统可以检测到 5 ~ 10 mm 大小的裂缝,因此识别初始小裂纹尺寸的不是很重要。在实际应用中,当 SHM 系统检测到一个尺寸为 a_0 的裂纹时,可以将其视为初始裂纹尺寸,其对应的时间为初始周期。然而,a_0 仍然可能包含来自测量的噪声和偏差。此外,断裂韧性(K_{IC})也不重要,因为航空公司可能希望在裂纹变得严重之前就将飞机送去维修。

表 7.6　7075 – T651 铝合金的加载及断裂参数

属性	名义应力 $\Delta\sigma$/MPa	断裂韧性 K_{IC}/MPa $\sqrt{m}$)	损伤参数 m	损伤参数 $\ln C$
分布类型	情况 1:86.5 情况 2:78.6 情况 3:70.8	Deterministic 30 确定性参数	$U(3.3,4.3)$	$U(\ln(5e-11)\,;\,\ln(5e-10))$

本研究的主要目的是通过实测数据来识别裂纹扩展参数,进而预测裂纹的未来行为。我们通过 SHM 模拟裂纹尺寸的测量。一般来说,测量的损伤中均包括偏置和噪声的影响。前者是确定性的,代表校准误差;后者是随机性的,代表测量环境中的噪声。综合的测量数据包含了辨识过程中不同的噪声和偏置水平对分析结果的影响。在本研究中,偏差被认为是两个不同的水平即 ± 2mm,噪声均匀分布在 $-v$ mm 和 $+v$ mm 之间。不同的噪声水平代表了不同 SHM 系统的质量。

综合测量数据主要由以下几个方面产生:(a)假设已知真实参数 m_{true} 和 C_{true} 以及初始半裂缝尺寸 a_0;(b)根据式(4.19)计算给定 N_k 和 $\Delta\sigma$ 的真实裂纹尺寸;(c)在真实裂纹尺寸数据中加入确定性偏差和随机噪声。一旦获得了合成数据,在预测过程中就不能使用裂纹尺寸的真实值和参数的真实值。在本研究中,所有数值算例均采用以下参数的真值:$m_{true} = 3.8$,$C_{true} = 1.5 \times 10^{-10}$ 和 $a_0 = 10$ mm。

表 7.6 显示了三种不同的加载级别,前两个($\Delta\sigma = 86.5$ 和 78.6 MPa)用于模型参数的估算,最后一个($\Delta\sigma = 70.8$)用于验证测试。使用两组数据来估计损伤增长参数主要是因为在早期利用更多的损伤数据信息。从理论上讲,由于 Paris 模型是参数的非线性函数,参数的真值可以用一组数据来表示。然而,随机噪声会使识别过程变慢,特别是在参数相关的情况下即许多不同相关参数组合的情况来获得裂纹尺寸。该特性延迟了贝叶斯过程的收敛,使得只有在 RUL 结束时才能得到有意义的参数。在初步研究的基础上,两组不同载荷下的数据可以帮助贝叶斯过程快速收敛。这种情况对应两个不同厚度的机身面板。

图 7.11 为三种不同加载水平下的真实裂纹扩展曲线(实心曲线)和带有噪声和偏差的合成测量数据 a_i^{meas}(三角形)。注意到正偏置将数据移到真实裂纹扩展之上。另一方面,噪声在测量周期之间是随机分布的。假设每 100 个周期执行一次测量,设有 n_y 测量数据,则可以表示为

$$a^{meas} = \{a_0^{meas}, a_1^{meas}, a_2^{meas}, \cdots, a_{n_y}^{meas}\}$$
$$N = \{N_0 = 0, N_1 = 100, N_2 = 200, \cdots, N_{n_y}\} \tag{7.13}$$

假设在 N_{n_y} 之后,裂纹尺寸大于阈值,而且裂纹会得到修复。

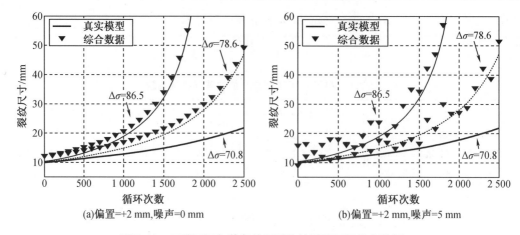

图7.11 三种不同加载条件下裂纹扩展及两组综合数据

7.3.3 用于表征损伤特性的贝叶斯推理

7.3.3.1 损伤增长参数估计

一旦生成了合成数据(损伤大小和周期),它们可以用来识别未知的损伤增长参数。如前所述,m、C、a_0 可以认为是未知的损伤增长参数。此外,偏差和噪声也是未知的,因为它们只假设在生成裂缝大小数据时是已知的。因此在噪声的情况下,噪声的标准差 σ 和确定性偏差 b 被认为是一个未知的参数。σ 的辨识是非常重要的,因为贝叶斯过程依赖它。因此,我们的目标是利用实测的裂缝尺寸数据来识别(或改进)这五个参数。这些未知的参数向量被定义为 $\boldsymbol{\theta} = \{m, C, a_0, b, \sigma\}$。

第4章中介绍的贝叶斯方法基于实测裂缝尺寸 $\boldsymbol{a}^{\mathrm{meas}}$ 的噪声和偏差水平来识别未知参数。联合后验概率密度函数是通过将先验概率密度函数与似然相乘得到的:

$$f(\boldsymbol{\theta} \mid \boldsymbol{a}^{\mathrm{meas}}) \propto f(\boldsymbol{a}^{\mathrm{meas}} \mid \boldsymbol{\theta}) f(\boldsymbol{\theta}) \tag{7.14}$$

对于先验分布,损伤增长参数 m 和 C 采用均匀分布,如表7.6所示。而其他参数不采用先验分布,即无信息。因此,先验概率密度函数为 $f(\boldsymbol{\theta}) = f(m)f(C)$。似然是指在给定 $\boldsymbol{a}^{\mathrm{meas}}$ 的参数值下,获得所观察到裂纹尺寸的概率。对于似然,假设给定五个参数为正态分布,其中包括测量尺寸的标准差 σ:

$$f(\boldsymbol{a}^{\mathrm{meas}} \mid \boldsymbol{\theta}) \propto \left(\frac{1}{\sqrt{2\pi}\theta_5}\right)^{n_Y} \exp\left[-\frac{1}{2}\sum_{i=1}^{n_Y}\left(\frac{a_i^{\mathrm{meas}} - a_i(\boldsymbol{\theta}_{1:4})}{\theta_5}\right)^2\right] \tag{7.15}$$

这里,$\boldsymbol{\theta} = \{m, C, a_0, b, \sigma\}$,且

$$a_i(\boldsymbol{\theta}_{1:4}) = \left[N_i C\left(1 - \frac{m}{2}\right)(\Delta\sigma\sqrt{\pi})^m + a_0^{1-\frac{m}{2}}\right]^{\frac{2}{2-m}} + b \tag{7.16}$$

是带有偏差的 Paris 模型裂缝尺寸,而 a_i^{meas} 是在循环 N_i 时测量的裂纹尺寸。一般情况下,式(7.15)中的正态分布可能具有负的裂纹尺寸,这在物理上是不可能的,因此,正态分布在 0 处进行了截断。

计算后验概率密度函数的一种原始方法是在确定有效范围后,在网格点处根据式(7.14)进行计算。然而,这种方法也有一些缺点,如很难找到正确的网格点位置和比例,

以及网格的间距等。特别是当需要多变量联合概率密度函数时,如本研究中所述,计算成本与 M^5 成正比,其中 M 为一维网格数。另一方面,MCMC 模拟是一个有效的解决方案,因为它对变量的数量不太敏感(Andrieu et al.,2003)。利用式(7.14)中的后验概率密度函数表达式,利用 MCMC 的典型方法——Metropolis – Hastings(M – H)算法,抽取 5 000 个参数样本。

7.3.3.2　参数间相关性的影响

由于裂纹尺寸的原始数据是由假定的参数真实值生成的,因此贝叶斯推理的目的是使 PDF 收敛于真实值。因此,随着 n_y 的增加,PDF 会变得更窄,即更多的数据被使用。这个过程看起来很简单,但是初步的研究表明,后验概率密度函数可能会收敛于与真实值不同的值。这一现象与参数之间的相关性有关,第六章对此进行了探讨。未知参数之间存在许多相关性,但只有最强的相关关系被考虑:两个 Paris 模型参数—— a_0 和 b。首先,众所周知,两个 Paris 模型参数 m 和 C 具有很强的相关性(Carpinteri et al.,2007)。在第 6 章中,只有三个完整数据可以很好地确定它们的真实值。然而,嵌入的噪声可能会使裂纹扩展速率与噪声数据不一致,因此很难识别这两个模型参数。其次,这可以减缓后验分布的收敛速度,因为当裂纹很小时没有显著的裂纹扩展速率。随着裂纹扩展速率的增大,噪声的影响相对减小,裂纹扩展速率在寿命末期(EOL)出现。再次,假设在测量环境无噪声的情况下,初始检测到的裂纹尺寸为 $a_0^{-\text{meas}}$。这个测量的尺寸是初始裂纹尺寸和偏差的结果:

$$a_0^{-\text{meas}} = a_0 + b \tag{7.17}$$

因此,a_0 和 b 存在无限多可能的组合来获得测量的裂纹尺寸。当测量数据与初始裂纹尺寸和偏差线性相关时,通常不可能通过一次测量来确定初始裂纹尺寸和偏差。

为了克服上述识别相关参数的困难,本研究采用了两种不同的策略。首先,保留了两个 Paris 模型参数,因为它们可以随着裂纹的扩展而被识别。第二,a_0 和 b 之间的关系与模型参数 (m,C) 不同,a_0 和 b 是与时间无关的且两个参数的和是常数。因此,在假设偏差和初始裂纹大小完全相关的情况下,利用式(7.17)将偏差从贝叶斯识别过程中去除。这一过程似乎很简单,但困难在于式(7.17)中常数 $a_0^{-\text{meas}}$ 是未知的。下面是估算 $a_0^{-\text{meas}}$ 的过程:

(a)假设所测得的初始裂纹尺寸为 $a_0 = a_0^{\text{meas}}$;

(b)对于给定的 a_0,使用贝叶斯方法更新联合概率密度函数 m,C,b,σ;

(c)从后验概率密度函数计算 b 的最大似然值 b^*;

(d)评估 $a_0^{-\text{meas}} = a_0 + b^*$;

(e)使用 $b = a_0^{-\text{meas}} - a_0$ 评估 b,同时更新 m,C,a_0 和 σ 的联合后验概率密度函数。

图 7.12 显示了 +2 mm 真实偏置情况下的后验概率密度函数,(a)其中 $n_y = 13$($N_{12} =$ 1 200 周期),(b)$n_y = 17$($N_{16} = 1$ 600 周期)。后验联合概率密度函数分三组单独绘制。在本例中,假设数据中没有噪音,参数的真值用星号标记。偏置为 -2 mm 时也得到了类似的结果。首先,两个 Paris 模型参数之间存在明显的强相关性。初始裂纹尺寸和偏差也是如此,实际上,偏差的概率密度函数值是由式(7.17)计算得到的,它与初始裂纹大小有关。其次,我们可以看到,虽然在 $n_y = 17$ 处的概率密度函数比在 $n_y = 13$ 处的概率密度函数要窄一些,但是与之前的分布相比,在 $n_y = 13$ 处的 PDFs 要窄一些。最后,由于量纲的影响,识别结果与真实值有差异。但除了偏差,真实值与识别结果中值之间的误差最大约为 5%。偏差

的误差看起来很大,但那是因为偏差的真实值很小。偏差误差约 0.5 mm。由于它们之间完全相关,因此初始裂纹尺寸也存在相同的误差幅度。表 7.7 列出了本研究中考虑的所有六种情况,它们都显示了相似的错误层次。我们注意到,噪声的标准偏差 σ 并不收敛于它的真值零。在似然计算中,零噪声数据会引起问题,因为在式(7.15)中分母为零。然而,这不会在实际情况中发生,因为噪音总是存在。

下一个例子是研究噪声对参数后验概率密度函数的影响。当真实偏差为 +2 mm 时,不同噪声水平下的后验分布结果如图 7.13 所示。当偏置为 -2 mm 时,也得到了类似的结果。中间位置由一个符号表示(圆形表示 0.1 mm 的噪声,正方形表示 1 mm 的噪声,星形表示 5 mm 的噪声)。每条垂线代表后验 PDF 的 90% CI。实线是参数的真值。在噪声水平为 0.1 mm 时 CIs 范围非常窄,所有参数均能准确识别。当噪声水平为 1 mm 时,随着数据量的增加,初始裂纹尺寸和偏差被准确识别,而两个 Paris 参数的 CIs 没有降低。此外,中值与真参数值有一定的差异。这是因为噪声太大,无法准确识别相关参数。随着噪音水平增加到 5 mm,观测到的结果越来越不准确。因此,可以得出结论,噪声水平在贝叶斯推理相关参数识别中起着重要的作用。然而,这并不意味着它不能预测 RUL。即使这些参数由于相关而无法准确识别,预测的 RUL 也是相对准确的,我们将在下一小节中详细讨论。

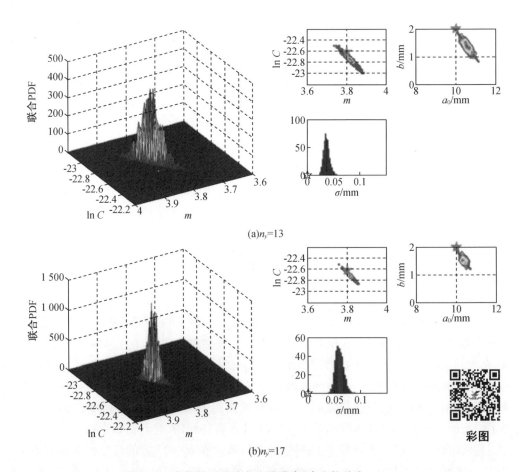

(a)$n_y=13$

(b)$n_y=17$

图 7.12　参数的后验分布为零噪声,真实偏差为 +2 mm

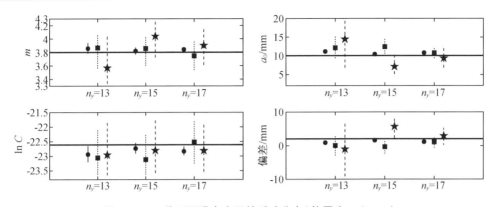

图 7.13 三种不同噪声水平的后验分布(偏置为 +2 mm)

表 7.7 识别参数的中值和与真值对应的误差

		$n_y = 13$				$n_y = 15$				$n_y = 17$			
		m	$\ln C$	a_0	b	m	$\ln C$	a_0	b	m	$\ln C$	a_0	b
真值		3.8	−22.6	10	±2	3.8	−22.6	10	±2	3.8	−22.6	10	±2
$b = +2$ mm	中值	3.82	−22.8	10.6	1.37	3.81	−22.7	10.4	1.53	3.82	−22.7	10.4	1.52
	误差%	0.49	0.57	5.67	31.7	0.32	0.37	4.00	23.6	0.47	0.44	3.84	24.2
$b = -2$ mm	中值	3.78	−22.5	9.50	−1.44	3.78	−22.5	9.51	−1.41	3.78	−22.5	9.49	−1.35
	误差%	0.40	0.50	4.96	28.0	0.40	0.48	4.94	29.5	0.55	0.55	5.11	32.7

7.3.3.3 损伤传播和 RUL 预测

一旦确定了这些参数,就可以用它们来预测和估计裂纹扩展。由于参数的联合概率密度函数是以 5 000 个样本的形式提供的,所以同样数量的样本也可以估算裂纹扩展和 RUL。首先,利用 MCMC 方法得到的 5 000 组参数,利用式(4.19)计算 N_k 次循环后 5 000 个裂纹尺寸 a_k。然后,将随机测量误差加入预测的裂纹尺寸中。为此,5 000 个测量误差样本由零均值正态分布产生,识别出 5 000 个 σ 样本。然后,预测的质量可以根据中间值与真实裂纹扩展的距离和 PI 的大小来评估。当真偏差为 +2 mm 时,裂纹扩展结果如图7.14 所示。不同的颜色代表了三种不同的加载条件。实线为真实裂纹扩展,虚线为裂纹扩展预测分布的中位数。由于参数的不确定性,得到的结果是一个分布,但预测裂纹扩展的中位数仅显示在图中。此外,不同载荷下的临界裂纹尺寸均采用水平线。不同于前几章,不同的临界裂纹尺寸用于不同的加载条件。由于参数的后验分布是对称的,平均值、模式和最大似然估计之间没有区别。

从图 7.14 可以看出,当噪声小于 1 mm 时,计算结果与实际裂纹扩展情况非常接近。即使噪声水平为 5 mm,随着数据量的增加,裂纹扩展的预测结果也越来越接近真实情况。这意味着如果有很多数据(即关于裂纹扩展的信息很多),即使有很多噪声也可以准确预测未来的裂纹扩展。然而,当噪声水平较大时,收敛速度较慢,几乎可以在 EOL 处进行准确预测。

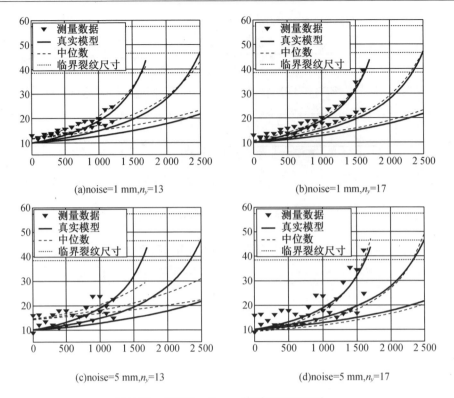

(a)noise=1 mm, n_y=13   (b)noise=1 mm, n_y=17

(c)noise=5 mm, n_y=13   (d)noise=5 mm, n_y=17

图 7.14　偏差为 +2 mm 的裂纹扩展预测

从图 7.14 中可以看出,尽管参数的真实值没有被准确识别,但裂纹扩展下 RUL 的预测是合理准确的。这是因为在式(4.19)中,相关参数 m 和 C 共同作用来预测裂纹扩展。例如,如果 m 被低估了,那么贝叶斯过程会高估 C 来补偿它。此外,如果数据中存在较大的噪声,则估计参数的分布范围会变宽,从而掩盖由于辨识参数不准确所带来的风险。因此,对裂纹扩展和破坏规律进行安全预测是可能的。

为了观察噪声水平对 RUL 预测的不确定度影响,图 7.15 绘制了 RUL 的中位数和 90% 的 PI,并与真实的 RUL 进行了比较。当裂纹尺寸达到临界时,通过求解公式 4.19 可以计算出裂纹扩展系数, $a = a_c$:

$$N_f = \frac{a_c^{1-m/2} - a_k^{1-m/2}}{c\left(1 - \dfrac{m}{2}\right)(\Delta\sigma\sqrt{\pi})^m} \tag{7.18}$$

由于参数的不确定性,RUL 预测结果也表示为分布,将式(7.18)中的 a_k 和模型参数 m 和 C 替换为 5 000 个预测的裂缝扩展模型参数。在图 7.15 中,实体对角线是不同加载条件下的真实 RUL($\Delta\sigma$ = 86.5, 78.6, 70.8)。当噪声小于 1 mm 时,其精度和精度均较好,与裂纹扩展结果一致。当噪声较大即为 5 mm 时,中位数接近真实的 RUL 值,随着数据量的增加,宽间距逐渐减小。因此,尽管存在较大的偏差和数据偏差,但仍然可以合理地预测 RUL。

7.3.4 结论

在这项研究中,贝叶斯方法被用于识别飞机面板的裂纹增长中采用 Paris 模型的参数,我们采用了 SHM 系统测量带有噪声和偏差的裂纹尺寸。我们重点讨论了相关参数的影响以及噪声和偏差的影响。利用解析表达式明确了初始裂纹尺寸与偏差之间的相关关系,通过贝叶斯推理确定了 Paris 模型中两个参数之间的相关关系。结果表明,相关参数辨识对噪声水平敏感,而预测相对噪声水平不敏感。研究发现,当噪声水平较高时,需要大量的数据来缩小参数的分布。当参数相关时,很难确定参数的真实值,但相关参数协同工作可以准确预测裂纹扩展下的 RUL。

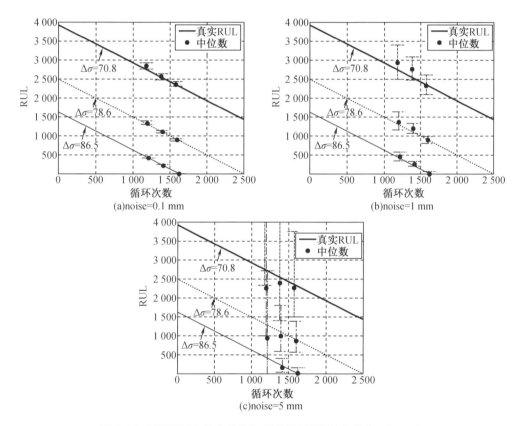

图 7.15 预测 RUL 的中位值和 90% 预测区间(偏差为 +2 mm)

7.4 使用加速试验数据预测在现场工作条件下的剩余使用寿命

基于以前获得的损伤历史数据,寿命预测技术可以预测未来的损伤和退化状态。一般的预测方法是当物理模型和加载条件可用时,采用基于物理过程的方法;当损伤数据可用时,可以采用基于数据驱动的方法。无论采用何种预测方法,损伤数据都是非常重要的,但是由于时间和成本的原因,从在役系统中获取数据是非常昂贵的。相反,为了设计验证的目的,公司经常在严苛的操作条件下进行加速寿命测试。本节介绍一种利用加速寿命试验中获得的退化数据进行寿命预测的方法。以超载工况下的裂纹扩展数据为例,综合生成裂纹扩展数据,用于预测现场工况下的损伤过程。基于物理模型的可用性和现场加载条件,考虑了四种不同的场景。在基于物理过程的寿命预测早期阶段,使用加速测试数据可以提高预测的准确性,同时也弥补了数据驱动预测中数据不足的问题。

7.4.1　动机和背景

基于以前获得的损伤历史数据,寿命预测技术可以预测未来的损伤和退化状态。尽管与定期预防性维护相比,寿命预测可以促进基于状态的维护,这被认为是一种经济有效的维护策略;但要使其在实践中可行,仍存在诸多挑战。在本研究中要考虑的问题之一是在役系统中损坏数据数量有限,而由于时间和成本的原因,获取数据又是非常昂贵的。相反,从加速寿命试验中获得损伤数据比在役试验更容易,这主要是因为公司经常将其用于设计验证。

尽管使用加速寿命试验数据进行寿命估计的研究已有文献(Nelson,1990;Park et al.,2010),但这些文献主要用于估计一系列系统的平均寿命,而不是与其他系统具有不同加载历史的特定系统所对应的寿命。由于在役使用条件很难直接反映出来,所以很难利用得到的模型进行寿命预测。如果直接将加速寿命试验数据作为退化数据,同时将加速加载条件考虑为现场运行条件,寿命预测的结果可能过于保守。这个问题已经被寿命预测领域的研究人员所认识(Celaya et al.,2011)。作为使用加速寿命试验数据的另一种情况,这些数据可以用于在没有物理模型时构建退化模型(Skima et al.,2014)。在这种情况下退化模型可以很好地预测加速加载条件下的 RUL,但不能很好地预测正常运行工况下的 RUL。

本研究提出了几种利用加速寿命试验获得渐进损伤数据从而预测某一特定系统在现场工作时的寿命预测方法。假设在加速寿命试验中,传感器被直接放置在系统中或者进行定期检查,从而测量损伤增长的发展过程直到损伤增长到阈值。阈值确定后,系统在没有维护的情况下无法进一步运行。损害增长到阈值的时间称为 EOL。我们还假定目前仍在运行的系统到目前为止有类似的损坏数据。然后,我们的目标是预测当前系统的 EOL,以便在系统达到不可操作的情况之前进行维护。由于该预测涉及大量的不确定性,因此需要在概率框架下进行预测。根据可用的信息,如物理模型或者现场加载条件,我们考虑了四种不同的场景。特别地,本研究着重于最后一种情况,即当没有物理模型或加载条件时,提出一种映射方法来弥补数据驱动方法中由于数据不足而导致的精度不足问题。

7.4.2　问题定义

7.4.2.1　预测方法

基于物理过程的方法假设描述损伤行为的物理模型是可用的,并将物理模型与实测数据结合起来预测损伤的未来行为。物理退化模型可以表示为使用条件、运行周期或时间、模型参数的函数。一般情况下,我们首先在给定的使用条件和时间下确定模型参数。由于损伤行为依赖于模型参数,因此对其进行识别是预测损伤行为最重要的问题。这里使用了第 4 章中介绍的粒子滤波算法。

数据驱动方法使用收集到的信息(训练数据)来识别损伤状态并预测未来状态,而不需要使用任何特定的物理模型。一般来说,当输入变量包含以前的损伤状态时可以在损伤数据之间建立关系,而不需要物理模型或加载条件的信息。然而,输入变量的选择是灵活的,例如,如果加载信息是可用的,就可以包含它以增加预测的准确性。

在几种算法中,第 5 章描述了神经网络,但这里采用的是贝叶斯批处理方法。因此,将权值和偏差定义为基于贝叶斯定理的分布,而不是由优化过程给出的确定性值。在实现过程中,网络模型采用两个输入节点(前两个损伤数据集作为输入变量)、一个隐含节点、一个隐含层、一个输出节点,采用正切 sigmoid 函数和纯线性函数。预测可以分为两类:短期预测和长期预测。前者是提前一步预测,也就是说,$k+1$ 时刻的损伤状态是通过 k 时刻之前的损伤测量信息来预测的。另一方面,$k+1$ 时刻的损伤状态是通过输入的预测损伤状态而不是基于真实的测量数据来预测的,详细过程见第 5 章。

数据驱动方法的性能取决于训练数据的数量和质量。如果同一系统在同一加载条件下的损伤增长数据是可用的,那么数据驱动方法可以准确地预测当前系统的损伤增长过程。然而,在实践中,这样的数据很少。本研究的一个重要目的是证明加速寿命试验数据可以作为数据驱动方法的训练数据。然后,一个技术挑战是如何使用在更严格加载条件下获得的加速寿命测试数据,同时使这些数据可以用来分析正常加载条件下的在役系统或设备。

7.4.2.2　裂纹扩展案例

为了说明本研究的主要思想,我们使用一个飞机机身面板在重复增压载荷下的裂纹扩展问题,其损伤增长基于式(2.1)中的 Paris 模型。综合测量数据使用式(2.2)和(4.19)生成,假设真实损伤增长参数为 $m_{true} = 3.5$ 和 $C_{true} = 6.4 \times 10^{-11}$,同时初始半裂缝尺寸 $a_0 = 10$ mm。这些真实参数仅用于生成合成数据。我们假设在 $\Delta\sigma = 145$,140 和 135 MPa 三个高应力范围内进行加速寿命试验,而实际工况是在 $\Delta\sigma = 68$ MPa。为了模拟真实情况,我们在式(4.19)的合成数据中加入 $\pm v$ mm 之间均匀分布的随机噪声。由于实验室加速寿命试验环境比现场加速寿命试验环境更可控,因此加速寿命试验数据采用 $v = 0.7$ mm,而实际操作中采用 $v = 1.5$ mm。图 7.16 显示了数值示例中使用的合成数据。利用图 7.16(a)所示的三组加速寿命试验数据,提高了系统损伤预测的准确性,如图 7.16(b)所示。目前工作的独特性是我们使用图 7.16(a)中的加速寿命试验数据来预测图 7.16(b)中应力水平较低的现场工况下的损伤状态。

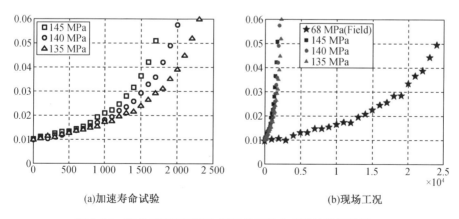

(a)加速寿命试验　　　　　　　　　　(b)现场工况

图 7.16　随机噪声下不同加载条件下的合成裂纹扩展数据

7.4.3　利用加速寿命试验数据

四种利用加速寿命试验数据的方法在以下小节中介绍。它们基于物理模型的可用性以及现场加载条件，如表7.8所示。

表7.8　数值分析中考虑的四种场景

	情况1	情况2	情况3	情况4
物理模型	O	O	×	×
加载条件	O	×	O	×
可用方法	物理过程（PF）		数据驱动（NN）	

7.4.3.1　情况1：当物理模型和加载条件都可用时

使用式（2.1）中的 Paris 模型是基于物理过程的寿命预测中的典型案例。在这种情况下，加速寿命试验数据对寿命预测不是必要的；也就是说，未来的损伤状态只需要通过现场数据来预测即可。然而，加速试验数据可以用来提高预测精度和减少早期阶段的不确定性，因为额外的数据可以为损伤参数提供更好的先验信息。

为了说明加速寿命试验数据的影响，假设 Paris 模型参数 m 和 C 对一个特定的机身面板是未知的。因此，首先需要从通用的 Al 7075 - T651 材料开始计算这些参数值。从 Newman 等文献中可以看到，我们假设由于制造过程的可变性和随机性，认为这些材料参数是均匀分布的：$m \sim U(3.3, 4.3)$ 和 $\ln(C) \sim U(\ln(5 \times 10^{-11}), \ln(5 \times 10^{-10}))$。这些参数的随机样本共 5 000 个，如图 7.17（a）所示。图中星号表示参数的真实值，需要使用裂纹扩展测量数据来确定。图 7.17（a）中模型参数的初始分布非常大，使用它们进行裂纹扩展预测并不能提供有用的信息。

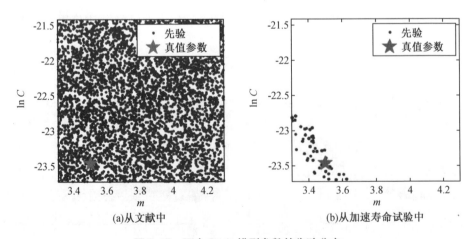

$$(a)从文献中 \qquad (b)从加速寿命试验中$$

图 7.17　两个 Paris 模型参数的先验分布

将加速寿命试验数据加入粒子滤波中，可以缩小初始参数的分布。图 7.17（b）为三种加速寿命试验数据用于图 7.16（a）中后缩小的参数分布。结果表明，与初始分布相比，分布的散度要小得多。同时,由于两个 Paris 参数之间存在很强的相关性,贝叶斯过程不能识别参数的真实值。相反,该过程收敛到两个参数之间的窄频带。如 7.3 节所指出的,两个 Paris 参数沿该区域的不同组合时,裂纹扩展行为相似。加速寿命试验数据的优点是当前系统的预测可以更好地从初始分布开始,如图 7.17(b)所示。

为了便于比较,我们使用图 7.17(a)(b)中的两个分布作为初始分布,并使用粒子滤波根据现场工况数据更新每个测量周期的分布,然后利用更新后的分布预测 RUL 的分布,如图 7.18(a),(b)所示。由于模型参数的不确定性,预测的 RUL 也是不确定的,图中显示了中位数和 90% 的 PIs。图 7.18(b)为使用加速寿命试验数据作为先验信息时的情况,从早期开始就显示出相当准确和精确的结果。表 7.9 还显示了基于第 2 章中介绍的预测指标(Saxena et al. 2009)与图 7.18 之间的差异,其中预测指标的值越大,性能越好。

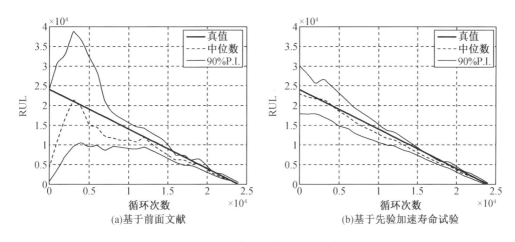

图 7.18　情况 1 的 RUL 预测

表 7.9　情况 1 的寿命预测指标

	PH ($\alpha = 10\%$)	$\alpha - \lambda$ 准确率($\alpha = 10\%$,$\lambda = 0.5$)	RA ($\lambda = 0.5$)	CRA
之前的文献	11 000	错误(0.2504)	0.9161	0.8479
试验数据先验	22 000	正确(0.6046)	0.9240	0.9285

7.4.3.2　情形 2:当物理模型可用而加载条件不可用时

在寿命预测中,加载条件与物理模型同样重要,因为加载条件是模型的输入。在加速寿命测试中,将特定负载(或负载历史)应用于系统是一个标准的流程。然而,在现场作业中,很难测量实际工作负荷,而且在不同的时间下负荷可能不同。因此,第二种情况是当物理模型可用(其模型参数仍然未知),但实际操作负载未知的情况。在下面的例子中,我们考虑了实际载荷为常数但其大小未知的情况。

当实际工作负荷不确定时,假定其范围是有意义的。假设不确定载荷均匀分布在 50 ~ 90 MPa 之间,真实载荷为 68 MPa。对于给定的物理模型,有三种方法可以预测 RUL:(A)同时更新参数和不确定载荷;(B)根据给定的参数分布更新载荷;(C)根据给定的不确定载荷更新参数。但是,最后一种情况,即情况 2 - C 没有意义,因为没有办法减少负载的不确定性。因此,下面考虑情形 2 - A 和情形 2 - B。

对于情况 2 - A,利用加速试验数据改进两个参数的先验分布,然后利用现场数据更新不确定载荷和两个参数。因此,贝叶斯推理更新了所有三个变量的联合概率密度函数。在图 7.19 和表 7.10 中,对比了前一节中使用两种不同先验(图 7.17(a),(b))进行 RUL 预测的结果。虽然很难清楚地找出两者之间的区别,但表 7.10 中的数值结果表明使用加速寿命试验数据中的先验比使用文献中的先验得到的结果稍好一些。有趣的是,使用一个更窄范围的先验仅仅稍微改进了 RUL 预测,这主要是因为模型参数与加载之间的相关性。即使与加速寿命试验数据相比,文献中一致先验的情况在寻找参数和载荷的精确值时收敛速度较慢,但当相关关系被很好地识别时,RUL 的预测仍然可以是准确的。然而,如果模型参数较多,且参数之间的相关性较多,因此窄范围的先验可能优于均匀先验。

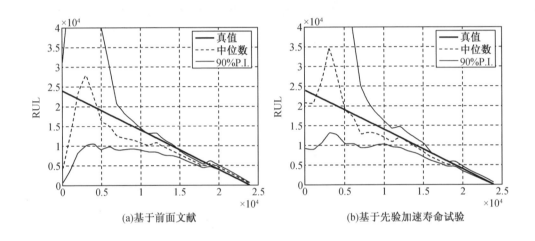

(a)基于前面文献　　　　　　　　(b)基于先验加速寿命试验

图 7.19　情况 2 - A 的 RUL 预测

表 7.10　情况 2 - A 的寿命预测指标

	PH($\alpha = 10\%$)	$\alpha - \lambda$ 准确率($\alpha = 10\%$,$\lambda = 0.5$)	RA($\lambda = 0.5$)	CRA
之前的文献	11 000	错误(0.3246)	0.8739	0.8116
试验数据先验	13 000	错误(0.4728)	0.9704	0.8643

情况 2 中利用加速寿命试验数据的最佳方法是情况 2 - B,参数以分布形式给出,如图 7.17 所示,然后仅用实测数据更新加载状态。从图 7.20 和表 7.11 可以看出,使用加速寿命试验数据先验信息的结果明显好于使用文献中先验信息的结果,并且在所有情况下预测效果最好(见表 7.10 和 7.11)。此外,由于参数的分布是从正确的载荷(加速寿命试验)中获得的,因此可以确定真正的载荷。

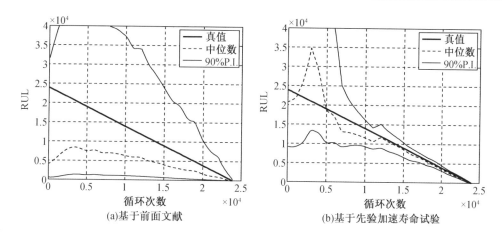

(a)基于前面文献 (b)基于先验加速寿命试验

图 7.20 情况 2 - B 的 RUL 预测

表 7.11 情况 2 - B 的寿命预测指标

	PH（$\alpha = 10\%$ ）	$\alpha - \lambda$ 准确率（$\alpha = 10\%$，$\lambda = 0.5$）	RA（$\lambda = 0.5$）	CRA
之前的文献	2 000	错误（0.0578）	0.4627	0.4450
试验数据先验	11 000	正确（0.5182）	0.9727	0.8751

7.4.3.3 情况 3：当加载条件可用而物理模型不可用时

作为与前一种情况的比较，这对应于物理模型不可用时的情况，但准确的加载信息是可用的。由于物理模型不可用，数据驱动方法将是一个很自然的选择。这种情况可以通过向输入变量中添加加载条件来处理。首先，图 7.21 为未使用加速寿命试验数据的损伤预测结果，也就是说，训练数据只能从现场作业条件获得。在这种情况下，短期预测在 13 000 个周期后有效，如图 7.21（a）所示，但是长期预测偏离了真正的损害增长。同时，这一趋势与 19 000 个周期的数据相似，如图 7.21（b）所示。即使比 13 000 个周期的预测值更小，长期预测的中位数也偏离了实际损伤增长，90% 的预测值不包括实际损伤增长。

相比之下，当加速寿命试验数据作为训练数据时，对于早期循环的短期预测得到了良好的结果，如图 7.22（a）所示。此外，长期预测变得接近真实的损害增长，窄 CI 为 19 000 个周期，如图 7.22（b）所示。这些结果表明，加速寿命试验数据可以作为训练数据，即使加速寿命试验的加载条件与标称加载条件不同。

7.4.3.4 情况 4：当物理模型和加载条件都不可用时

这种情况也是采用基于数据驱动的预测，如情况 3 所示。但是，在加载条件不可用且没有物理模型的情况下，需要在同现场作业条件类似的装载条件下获得许多训练数据，但由于时间和费用的关系，获得这些数据的费用很高。本节将加速寿命试验条件下的损伤数据映射到现场工况下的损伤数据中，作为训练数据。

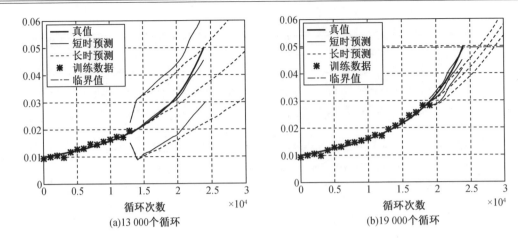

图 7.21　不使用加速寿命试验数据进行损伤预测

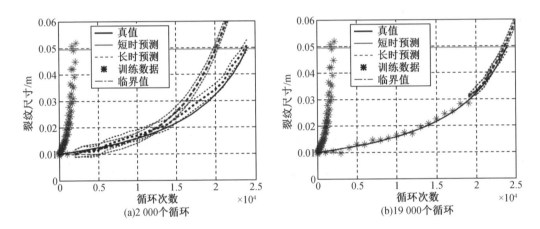

图 7.22　使用加速寿命试验数据进行损伤预测

采用逆功率模型进行加速试验数据与现场数据的映射。该模型广泛应用于电力绝缘子、轴承、金属疲劳等问题。逆功率模型的对数寿命与负荷呈线性关系(Nelson,1990):

$$\text{Life} = \frac{\beta_1}{\text{Load}^{\beta_2}}, \log(\text{life}) = \log(\beta_1) - \beta_2 \log(\text{Load}) \tag{7.19}$$

式中,Life 为系统的寿命,β_1、β_2 为系数且需使用至少两种不同加载条件下的寿命数据求出。一旦确定了系数,就可以从式(7.19)计算出现场工作条件下的寿命。

若要应用逆功率模型预测,应确定式(7.19)中的两个系数。首先,寿命被定义为当损伤大小达到阈值时刻所对应的运行时间。例如,当损伤阈值为 50 mm(图 7.23(a)虚线)时,145、140 和 135 MPa 三种荷载的寿命分别为 1 734,1 947 和 2 241 个循环。图 7.23(b)中三个不同的标记显示了这三个点。这条线的斜率对应于系数,而 y 轴截距在 log(Load) =0 处对应于 $\log(\beta_1)$。当只有两组数据时,将对数尺度图中的一条直线连接起来就可以得到这两个参数。当有两组以上的数据可用时,可以使用回归来找到这些参数。

一旦确定了这些参数,就可以使用式(7.19)计算实际工作载荷下的寿命,其在 50~90

MPa 载荷下的例子(等间距为 5 MPa)如图 7.23(c)中的星形标记所示。图 7.23(a)(b)中有许多虚线,可以对不同的阈值重复进行这个过程,然后将相同负载下的寿命结果连接起来,得到图 7.23(c)中的实体曲线。然而,50～90 MPa 的不确定加载范围太宽,因为图 7.23(c)显示了在该范围内损伤增长率的显著差异。相反,如果现场损伤数据高达 10 000 个周期,则很容易将实际工作负载范围降低到 65 到 75 MPa 之间。因此,这里在 65、70、75 MPa 三种载荷下生成三组映射数据,用于训练数据。

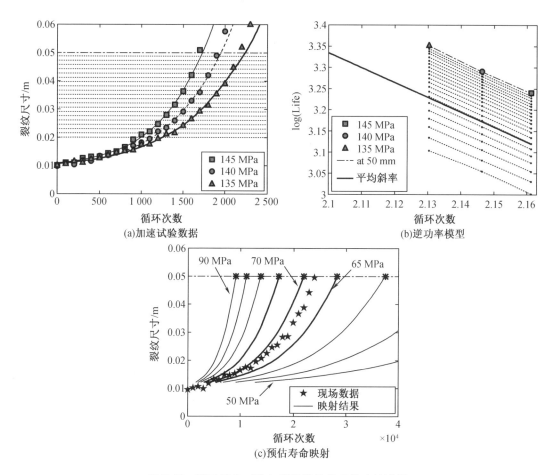

图 7.23　基于寿命对数与载荷线性关系的映射过程

由三个映射步骤引起的不确定度来源有三个,分别对应于图 7.23(a)～(c):

(1)加速寿命试验数据回归的不确定性:由于加速试验数据(图 7.23(a)中的标记)每 100 个循环给出损伤大小,因此需要建立回归模型来计算给定阈值(损伤大小)下的寿命(循环)。通过在神经网络中随机选取初始权值参数,构建各加载条件下的 30 个回归模型,各加载条件下的回归结果中位数为如图 7.23(a)所示的三条曲线。

(2)逆功率模型的不确定性:计算寿命数据的不确定性对映射系数的确定有影响。事实上,由于对数关系,系数的微小变化会导致映射结果的巨大差异。但是,我们只考虑 y 轴

截距 $log(\beta_1)$ 的不确定性,原因如下:如图 7.23(b)所示,不同阈值处的斜率几乎相同;斜率与 y 轴截距具有较强的线性关系。630 个坡度中的平均斜率为 -3.5,有 21 个阈值在 $20\sim50$ mm 之间,还有 30 组回归模型的任意 y 轴截距如实线所示。我们利用贝叶斯方法对 30 个样本进行了固定斜率 $log(\beta_1)$ 不确定度的识别。

(3)逆回归中的不确定性:第一个回归模型是计算给定损伤阈值的寿命周期。然而,为了估计一个给定周期的损伤大小的不确定性,有必要建立一个逆回归模型。因此,我们构建了 30 组二次回归模型,以计算给定周期的损伤大小,这些模型与实际载荷数据相同。

最后,从 27 000 种可能性($30\times30\times30$)中得到的映射不确定度如图 7.24(a)所示。图中不确定度的影响由标记点的高度表示,即 90% CI。作为参考,在三种不同的载荷水平下用实心曲线表示真实的损伤增长。映射数据与真实数据接近,不确定性水平与现场数据的噪声水平相当。对于最终用于训练的映射数据,可以从 27 000 组数据中随机选择一组损伤增长,也可以开发其他考虑损伤数据不确定性的方法。然而,需要注意的是,映射结果接近真实损伤增长,不确定性较小,并且具有与实际工作负载下相似噪声水平的训练数据有助于预测实际工作负载下的损伤增长。即使出于学术目的讨论了可能的不确定性来源,在映射过程中只考虑中间值并添加噪声也是不错的。图 7.24(b)为最终的训练映射数据,它们是通过对映射结果的中位数添加噪声而得到的。噪声均匀分布在 ±1 mm 之间,根据目前的现场数据大致可以确定其水平。图 7.25 显示了损伤预测结果,在短期和长期预测中使用映射数据比不使用映射数据要好得多。结果表明,在现场作业条件下加速试验数据可以通过映射反映损伤的增长过程,通过适当的映射方法可以作为标称条件下的训练数据。

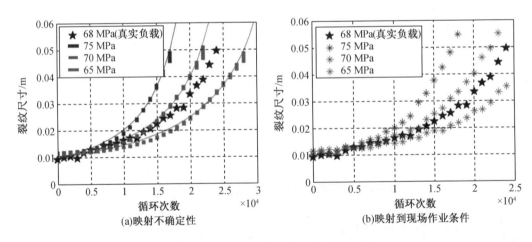

图 7.24　标称和加速条件数据之间的映射

彩图

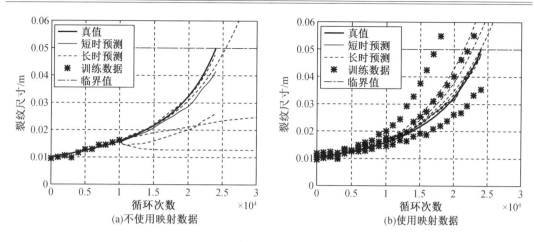

图 7.25　情况 4 的损伤预测结果

7.4.4　结论

本节介绍了四种不同的方法,利用加速寿命试验数据的目的是预测,以弥补有限数量的现场老化损害数据,四种不同的情况是:(1)给出了物理模型和加载条件,(2 和 3)分别只给出物理模型或加载条件,(4)既没有给出物理模型也没有给出加载条件。在所有情况下,使用加速寿命试验数据可提高早期预测的准确性。特别是,标称条件和加速条件数据之间的适当映射可以部分解决最后一种情况下的数据不足,同时这也是工程中最常见的情况。

7.5　基于特定频率熵降的轴承预测方法

7.5.1　动机和背景

轴承断裂是旋转机械失效的主要原因之一,80% ~ 90% 的飞机发动机失效是由轴承断裂引起的。如果轴承修理不当,可能会导致灾难性的故障。由于轴承一旦安装就不能拆卸,因此很难知道退化的程度以及何时需要维修。系统响应,如振动信号、油屑和热成像,是由测量来间接地评估损害程度。特别是,振动信号几十年来一直用于损伤评估（Haward,1994）。这些信号可以用来找出特定频率下轴承故障机理和信号强度之间的关系,从而估算出当前的损伤程度。然而,在碎片损坏的情况下,由于损害迅速增长,很难及早发现损害,因此无法为维修作准备。

学者们做了许多努力来预测轴承的寿命。Yu 和 Harris（2001）提出了基于应力的滚珠轴承疲劳寿命模型,该模型优于以往的轴承寿命模型（Lundberg 和 Palmgmn 模型和 Inannidcs - Hnrris模型）,但未考虑服役期间的不确定性。Bolander 等（2009）建立了飞机发动机轴承的物理退化模型,但该模型仅限于典型滚子轴承外滚道上的剥落。由于建立物理退化模型具有一定的挑战性,大多数轴承预测研究都依赖于从振动信号中提取退化特征的方法（Loutas et al. , 2013；He et al. , 2008；Li et al. , 2012；Kim et al. , 2012；Boškoski et al. ,2012；Sutrisno et al. ,2012）。以往的一些研究结果显示出良好的滚动轴承振动预测结果,但这些结果很难进行推广,而且很大程度上取决于给定的振动信号,即使在相同的使用条件下这些振动信号也可能与名义上相同的轴承不同。

图 7.26 从 FEMTO 轴承实验数据（Nectoux et al. , 2012）显示了预测轴承失效的挑战性问题。图中曲线显示的数据是加速度计测量到故障为止的振动信号,水平线表示阈值（$20g$）。注意,这两个不同的信号是在相同使用条件下和从名义上相同的轴承上获得的。一般来说,很难在信号的行为、寿命甚至阈值上找到任何一致性。试验1（图 7.26（a））的寿命约为 2 800 个周期,而试验2（图 7.26（b））在加速信号达到阈值之前的寿命为 870 个周期。

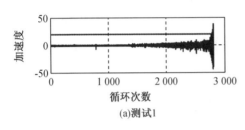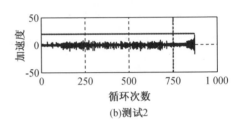

(a)测试1　　　　　　　　　　　(b)测试2

图 7.26　振动信号来源于名义上相同的盖层和相同的使用条件

本节提出了一种基于频域熵变的轴承振动信号退化特征提取方法。系统的熵随着系统特性的变化而变化,如机械能或者化学能。然而,很难从原始数据中发现这些变化,这些数据是系统动态、损坏和噪声信号组合的结果。通过观察振动信号随机械条件的变化而变化的性质,将振动信号分解成不同的频率,选取与损伤一致变化的频率进行分析。更详细的解释和程序见 7.5.2 节。

使用 FEMTO 轴承实验数据（Nectoux et al. , 2012）来演示基于熵的方法,其实验平台和轴承信息如图 7.27 所示（测试设备的更详细说明可以在 IEEE PHM 2012 年寿命预测挑战中找到）。振动信号监测时间为 0.1 s,采样率为 25.6 kHz/10 s。因此,将每 10 s 中的 0.1 s 视为一个循环,每个循环中有 2 560 个样本。这个设置是必要的,否则数据量将非常大。

d=3.5 mm(滚动体直径)
Z=13(滚动体数目)
D_e=29.1 mm(外环直径)
D_i=22.1 mm(内环直径)
D_m=25.6 mm(平均轴承直径)

图 7.27　实验平台:PRONOSTIA（Nectoux et al. , 2012）

使用条件信息及实验数据数量见表 7.12。在本研究中,我们使用了两种不同的使用条件,即被测轴承所受的径向力和转速。条件 1 和条件 2 的使用条件分别为 4 kN 和 1 800(r/min),4.2 kN 和 1650(r/min)。每种条件下得到七组实验结果,直至失效。利用各工况的三组数据作为训练数据,对其他轴承的寿命进行预测。根据原始振动信号,认为当加速度达到 20g 时,即为失效。

表 7.12　实验工况和数据使用

	工况 1	工况 2
径向力/N	4 000	4 200
旋转速度/(r/min)	1 800	1 650
数据集的数量	7	7

根据实验信息,本节组织如下:在 7.5.2 节中,对退化特征提取方法及其属性进行了说明;在 7.5.3 节,根据 7.5.2 节的结果进行预测;在 7.5.4 节中,讨论了所提方法的一般性;最后一节给出了结论和未来的工作,但也存在一定的局限性。

7.5.2　退化过程的特征提取

我们很难将原始数据的振动信号定义为退化特征,因为在许多情况下甚至在故障之前信号也没有变化。本书提出了一种基于频域熵变化的从原始数据中提取退化特征的新方法。

7.5.2.1　退化特征提取的信息熵

熵是系统无序性和随机性的量度。在物理解释中,熵变是用能量流来解释的。当一个系统从其他系统吸收能量时,它的熵增加,对应的其他系统中熵减少。然而,孤立系统的总熵从不减少。还有一个熵的数学概念叫作信息熵或香农熵,它是平均信息量(Shannon,1948)。在这个概念中,熵的增加意味着数据中缺失的信息增加了不确定性。许多研究者认为物理熵和信息熵是相互联系的(Brillouin,1956;但是也存在相反的观点(Frigg et al.,2010)。对于轴承问题,当外力做功使系统的损伤开始或扩展消耗时,轴承总能量增加(Wang et al.,2004),这使得熵增加(Bao et al.,2010)。然而,这里使用的信息或数据是轴承退化过程中分解的振动信号,而不是退化过程中的总热力学能,这意味着信息熵更适合轴承退化过程。由于物理和信息熵之间是否存在关系是一个有争议的话题,因此信息熵在这里只是作为一种表达振动信号变化的工具,而不是将物理解释与信息熵联系起来。

信息熵:在信息论中,熵是根据下式计算的(Shannon,1948):

$$H(X) = -\sum_{i=1}^{n} f(x_i)\log_2 f(x_i) \tag{7.20}$$

式中,X 是信息源,n 是 X 可能的结果数,$f(x_i)$ 是每种结果的概率。在本例中,轴承问题中的 X 表示加速度数据。对最小值和最大值之间的加速度数据进行归一化处理后,将 0 到 1 之间的归一化范围除以 255 个区间,称为图 7.28 所示的统计堆栈。最初总共有 256 个统计堆栈,每个统计堆栈中可以找到的数据量也列在图中。数据的程度(小于 1/500 以及

1/500 和 3/500 之间)分别包括在第一和第二统计堆栈中。同时,对最后一个统计堆栈也做相同的处理(确定统计堆栈和数据量大小的原因是式(7.20)是基于电脑使用而开发的)。A 数据分配后,非空数据的统计堆栈变为可能的结果数 n;也就是说,$256 - n$ 个箱子是空的。概率 $f(x_i)$ 是第 i 个统计堆栈中的数据个数除以数据总数,这与统计学中的概率质量函数基本相同。

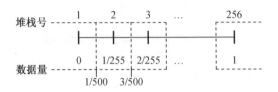

图 7.28　轴承问题的信息存储方式

　　式(7.20)表示随着统计堆栈数量 n 的增加,熵也增加,但是每个统计堆栈的概率是平等的,这对应着数据从 0 到 1 的情况,如图 7.29(a)所示。$k + 1$ 循环时的熵比 k 循环时的熵大,因为振幅数据被分配到更多的统计堆栈中,概率是相等的。注意,熵是使用从周期 0 到当前周期的所有数据来计算的。也就是说,熵的计算使用累积的数据。图 7.29(b)显示了相反的情况。k 和 $k + 1$ 循环的统计堆栈数是相同的,但是 $k + 1$ 循环的数据更多地位于中间统计堆栈中,这使得熵减小。

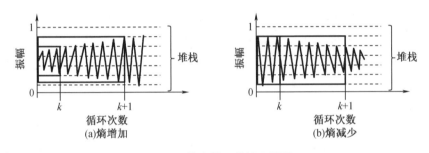

图 7.29　熵变的两种情况说明

　　图 7.30 显示了工况 1 下集合 1 和集合 2 的归一化原始数据,以及通过使用到当前循环的累积数据而得到的时域内熵变化。在图 7.30(a)中,熵随着振动能量的增加而增加(振幅的大小增加)。由于熵的变化与振动能量有关,振动能量又与损伤退化有关,因此熵可以作为损伤退化的特征。但是,要注意的是熵是随着振动信号的变化而变化的,这意味着熵的变化只有在振动信号发生变化时才能被观察到。然而,在大噪声作用下从轴承试验中得到的许多振动信号直到失效前才有明显的变化,如图 7.30(b)所示。因此,很难将时域熵变作为损伤特征。

　　将每个轴承周期(0.1 s)的 2 560 个原始数据转换为频域,而不是时域的熵变,并绘制出每个频率的熵相对于周期的图。如果在快速傅里叶变换(FFT)中存在 N_f 频率,则存在熵随周期的 N_f 曲线。其思想是在这些不同频率的熵值曲线中,选取所有轴承试验集熵值变化一致的频率作为损伤特征。当振动信号被分解成不同频率时,某些频率的振幅随着周期的增大而增大,而其他频率的振幅则随着周期的增大而减小。图 7.31(a)(b)分别展示了在工况 1 和集合 1 频率下增加或减少振幅和熵的例子。频域内的振幅比时域内的振幅增大得更明显,这是因为时域内的信号是所有频率的振幅之和,包括增大和减小的振幅。图 7.30

（b）和图 7.31（c）（d）中工况 1 和工况 2 的情况更明显。

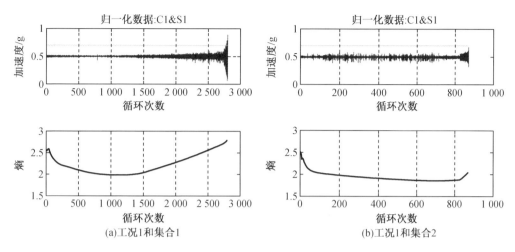

(a)工况1和集合1 (b)工况1和集合2

图 7.30 利用原始数据进行熵计算

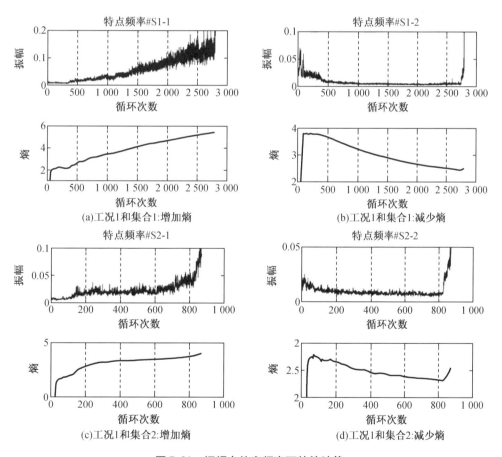

(a)工况1和集合1:增加熵 (b)工况1和集合1:减少熵

(c)工况1和集合2:增加熵 (d)工况1和集合2:减少熵

图 7.31 振幅在特定频率下的熵计算

预期振幅随着损伤程度的增加而增加。在早期很难观察到它,在时间域内也是如此。

在频域,这可能只适用于局部缺陷。在实际应用中,系统的振动特性会随着系统的退化而不断变化。随着损伤的发展,滚动单元的运动变得不规则,固有频率随着损伤的增长而变化,局部缺陷的周期性也会减弱(Haward 1994)。

下面的例子可以用来解释在频域内由于损伤增长而引起的振幅变化的不同行为。假设随着损伤的增加,系统的固有频率逐渐改变。图 7.32 所示为自振频率从 2.4 到 2.2 Hz 的变化。如果图 7.32(a)的时域数据是连续的,那么图 7.32(b)的频率幅值就是在 2.4 Hz、2.3 Hz、2.2 Hz 处幅值为 5 的 Dirac delta 函数。由于本例的分辨率为 0.5 Hz,频率不是 0.5 的倍数,因此图 7.32(b)中存在噪声响应,这在实际应用中也很常见。从图 7.32(b)可以看出,当固有频率从 2.4 Hz 变为 2.2 Hz 时,频率 2.0 Hz 处的振幅增大(如图 7.31(a)(c)),而频率 2.5 Hz 处的振幅减小(如图 7.31(b)(d))。

根据图 7.31 中的熵图和图 7.32 中的讨论,似乎振幅在某些频率上增大,而在其他频率上减小。实际上,两者都可以用作退化特征。通过对 14 个 FEMTO 数据集的分析,发现所有数据集的熵下降趋势是一致的,并发现了一些重要的属性。另一方面,从熵的增加趋势中找不到共同的特征。即使熵明显增加,它的行为也是不可预测的。因此,减小振幅比增大振幅更稳定、更一致。此外,还发现所有数据集的熵值都在 4 kHz 左右,这可能取决于系统的结构,如轴承类型和滚动单元的数量,因此,在频域内减小的熵作为退化特征。下面将详细介绍基于频域熵变来提取退化特征的步骤。

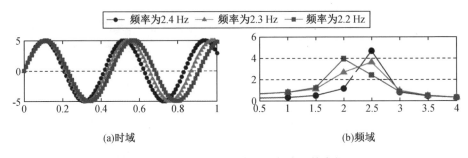

图 7.32　振幅随振动特性在特定频率处的变化

7.5.2.2　退化特征提取过程

提出的退化特征提取方法步骤如图 7.33 所示,具体说明如下:

第一步:使用 FFT 将时域信号转换为频域信号。如前所述,一个周期包括 2 560 个振动信号样本(采样频率为 0.1 s,采样率为 25.6 kHz),利用 FFT 将其转换为频域(Walker,1996)。不同的周期(0~1 400 周期)有 1 401 个不同的 FFT 结果,如图 7.33 所示。

第二步:重塑频域 FFT 结果(频域图)。在固定频率下(如图中 Frq:1),绘制加速度幅值与周期图。不同周期的振幅以固定的频率采集,这里称之为频域图。由于 FFT 结果是对称的,在 0 Hz 和 25.6 kHz 之间有 2 560 个不同的频率,所以有 1 280 个频率可以作为退化特征的候选;也就是说,有 1 280 幅振幅循环图。

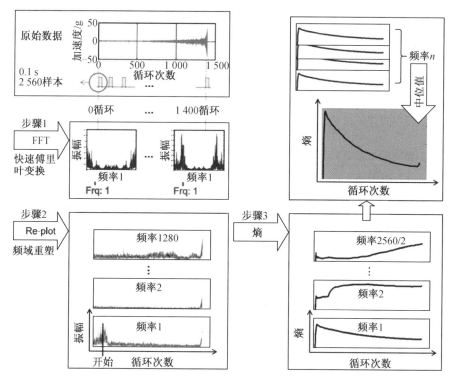

图 7.33 退化过程提取说明

第三步：计算熵值，选择熵值递减的频率。利用第二步的频率幅度图和周期图，利用式（7.20）计算熵，最终得到熵和周期的 1 280 个图。图 7.33 的步骤 3 描述了不同的熵迹。其中选取了熵值减小的频率如 Frq:1。如果多个频率的熵值呈下降趋势，则以每个周期的熵中值作为损伤特征。

计算熵有两点需要考虑。首先，为了避免初始效应，熵的计算需要在频域上根据振幅来确定初始周期。例如，选择振幅或趋势在早期周期中发生显著变化的一个点作为开始周期，因为这可能与系统初始未对准而引起的大振动有关，如图 7.33 中步骤 2 下的 Frq:1 所示。开始周期可以进行不同的设置，但它通常位于 12 到 100 周期之间。其次，该方法选择的频率是基于斜率的线性回归使用熵数据。如果选择的频率过少且斜率较大，则退化特征变得明显，但同时由于频率过少，无法代表一般特征，不同测试集的公共属性无法被清晰地发现。在本研究中，选择熵斜率位前 25 个频率。启动周期和选择的频率对特定数据集的计算结果有影响，但是所提出的方法中轴承问题的整体属性（将在本节后面讨论）没有改变。

7.5.2.3　特征提取及其属性的结果

根据上一节方法提取的退化特征如图 7.34 所示，其中 14 组退化特征的熵均随循环增加而减小。每条曲线都是通过取每个周期 25 个熵值的中值得到的，这些中值是根据选定的频率计算得到的，熵值呈现一致的下降。根据熵值曲线，定义熵的最大值和最小值以及 EOL，如图 7.35 所示。

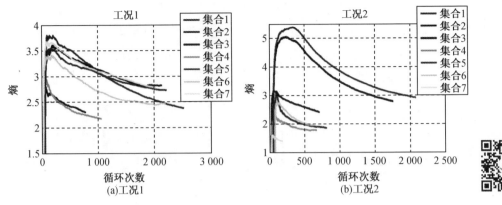

图 7.34　退化特征的结果

彩图

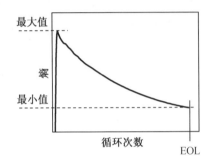

图 7.35　定义最大和最小熵和 EOL

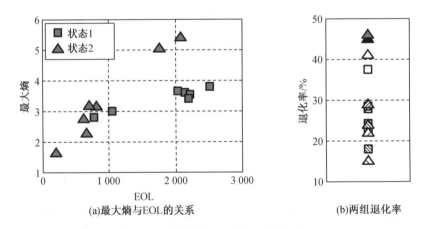

图 7.36　提取特征中的两个重要属性

当使用所提出的方法时,有两个主要的发现。首先,EOL 与最大熵成正比,如图 7.36(a)所示。在初始阶段较高的能量可能与较长的寿命有关。基于训练数据,利用最大熵与 EOL 之间的线性关系,可以对 RUL 进行预测。其次,利用最大熵和最小熵定义退化率为

$$dr = 1 - \frac{\text{min. Entropy}}{\text{max. Entropy}} \tag{7.21}$$

结果表明,退化率可以分为两组,如图 7.36(b)所示。这两个组可能与两种不同的失效

机制有关。两组退化率均分布在 20% 左右和 40% 左右,可作为阈值使用。在下一节中,我们将根据这两种方法,利用线性关系、退化率与熵的趋势进行 RUL 的预测。

7.5.3　寿命预测

即使振动信号直到故障(真 EOL)都是可用的,为了维护计划的目的,假定阈值为真 EOL 的 90%。每 50 个循环重复图 7.33 中的特征提取过程,并选择特征频率。即使所选频率在每个周期中可能有所不同,但随着周期的增加,它们逐渐变得稳定并收敛到约 4 kHz,如图 7.37 所示。因此,在选定的频率收敛后进行 RUL 预测;也就是说,在图中垂直线之后进行预测。RUL 的预测方法有两种:(1)利用最大熵与 EOL 的线性关系;(2)利用具有阈值的熵趋势。

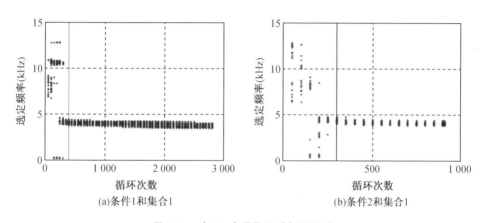

图 7.37　每 50 个周期所选择的频率

如前所述,每个条件中的三组数据(第 1,2 和 3 组)被用作训练数据。利用这些集合构建最大熵与 EOL 之间的线性关系,如图 7.38(a)所示。正方形和三角形标记分别代表工况 1 和工况 2。实线和虚线分别是每种工况下三个数据得到的回归结果平均值和第 10 百分位的较低置信限。第 10 百分位下置信界可以用于保守预测。例如,当在当前 700 个循环中获得最大熵为 4 时,EOL 和 RUL 分别预测为 1 000 和 300 个循环。

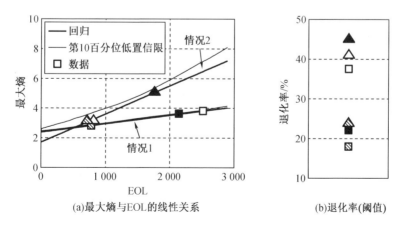

图 7.38　来自三组训练数据的信息

7.5.3.1　E. trend 方法：熵随阈值的变化趋势

该方法基于以下模型预测熵的未来行为：

$$\text{Entropy} = \beta_1 \exp\left[\beta_2(\text{Cycle})^{\beta_3}\right] \qquad (7.22)$$

表达式与图7.34中熵的变化趋势一致。利用最大熵循环到当前循环的数据进行非线性回归，确定了方程中的三个未知参数 β_1,β_2,β_3。通过对模型的外推，可以确定模型的参数直到达到阈值。阈值是由三组数据（分别为1、2、3组）的退化率来确定的，如图7.38（b）所示。将6个训练数据的退化率分为两组，每组的均值作为阈值，即分别是21%和41%。

根据线性回归模型可以判断当前数据趋势属于21%还是41%的阈值，如图7.38（a）所示。作为说明，工况2和集合3的未来熵趋势预测结果如图7.39所示。在图7.39（a）中，实体曲线、圆圈和虚线分别是EOL的真实趋势，使用数据来识别式（7.22）中 β_1,β_2,β_3 以及从21%的退化率计算得到的阈值。当前周期（700个周期）的虚线曲线是基于式（7.22）的熵趋势预测而得到的，参数已识别（$\beta_1 = 6.15 \times 10^6$，$\beta_2 = -12.14$，$\beta_3 = 0.0244$）。预测熵趋势与阈值的交点为预测EOL，以细实线垂直线表示。结果表明，使用21%阈值（即共691个寿命周期）是没有意义的，因为退化率在目前的700个周期已经超过21%。

如果使用图7.38（a）中的线性回归估计阈值，结果可能不同。最大熵值为5.08（图7.39），与从1780循环下的EOL回归模型均值（$\text{max. Entropy} = 1.70 + 0.0019 \cdot \text{EOL}$，因为这只用于阈值分类，所以使用实线）相对应，如图7.38（a）所示。与此结果相比，691个循环太短了。考虑1780个循环时的最小熵，新阈值估计为43%，由熵趋势（图7.39（a）中的虚线曲线）外推到1780个循环得到。由于训练数据中新估计的阈值与另一组的阈值接近（41%），因此使用41%阈值重新预测RUL，如图7.39（b）所示。在41%的阈值下，RUL被预测为833个周期，其与真实RUL的误差（1059个周期）为0.2137，计算方法是用真实RUL减去预测值再除以真实值。

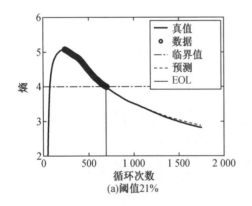

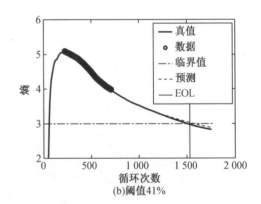

图7.39　退化预测结果

7.5.3.2　寿命预测结果

所有预测集的RUL预测结果如图7.40所示，其中实线为真实RUL，垂线为频率收敛周期，细实线和虚线分别为基于 Max. E - EOL 和 E. trend 的预测结果。从 Max. E - EOL 方法中得到的结果来看,工况 1 的结果比 E. trend 法更接近真实的 RUL;然而,Max. E － EOL 方法对工况 2 的预测效果不佳,因为工况 2 下的 EOL 较短且最大熵较小,但小熵条件下 10% 的预测结果是非常保守的(图 7.38(a))。

我们认为将选定的频率(即点划线垂线)收敛后,RUL 结果是可靠的。但是,某些情况下的 RUL 预测由负值变为正值。例如,图 7.40(a)中集合 5 的 E. trend 趋势结果在 1 500 个循环时为负值,在 1 800 个循环时为正值。由于 RUL 在未来的周期是未知的,所以假设当 RUL 小于 50 个周期时,需要进行维护。在这种情况下,使用寿命是在维护周期中计算的。使用寿命与 EOL 之比详细列写在表 7.13 中,其比值越高,预测效果越好。然而,它未能预测工况 2 和集合 7 的 RUL,它们的失效发生在选定频率收敛之前。考虑到这一组的 EOL 很短,因此似乎证明这一轴承有明显的初始缺陷。除了这个轴承外,还计算了七个结果的比值平均值。经过 Max. E － EOL 和 E. trend 的保守计算,使用寿命与最大使用寿命之比的平均值为 0.56(工况 1 中的 0.47,0.29,0.45,0.52 和工况 2 中的 0.67,0.78,0.71)。另一方面,当乐观结果选择忽略保守结果并进行下一步预测时,平均值是 0.78(工况 1 下的 0.81,0.32,0.72,1.08 和工况 2 下的 1.04,0.79,0.71)。也就是说,轴承可以用 56 个循环周期或平均整个生命周期的 78%。选择 Max. E － EOL 或 E. trend 可以通过权衡维护成本和风险之间的关系来确定。

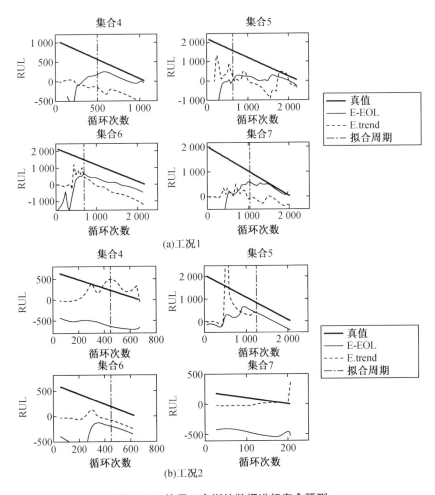

图 7.40　使用三个训练数据进行寿命预测

表 7.13　使用三个训练数据得到的寿命与 EOL 之比

		集合 4	集合 5	集合 6	集合 7
工况 1	Max. E - EOL	0.81	0.29	0.72	1.08
	E. trend	0.47	0.32	0.45	0.52
工况 2	Max. E - EOL	0.67	0.79	0.71	Fail
	E. trend	1.04	0.78	0.71	Fail
保守均值		0.56			
乐观均值		0.78			

到目前为止,前三个数据集用于训练。最后,给出了三种训练数据集不同组合的预测结果,从而验证了方法的有效性,如表 7.14 所示。在 35 种可能的组合中总共有 10 种情况(从 7 种中选择 3 种)。在每一种情况下,随机选择三个训练集,但是排除了三个数据之间不存在最大熵与 EOL 比例关系的组合。从三个集合中确定每种工况下的阈值水平以及最大熵与 EOL 的线性关系(见图 7.38),并利用其预测每个工况下剩余四个轴承的 RUL,所有情况下重复。

每种情况保守结果和乐观结果的平均值列于表 7.14 中,其计算方法与表 7.13 相同。研究者还计算了 10 种情况下的统计结果(3%、最小值和最大值)。根据这些结果,保守方式和乐观方式估计的轴承平均寿命分别为 56% ~64% 和 71% ~80%。但是,需要注意的是有几个集合是不能依靠乐观结果进行预测的,表 7.14 中的平均值是通过排除这些集合而得到的(括号中的数字表示轴承的总数,用来计算平均值)。当依靠高度安全系统的乐观结果时,需要非常小心。同样,在情况 10 中的方法也不能预测一个集合的 RUL。

表 7.14　使用三种训练数据不同组合得到的寿命与 EOL 之比

	情况 1	情况 2	情况 3	情况 4	情况 5
训练数据集 #	[1 2 3]	[3 4 5]	[1 3 4]	[2 5 7]	[1 3 7]
保守均值	0.56 (7)	0.67 (7)	0.60 (7)	0.58 (8)	0.54 (8)
乐观均值	0.78 (7)	0.71 (5)	0.72 (7)	0.71 (7)	0.68 (8)
无法预测到乐观的结果		两个集合		一个集合	
	情况 6	情况 7	情况 8	情况 9	情况 10
训练数据集#	[1 2 5]	[2 3 5]	[1 4 5]	[2 6 7]	[4 5 6]
保守均值	0.63 (7)	0.56 (7)	0.70 (7)	0.45 (8)	0.64 (6)
乐观均值	0.87 (7)	0.84 (6)	0.75 (6)	0.55 (6)	0.80 (3)
无法预测到乐观的结果		一个集合	一个集合	两个集合	三个集合

7.5.4   方法通用性的讨论

该方法的主要结果是熵值逐渐减小到一定的阈值,EOL 与最大熵成正比。如果在其他应用中也发现了这些属性,那么所提出的方法可能具有广泛的适用性。此外,如果发现使用条件对这些属性的影响,则可以使用更少的训练数据进行更准确的预测。本节将讨论这三个问题。

7.5.4.1   其他轴承应用

使用来自另一个轴承应用程序的附加实验结果来验证 NSF I/UCR 智能维修系统中心(IMS)提供该方法的属性 (Lee et al. , 2007)。轴上安装 4 个双列轴承 (16 个滚子),转速为 2 000 r/min,径向负荷为 6 000 lbs (如图 7.41)。当堆积物超过一定程度时试验停止,有三组实验数据可用。对第 1 小节和第 3 小节重复运行 – 停止操作(第 2 小节连续监测至 EOL)。

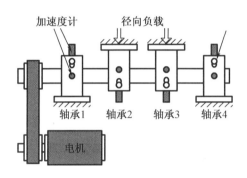

图 7.41   IMS 方位示意图(Qiu et al. , 2006)

每组故障轴承的阈值、EOL 和最大熵见表 7.15。与 EOL 相比,第 3 小节的最大熵太小了。然而,由于三组数据非常小,并且在操作过程中有多次运行 – 停止,因此很难得出 EOL 与最大熵不成比例的结论。至少,故障发生在每组 4 个轴承中熵值最小的轴承上,且数据集 2、数据集 3 的阈值以及数据集 1 中的轴承 4 所对应的阈值在 70% 左右。轴承 3(48%)与所有其他轴承(70%)的区别与 FEMTO 轴承(20% 和 40%)相似。由于数据集太少,操作的运行与停止会对振动信号和熵计算产生影响,且轴上的四个轴承在故障过程中会相互作用,很难得出明确的结论

7.5.4.2   阈值与 Max. E – EOL、使用条件的关系

在前一节中,IMS 轴承的阈值约为 50% ~ 70% ,与 FEMTO 轴承所对应阈值约为 20% ~ 40% 是不相同的。飞秒轴承的周期以秒为单位,EOL 为 2 ~ 7 h,IMS 轴承的 EOL 为 7 ~ 30 d。这意味着,FEMTO 轴承处于加速试验条件下,而 IMS 轴承处于公称运行条件下。因此,退化率(阈值)与施加的载荷之间似乎存在着某种关系;但由于试验数据的缺乏,在本研究中并没有发现这种关系。但是,如果可以建立这种关系,那么就可以用少量的训练数据来帮助确定阈值。

表 7.15　三组数据集的失效总结

数据集	最小 Max. E	失效轴承	失效元件	阈值/%	EOL	Max. E
1	轴承 4	轴承 3 轴承 4	内滚道滚珠元件	48 65	1940	1.37 1.00
2	轴承 1 轴承 4	轴承 1	外滚道	73	886	0.81
3	轴承 3	轴承 3	外滚道	71	4 003	0.68

根据图 7.36(a)中的工况 1 和工况 2,似乎斜率与荷载成正比。如果能找到坡度与使用条件之间的关系,利用最大熵与 EOL 之间的关系进行预测,将有助于决策。然而,两个条件不足以验证这种关系。在不久的将来,在不同的使用条件下会有更多的数据集考虑这一点。

7.5.5　结论与未来工作

综上所述,本文提出的方法是基于固定频率下的熵变,从振动信号中提取退化特征,预测轴承应用的 RUL。该方法的主要贡献和属性如下:

- 从振动信号中发现退化特征,即随着周期的增加,退化特征逐渐减小。
- 在同一实际应用中,不同实验集的退化率相似并可以作为阈值。
- EOL 与最大熵成正比,可以使用另一种没有阈值的预测方法。

本文所述方法用 14 组轴承试验数据在两种不同条件下进行了验证。在考虑使用过寿命的情况下,该方法可使轴承的寿命达到 59% ~ 74%。

考虑到目前文献中预测能力的水平,该方法的结果是明显的,但仍有一些局限性需要解决。首先,熵的变化呈指数递减趋势,在对阈值进行微小扰动的情况下,可以对寿命预测产生较大的影响。其次,提出的方法是基于累积振动数据的,而由于实际运行条件下的轴承系统可能会持续很长时间,因此需要存储大量的数据。最后,我们提出了基于振动信号的方法,对所观察到属性的物理解释尚不清楚。

在今后的工作中,可以通过解决上述局限性来改进所提出的方法。通过研究使用条件对阈值水平和 Max. E - EOL 斜率的影响,证明了该方法的通用性。虽然所提出的方法尚未在其他轴承应用中得到证明,但从 14 组轴承数据的结果来看,该方法的普遍应用是有希望的,7.5.4 节的结果表明了这种可能性。

7.6　其他应用

NASA 网站(http://ti. arc. nasa. gov/tech/dash/pcoe/prognostic - data - repository/)提供了几组真实的测试数据。例如,可以获得来自铣床的磨损数据(Agogino 和 Goebel,2007),其中提供了直接测量的磨损深度和来自三种不同类型传感器(声发射、振动和电流传感器)的间接测量信号。这些数据可以作为从传感器信号中提取退化特征或健康指数的良好来源。另外,网站提供了 7.5 节中两个轴承应用的数据。如果传感器信号可以显示与周期有关的一些变化,它们可以用作退化数据。网站上提供的大多数数据需要特征提取过程,正如

7.5 节中的轴承问题一样,因为它们是由传感器作为实际案例测量的。

在实际应用中,健康监测数据可能不是一个确定的值,但可以得到相关的分布。在有些情况下,健康监测数据可以用于寿命预测。例如,许多损伤数据集是在相同使用条件下从相同系统中给出的,而使用条件如加载条件,也可能具有不确定性,需要作为分布来考虑。在这一部分中,损伤过程的特征提取和预测将讨论分布型数据。

当分布数据在给定的时间周期内给定时,最好的方法是对分布进行参数化,并使用具有确定性的分布参数进行预测。由于在损伤退化过程中分布类型可能会发生变化,因此使用灵活的分布类型来模拟不同的分布形状是很重要的。在许多标准分布类型中,Johnson 分布有四个参数,在表示不同的分布形状方面非常灵活,因此我们将在这里使用它。

根据 Johnson 分布(Johnson,1949),可以将分布的数据替换为四个参数,4% 对应的使用概率为 0.0668,0.3085,0.6915 和 0.9332(我们称这四个为分位数)。图 7.42 展示了正态分布和贝塔分布的 Johnson 分布示例。固体曲线是每个分布的精确概率密度函数(PDF),条形图是用四个分位数表示的红星标记 Johnson 分布的结果。当四个分位数正确给定时,Johnson 分布可以表示任何其他分布类型。

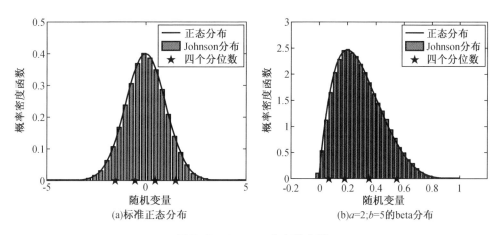

图 7.42　Johnson 分布的实例

作为分布式数据的一个实例,我们考虑了裂纹扩展问题。分布式综合测量数据生成使用式(4.19)假设的损害增长参数 $C_{true} = 1.5 \times 10^{-10}$,初始裂纹大小的一半 $a_0 = 10$ mm,负载大小 $C_{true} = 78$ MPa,以及分布式模型参数 $m \sim U(3.8 - 0.027, 3.8 + 0.027)$。在此基础上,一个小噪声级 -1 和 1 毫米之间的均匀分布被加入其中,其结果显示在图 7.43。每个周期有 5 000 个样本作为测量数据,其在 0,800,1 500,2 200 个周期的分布如图 7.43(b)所示,其真实损伤大小($m = 3.8$ 时)为方块标记。结果表明,随着循环次数的增加,分布的形状发生变化。

利用数据驱动的方法之一即通过增加输出节点来轻松处理多变量输出的神经网络实现了分布式数据的退化预测。在本例中,将 Johnson 分布的四个分位数作为输出。图 7.43(a)中以 2 500 个循环为例的四个分位数代表了每个循环的退化数据,这使得输入和输出变量的数量增加了 4 倍。当前两个数据作为输入变量时,输入和输出的总数分别为 8 个(2×4)和 4 个(1×4)。

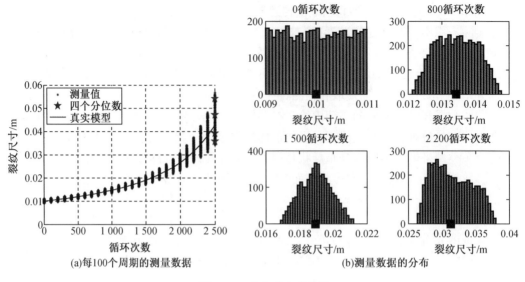

(a)每100个周期的测量数据　　　　　　　(b)测量数据的分布

图7.43　分布式合成数据

图7.44为1 500个循环时的损伤预测结果。在图7.44(a)中,未来损伤增长的中位数与真实值非常接近,90% PI 也覆盖了每个周期的损伤分布。图7.44(b)(c)分别为在1 600、2 400个循环时预测值和实测值的损伤分布对比,所对应的误差见表7.16。在2 400个周期时最大误差为5.75%,该结果是从900个周期预测到1 500个周期的结果。结果表明,利用 Johnson 分布神经网络预测损伤分布是可行的。

表7.16　1 500个周期的预测结果和测量结果之间的误差

	循环周期	1 600	1 800	2 000	2 200	2 400
	测量值	0.018 6	0.021 0	0.023 9	0.027 6	0.032 7
6.7Q	预测值	0.018 6	0.021 0	0.024 0	0.027 9	0.033 2
	误差/%	0.03	0.02	0.58	0.95	1.82
	测量值	0.019 6	0.022 1	0.025 3	0.029 6	0.035 4
30.9Q	预测值	0.019 7	0.022 5	0.026 1	0.030 8	0.037 4
	误差/%	0.63	1.54	2.89	4.18	5.75
	测量值	0.020 7	0.023 7	0.027 8	0.033 3	0.041 3
69.1Q	预测值	0.020 7	0.023 7	0.027 6	0.032 9	0.040 2
	误差/%	0.10	0.01	0.59	1.35	2.66
	测量值	0.021 8	0.025 1	0.029 6	0.036 3	0.046 3
93.3Q	预测值	0.021 8	0.025 3	0.029 9	0.036 3	0.045 3
	误差/%	0.32	0.82	0.78	0.09	2.20

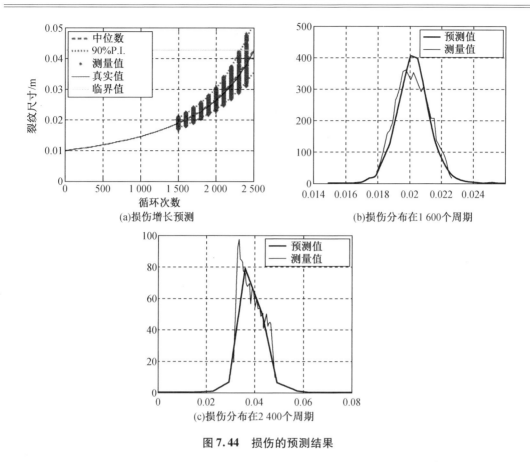

图 7.44　损伤的预测结果

参 考 文 献

[1]　Adlouni SEl, Favre A C, Bobe B. Comparison of methodologies to assess the convergence of Markov chain Monte Carlo methods. Comput. Stat. Data Anal, 2006, 50(10):2685 - 2701.

[2]　Agogino A, Goebel K. Mill data set. BEST lab, UC Berkeley. NASA Ames Prognostics Data Repository. Available via http://ti. arc. nasa. gov/tech/dash/ pcoe/prognostic - data - repository. Accessed 6 June 2016.

[3]　Andrieu C, de Freitas N, Doucet A, et al. An introduction to MCMC for machine learning. Mach. Learn, 2003, 50(1):5 - 43.

[4]　Archard J F. Contact and rubbing of flat surfaces. J. Appl. Phys. , 1953, 24:981 - 988.

[5]　Bao T, Peng Y, Cong P et al. Analysis of crack propagation in concrete structures with structural information entropy. Sci. China Technol. Sci. , 2010, 53(7):1943 - 1948.

[6]　Bolander N, Qiu H, Eklund N, et al. Physics-based remaining useful life prediction for aircraft engine bearing prognosis. Paper presented at the annual conference of the prognostics and health management society, San Diego, California, USA, 27 Sept - 1 Oct 2009.

[7] Boškoski P, Gašperin M, Petelin D. Bearing fault prognostics based on signal complexity and Gaussian process models. Paper presented at the IEEE international conference on prognostics and health management, Denver, Colorado, USA, 18 – 21 June 2012.

[8] Brillouin L. Science and information theory. Dover Publications Inc, New York,1956.

[9] Cantizano A, Carnicero A, Zavarise G. Numerical simulation of wear-mechanism maps. Comput. Mater. Sci. ,2002, 25:54 – 60.

[10] Carpinteri A, Paggi M. Are the Paris' law parameters dependent on each other? Frattura ed ntegrità Strutturale,2007, 2:10 – 16.

[11] Celaya J R, Saxena A, Saha S, et al. Prognostics of power MOSFETs under thermal stress accelerated aging using data-driven and model-based methodologies. Paper presented at the annual conference of the prognostics and health management society, Montreal, Quebec, Canada, 25 – 29 Sept 2011.

[12] Frigg R, Werndl C. Entropy—a guide for the perplexed. In: Beisbart C, Hartmann S (eds)Probabilities in physics. Oxford University Press, Oxford,2010.

[13] Haward I. A review of rolling element bearing vibration "detection, diagnosis and prognosis". No. DSTO – RR – 0013. Defense Science and Technology Organization Canberra. Available via http://dspace. dsto. defence. gov. au/dspace/bitstream/ 1947/3347/1/DS-TO – RR – 0013%20PR. pdf. Accessed 6 June 2016.

[14] He D, Bechhoefer E. Development and validation of bearing diagnostic and prognostic tools using HUMS condition indicators. Paper presented at the IEEE aerospace conference, Big Sky, Montana, USA, 1 – 8 March 2008.

[15] IEEE PHM. Prognostic challenge: outline, experiments, scoring of results, winners. Available via http://www. femto-st. fr/f/d/IEEEPHM2012-Challenge-Details . pdf. Accessed 6 June 2016.

[16] Johnson N L. Systems of frequency curves generated by methods of translation. Biometrika,1949, 36:149 – 176.

[17] Kim N H, Won D, Buris D,et al. Finite element analysis and validation of metal/metal wear in oscillatory contacts. Wear,2005, 258(11 – 12):1787 – 1793.

[18] Kim H E, Tan A, Mathew J,et al. Bearing fault prognosis based on health state probability estimation. Expert. Syst. Appl. ,2012,39:5200 – 5213.

[19] Lee J, Qiu H, Yu G,et al. Rexnord technical services. Bearing data set. IMS, University of Cincinnati. NASA Ames Prognostics Data Repository. Available via http://ti. arc. nasa. gov/tech/dash/pcoe/prognostic-data-repository. Accessed 6 June 2016.

[20] Li R, Sopon P, He D. Fault features extraction for bearing prognostics. J Intell Manuf, 2012, 23:313 – 321.

[21] Lim S C, Ashby M F. Wear-mechanism maps. Scr. Metall. Mater,1990, 24(5):805 – 810.

[22] Loutas T H, Roulias D, Georgoulas G. Remaining useful life estimation in rolling bearings utilizing data-driven probabilistic e-support vectors regression. IEEE Trans. Reliab. ,

2013,62（4）:821 −832.

[23] Martín J, Pérez C. Bayesian analysis of a generalized lognormal distribution. Comput. Stat. Data Anal. ,2009,53:1377 −1387.

[24] Mauntler N, Kim N H, Sawyer W G,et al. An instrumented crank-slider mechanism for validation of a combined finite element and wear model. Paper presented at the 22nd annual meeting of American society of precision engineering, Dallas, Texas, 14 − 19 Oct 2007.

[25] Mukras S, Kim N H, Mauntler N A,et al. Analysis of planar multibody systems with revolute joint wear. Wear,2010, 268(5 −6):643 −652.

[26] Nectoux P, Gouriveau R, Medjaher K et al. Pronostia: an experimental platform for bearings accelerated degradation test. Paper presented at the IEEE international conference on prognostics and health management, Denver, Colorado, USA, 18 −21 June 2012.

[27] Nelson W. Accelerated testing: statistical models, test plans, and data analysis. Wiley,Hoboken

[28] Newman J C Jr, Phillips E P, Swain MH. Fatigue-life prediction methodology using small −crack theory. Int. J. Fatigue,1999,21:109 −119.

[29] Park J I, Bae S J. Direct prediction methods on lifetime distribution of organic light −emitting diodes from accelerated degradation tests. IEEE Trans. Reliab. ,2010,59(1): 74 −90.

[30] Plummer M, Best N, Cowles K,et al. CODA: convergence diagnosis and output analysis for MCMC. R. News,2006, 6(1):7 −11.

[31] Qiu H, Lee J, Lin J. Wavelet filter-based weak signature detection method and its application on roller bearing prognostics. J. Sound Vib. ,2006,289:1066 −1090.

[32] Saxena A, Celaya J, Saha B,et al. On applying the prognostic performance metrics. Paper presented at the annual conference of the prognostics and health management society, San Diego, California, USA, 27 Sept −1 Oct 2009.

[33] Schmitz T L, Sawyer W G, Action J E,et al. Wear rate uncertainty analysis. Tribol. 2004, 126:802 −808.

[34] Shannon C E. A mathematical theory of communication. Bell. Syst. Tech. 1948, 27(379 −423):623 −656.

[35] Sinclair G B, Pierie R V. On obtaining fatigue crack growth parameters from the literature. Int. Fatigue ,1990, 12(1):57 −62.

[36] Skima H, Medjaher K, Zerhouni N. Accelerated life tests for prognostic and health management of MEMS devices. Paper presented at the 2nd European conference of the prognostics and health management society. Nantes, France, 8 − 10 July 2014.

索　引